ダム建設と地域住民補償

文化と
まちづくり
叢書

—— 文献にみる水没者との交渉誌

古賀 邦雄 著

水曜社

掲載ダムマップ

1 二風谷ダム
2 早瀬野ダム
3 御所ダム
4 七ヶ宿ダム
5 寒河江ダム
6 只見ダム・奥只見ダム
7 田子倉ダム
8 大川ダム
9 緒川ダム（予定地）
10 薗原ダム
11 滝沢ダム
12 合角ダム・有間ダム
13 小河内ダム
14 相模ダム
15 城山ダム
16 大河津分水
17 黒四ダム
18 笹生川ダム・雲川ダム
19 荒川ダム
20 味噌川ダム
21 徳山ダム
22 御母衣ダム

23 佐久間ダム
24 牧尾ダム・愛知用水
25 豊川用水
26 琵琶湖開発
27 大野ダム
28 尾原ダム・志津見ダム・斐伊川放水路
29 苫田ダム
30 温井ダム
31 土師ダム
32 柳瀬ダム
33 寺内ダム
34 筑後大堰
35 北山ダム
36 下筌ダム・松原ダム
37 川原ダム
38 高隈ダム
39 福地ダム

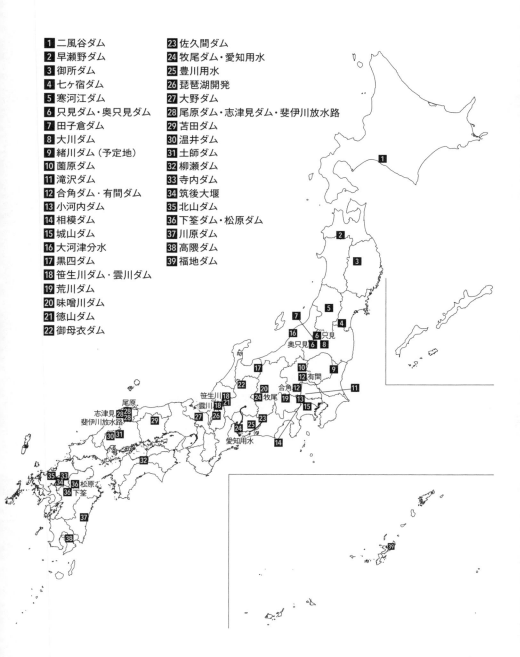

まえがき

　公共事業として、住宅、道路、ダムにおける公共施設を建設する場合、まず、用地の確保が必要である。私が入社した水資源開発公団は、治水として、河川にダム、堰を造り、水害の減災を図り、さらに利水として、貯水したその水を建設した導水路によって、水道用水、農業用水、工業用水、電力用水を供給する役割を担っている。

　これらのダム建設は、水没する用地を取得し、水没者の家屋、立竹木などの補償を行い、更地にして工事が始まることになる。私は用地課に配属されたが、最初は戸惑った。というのは、仕事は総務課か経理課であろうと思っていたが、水没者と用地交渉を行うこんな業務が世の中にあることを初めて知ったからである。退職するまで33年間続けることになり、ダム水没者との喜怒哀楽とのかかわり方が、つながってくる。

　日本においては、戦前、戦後通じて高さが15m以上のダムが、3,000基ほど建設されているが、治水と利水の目的を持っている。最近のダムは環境に配慮したダム造りがなされている。

　最初の用地交渉説明会では、故郷を喪失する水没者からダム反対の鋭い意見が出され、何年でもなかなか進捗しないこともある。ダムができる県市町村の行政の人もまた大変な思いである。何度も交渉する中で、ダム建設の役割が理解されると同時に、さらに、補償交渉も進んでくる。徐々に水没者の心も和らいでくる。

　私は、水没者の補償交渉の合意がなされる時は、2つの「カンジョウ」が合致した時ではなかろうかと思われてならない。それは、感情と勘定で

ある。感情は長き交渉の過程の中で、お互いの心と心が通じるようになる。そして、補償額の提示が、生活再建の目途が可能となる額であれば、即ち勘定が、未来の生活の安定が得られると確信した時に、補償契約の締結がなされる。

　2つの合意がすべてのダム用地交渉にあてはまるとは、限らない。北海道二風谷ダムのアイヌ文化の問題、筑後川上流における下筌ダムの人権にかかわる提起は、補償額では解決されないもので、考えさせられる

　全国のダムを見て回り、ダムサイトに立ち、湖面を眺めながら、水没者や用地担当者のご苦労を思い、ダム交渉の経過を追い、資料を収集して、用地業務専門誌「用地ジャーナル」に書かせてもらった。そのいくつかのダムについて、北海道から沖縄までのダムを取り上げてもらい、『ダム建設と地域住民補償――文献にみる水没者との交渉誌』として発行してもらうことになった。荒木貞夫将軍、吉田茂首相、高碕達之助電源開発総裁、蜷川虎三京都府知事、作家・武者小路実篤も登場する。ダム建設史の一側面が現れる。

　ダム技術に関する書は、多数出版されているが、ダムの用地補償業務を扱った書はおそらく初めてではなかろうかと思っている。お読みください。

2021年春
古賀河川図書館　古賀　邦雄

ダム建設と地域住民補償　目 次

九州・沖縄

※本書は 2004 ～ 2014 年「用地ジャーナル」（財）公共用地補償機構編集・（株）大成出版社発行、に連載された「文献にみる補償の精神」を再編集し、単行本化したものである。
※本文の内容、データ等は連載時のものである。

北海道・東北

北海道

1

二風谷ダム
（北海道）

本件収用裁決が違法であることを
宣言することとする

---

1 ├── アイヌ文化と沙流川の流れ

　日本は約3万の河川が流れているといわれるが、『日本河川ルーツ大辞典』（村石編S54）によると、北海道では2,889の河川が掲載されている。オンネペツ川（アイヌ語で大きい川の意味）、アネップナイ川（細い川）、オートイチセゴロ川（川の濁る川）、チエボツナイ川（魚の多くいる川）などアイヌ語を語源とするカタカナの河川名が多い。アイヌ語でペツは大きい川、ナイは小さな川を表す。一方、漢字名であっても知床（シレトコ：大地の果てから流れてくる）川、常呂（トコロ：沼を持つ）川、沙流（サル：葭原を流れてくる）川と、いずれもアイヌ語（アイヌ民族は文字を持たないといわれる）が河川名のルーツをなしている。河川を通してもアイヌ文化の伝承が息づいていることがよくわかる。アイヌ文化とはアイヌ語並びにアイヌにおいて継承されてきた音楽、舞踊、工芸その他の文化的所産及びこれらから発展した文化的所産をいう（アイヌ文化振興法第2条）。

　葭原を流れてくる川の意味を持つ沙流川は、沙流郡日高町北東部堺、日高山脈北部の日勝峠1,350m西麓より発し、南西を流れて日高山脈西側の谷水を集水する。上流よりウェンザル（悪い葦原）川、ペンケヌシ（上流の豊魚）川、パンケヌシ（下流の豊魚）川を千栄で千呂露川を日高盆地に流れ込む。日高町で南に転じ支流を集めて平取川に入り、仁世宇川を合わせて南西を流れ荷負で西流した額平川を合わせ、同町西部を南西に貫流して門別町富川で太平洋

に注ぐ。延長102km、流域面積1,354km²の一級河川（昭和43年指定）である。

　沙流川流域は古くから森林資源に恵まれ鮭が遡上するところで、農業と畜産業が主なる産業を占めており、近年軽種馬（競争馬）の経営も盛んで、良馬の産地として全国的に知られている。

　一方、沙流川に遡上する鮭は、アイヌの人たちにとってはシペカ（本当の食べ物）とか、カムイチェプ（神の魚）と呼ばれ重要な食料であり、この二風谷地区は強くアイヌ文化が継承されているところである。

　このアイヌ文化が存する沙流川に、北海道開発局によって、二風谷ダムが平取町二風谷地域に建設されることとなった。

　二風谷ダムの目的は、

①二風谷ダム地点の計画高水流量4,100m³/sのうち500m³/sを軽減する。

②既得用水の補給など流水の正常な機能の維持と増進を図る。

③2,350haの農地に灌漑用水最大0.406m³/s（平均0.083m³/s）の取水を可能にする。

④新規工業用水27万m³/日の取水を可能にする。

⑤二風谷発電所において最大出力3,000kWの発電を行うものである。

　ダムの諸元は堤高32m、堤頂長550m、堤堆積27万6,000m³、総貯水容量3,150万m³、型式は重力式コンクリートダムである。昭和57年に着手し、平成9年に完成した。

2 ├── 二風谷ダムの建設と補償経過

　二風谷ダムの建設について、補償と裁判を含めて、『二風谷ダム建設の記録』（二風谷ダム工事誌編集委員会編H12）、『二風谷ダムを問う』（中村H13）により、次のように追ってみる。

▼二風谷ダム建設経緯（昭和44年〜平成10年）

昭和44年3月　沙流川水系工事実施基本計画決定

　48年4月　沙流川総合開発事業実施計画調査に着手

　　　12月　平取町、門別町計画調査に同意

　57年8月　平取町が「生活再建相談所」設置

　59年3月　「沙流川総合開発事業に伴う損失補償基準」妥結調印

　　　9月　平取町、ダム着工に同意

平成9年完成の重力式コンクリートダム

60年 3月　「水源地域対策措置法」に基づくダム指定

　　 12月　門別町、ダム着工同意

61年 4月　土地収用法に基づく事業認定申請

　　 9月　二風谷ダム堤体工事発注

　　 12月　事業認定の告示

62年11月　北海道開発局、貝沢正と萱野茂の所有地の強制収用、明け渡しの
　　　　　裁決を北海道収用委員会に申請

平成元年 2月　北海道収用委、両氏の所有地の強制収用を認めると裁決

　　 2月　両氏、土地買収の補償金の受け取りを拒否

　　 3月　両氏、建設省（現・国土交通省）に裁決取り消し審査請求と、強制
　　　　　収用の執行停止を申し立てる

3年　3月　札幌国税局、貝沢正と萱野茂の両氏の補償金計2,900万円を差し
　　　　　押さえ、所得税など計570万円を強制徴収

　　 12月　二風谷ダムアイヌ文化博物館開館

4年	2月	貝沢正死去、子息耕一訴訟を受け継ぐ
5年	4月	建設省、裁決不服審査請求、強制収用執行停止の申し立てを棄却
	5月	両氏、北海道収用委員会を相手取り、収用裁決の取り消しを求めて札幌地裁に提訴
	7月	二風谷ダム裁判初回口答弁論
	10月	被告側の国の補助参加認める
6年	2月	原告側は日本に少数先住民族のアイヌ民族が存在するか、二風谷でアイヌ民族が独自の文化を持って暮らしているかについて、被告側に見解を求めた
	7月	萱野茂、参議院議員となる
	10月	被告側は、アイヌ民族は少数民族であり、二風谷ダムにアイヌの人々が独自の文化を持ちながら暮らしていると回答
	11月	被告側はアイヌ民族が先住民族かどうかを認否する必要はないと回答
8年	4月	二風谷ダム試験湛水開始
	6月	試験湛水終了
	8月	ダムの水抜きが行われ、旧会場でチプサンケ（舟おろし祭）が行われる
	12月	裁判結審
9年	3月	判決

①両氏の土地明け渡し請求を棄却

②北海道収用委員の強制裁決は違法

アイヌ民族は先住民族に該当すること、先住民族の文化享有権を認めた

③収用裁決は取り消さず、二風谷ダムの水抜きは公共の福祉に適合しないとした

| | 4月 | 国、北海道収用委は控訴せず |
| | 7月 | 「アイヌ文化の振興並びにアイヌの伝統等に関する知識及び啓発に関する法律」（アイヌ文化振興法）の施行、「北海道旧土人保護法」の廃止、アイヌ文化振興・研究推進機構の発足 |

　　8月　ダム下流の代替地でチプサンケ開催

　　　　　チプサンケとは別に二風谷湖水祭りを初めて開催

　　10月　二風谷ダム完成式典

10年 4月　二風谷ダム管理所発足

　　7月　沙流川歴史館開館

3 ├──二風谷ダムの補償

　二風谷ダムの補償については、前掲書『二風谷ダム建設の記録』に次のように記されている。

　【関係者数153人、移転戸数9戸、土地取得面積207.3haであり、田畑農地が約50％を占めている。今日的には珍しい軽種馬に対する補償であるが、水没地内に二つの牧場があり、農業補償として規模縮小補償を行った。主な生活再建対策については、①平取町役場に「営農指導係」を設置し、地区ごとに生産額の高い農産物（トマト、メロン）の指導、②野菜生産共同栽培施設の

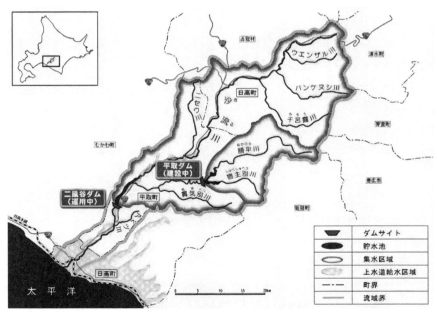

沙流川総合開発事業計画概要図（出典：国土交通省北海道開発局室蘭開発建設部HP「沙流川総合開発事業」）

建設、③支障のない範囲で庭石の採取の許可、④ダム水没地内の砂利採取の活用が行われた。】

二風谷ダムパンフレット（北海道開発局室蘭開発建設部・沙流川ダム建設事業所H2.10）

前述してきたように水没地はアイヌ文化が存するところであり、アイヌ文化を守るために、2人の土地所有者貝沢正、萱野茂は、最終的に4筆の土地にかかわる補償契約に応じなかった。止むなく北海道開発局において事業認定の手続きがなされ、北海道収用委員会は収用裁決を行ったが、これに対し、2人の土地所有者（原告）は、北海道収用委員会（被告）に対し、平成元年3月権利取得裁決の取り消し請求を起こし、裁判で争い、平成9年3月判決が下った。

4 ├── アイヌ文化における補償の精神

裁判については、『二風谷ダム裁判の記録』（萱野・田中編H11）により追ってみるが、この中に「補償の精神」がみえてくる。

弁護団は次の3つのスタンスで裁判に望んでいる。

①土地買収にかかわる補償金の多寡は一切取り上げない。

②アイヌ民族としてダムの収用は受け容れられない。

③この裁判を通じてアイヌ問題、アイヌ文化の問題を世論に広く訴え、民族の共生を理解してもらうこと。

2人の訴えは、補償金の増額要求でなく、アイヌ文化の保存、伝承に必要な措置を講ずることが「正当な補償」であると主張した。このように私益の追求でなく、2人のアイデンティティーであるアイヌ文化、伝統、歴史を尊重する考え方であった。ここに崇高な「補償の精神」をみることができる。

5 ├── 収用裁決は違法

平成9年3月27日札幌地方裁判所において一宮和夫裁判官らによって、次

のような判決がなされた。

　【　先住少数民族の文化享有権に多大な影響を及ぼす事業の遂行に当たり、起業者たる国としては、過去においてアイヌ民族独自の文化を衰退させてきた歴史的経緯に対する反省の意を込めて最大限に配慮をなさなければならないところ、本件事業計画の達成により得られる利益がこれによって失われる利益に優越するかどうかを判断するために必要な調査、研究等の手続きを怠り、本来最も重視すべき諸要素諸価値を不当に軽視ないし、無視し、したがって、そのような判断ができないにもかかわらず、アイヌ文化に対する影響を可能な限り少なくする等の対策を講じないまま、安易に前者の利益が後者の利益に優越するものと判断し、結局本件事業認定をしたといわざるを得ず、土地収用法20条3号において認定庁に与えられた裁量権を逸脱した違法である。

　以上のように本件事業認定が違法であり、その違法は本件収用裁決に承継されるから、本来であれば本件収用裁決を取り消すことも考えられるが、既に本件ダム本体が完成し、湛水している現状においては、本件収用裁決を取り消すことにより公の利益に著しい障害を生じる。他方チャシについて、一定限度での保存が図られたり、チプサンケについて代替場所の検討がなされる等、不十分ながらもアイヌ文化への配慮がなされていることなどを考慮すると、本件収用裁決を取り消すことは公共の福祉に適合しないと認められる。

　よって、本件収用裁決は違法であるが、行政事件訴訟法31条1項を適用して、原告らの本訴訟をいずれも棄却するとともに本件収用裁決が違法であることを宣言することとする。】

　繰り返すことになるが、先住少数民族アイヌ民族の歴史と文化を軽視し、アイヌ文化に対する影響対策を怠り、ダム建設を

昭和63年7月8日の定礎式（出典：前傾パンフレット）

進め、このような状況のもとで事業認定における収用裁決を行ったが、この収用裁決は裁量権を逸脱しており、違法であると判決が下った。しかしながら、二風谷ダムは完成しており、本件収用裁決を取り消すことは公共の福祉に適合しないとして、原告の本訴を棄却し、二風谷ダム竣工は認められた。なお、裁判費用は国と被告の負担とされた。

6 ├── 日本初の収用裁決違法の判決

　私の知る限りでは、このように収用裁決が違法であるとの判決がなされたことは、日本では初めてではなかろうか。用地担当者にとっては、財産権を対象とする現行補償制度のもとで、アイヌ文化享有権の補償を考慮することは困難であったといえるであろう。しかしながら、ダム建設事業において、アイヌ文化の伝統文化の保存、承継を含めた次のような地域振興策が行われている。

①二風谷ダムのアイヌ民族文化の保存、伝承のための文化博物館の建築

②発掘された文化財の展示のための歴史館建設や出土品の保存

③チプサンケの代替場所の確保

④アイヌ文化、アイヌ語地名由来の記録保存

⑤二風谷地区自然等の記録映画の作成

　ここに、一宮判決によって、私たち日本人がアイヌ文化を守り大切にするという「補償の精神」が芽生え、構築されたことは確かだ。これからの公共事業においてアイヌ文化に対し、十分考慮されることになる。そしてアイヌと日本人との共生、共存、共栄の道を歩み、さらにこのことは自然環境の悪化も防ぐことにつながるだろう。それはアイヌの人たちこそ自然との共生を大切にする「持続可能な発展」の日常生活を送っているからである。

　〈水底に 沈むてふ村 めぐり来て 仰ぐ高き ダムの標識〉（八並豊秋）

用地ジャーナル 2006年（平成18年）2月号

［参考文献］
『日本河川ルーツ大辞典』（村石利夫編 S54）竹書房
『二風谷ダム建設の記録』（二風谷ダム工事誌編集委員会編 H12）北海道開発協会
『二風谷ダムを問う』（中村康利 H13）さっぽろ自由学校「遊」
『二風谷ダム裁判の記録』（萱野茂・田中宏編 H11）三省堂

早瀬野ダム
（青森県）

青森県

秋田県

けやぐにならねば、
津軽では仕事が出来ね

1├── 堰神社─堰八太郎左衛門安高

　青森県には、「堰神社」という一風変わった神社がある。天文年間から文禄年間にかけて岩木川中流域に灌漑用の藤崎堰が造られたのだが、堰の取水口は早川のために年々壊れ、農民たちは苦しんでいた。この堰役を務めていたのが堰八太郎左衛門安高である。

　【慶長14年4月14日、安高は禊ぎを行い、浅瀬石川の取水口に立ち「この堰根年々破壊、水のらず、諸民の難渋見るに忍びず、われ今は今時一命を捨て一は国恩に報じ二は諸民の難渋を救い三は子孫永久を願う。水神願わくは志を受納し垂れたまえ」と祈り、わが身に杭を打たせ水底に沈んだ。それ以来堰は崩れることはなかったという。】

　民たちは「堰神社」を建立し、今日まで安高への感謝の念は続いている（『平川事業誌』東北建設コンサルタント編H元）。

　なお、平成18年2月農林水産省は主に農業用に造られ、地域共同体で守られてきた水路を次世代に継承するために全国の「疏水百選」を選定した。青森県では稲生川用水、土淵堰、岩木川右岸用水が選ばれている。

2├── 平川農業水利事業

　平川は、青森・秋田県境の柴森山（標高748m）を水源とし、大落前川、虹貝川、土淵川等支川を合わせ、藤崎町白子で岩木川と合流する流域面積83㎢、

流路延長36kmの一級河川である。

昭和40年10月、農林省施行平川農業水利事業が始まった。この事業の地区は、青森県の南西部津軽平野のほぼ中央に位置し、弘前市外1市5町1村にまたがる受益地5,700haの地域で、平川沿岸域（上流部）と岩木川中央右岸域（下流部）とに二分される。

上流部は扇状地形を呈し、下流部は岩木川の自然堤防と後背湿地で、傾斜は1/100〜1/1,000が大半を占め、標高は最高90m（上流部）、最低3m（下流部）の低湿地である。

中心コア型ロックフィルダム

水源は平川とその支流及び溜池に依存しているが、耕地面積に対し流域面積が狭小であり、しかも灌漑期に降雨量が少ないため常時河川流量が乏しく、近年に至るまで慢性的な水不足に悩まされている。また地区内の大部分は用排兼用の未改修のままの土水路であり、取水施設の井堰も老朽荒廃がはなはだしく、約半数は湿田状態であり、これらがあいまって適切な水利用を阻害してきた。

この対策として、平川農業水利事業は、平川の支流虹貝川の上流に早瀬野ダム（有効貯水量1,300万㎥）を新設して不足水量を確保し、さらに河川取水施設として虹貝（取水量1.48㎥/s）、三ツ目内（取水量1.07㎥/s）、大和沢（取水量0.97

㎥/s)、五所川原（取水量8.44㎥/s）頭首工を新設。その他幹線用水路48.0km（8系統）、幹線排水路6.2km（2系統）、揚排水機場各1か所を新設または改修し、合わせてこれら諸施設の一元管理を図る用水管理センターを設置する。

　これにより干ばつ・湛水被害を解消し、農家経営の安定を図るものである。

3 ├── 早瀬野ダムの諸元・目的

　平川農業水利事業における基幹施設である早瀬野ダムは、南津軽郡大鰐町早瀬野地内に位置し、昭和60年3月に完成した。このダムの建設記録について、『早瀬野ダム工事誌』（大成建設（株）東北支店早瀬野ダム作業所編S60）がある。このダムの諸元は堤高56m、堤頂長285.88m、堤体積135万㎥、有効貯水容量1,300万㎥、総貯水容量1,350万㎥、型式は表面遮水を有する中心コア型ロックフィルダムで、事業費453億3,000万円を要した。

　早瀬野ダムで開発された農業用水最大取水量7.45㎥/sは、虹貝頭首工、第一統合頭首工、幹線用水路などを通じ、受益面積5,700haの田畑を潤している。その内訳は弘前市1,396ha、五所川原市1,147ha、大鰐町104ha、尾上町171ha、平賀町1,291ha、田舎館村74ha、板柳町386ha、鶴田町1,131haである。

4 ├── 平川農業水利事業、早瀬野ダムの建設の経過

　平川農業水利事業は、昭和44年10月事務所開設以来、16年あまりの歳月を経て昭和60年10月に竣工式を迎えた。その建設経過を追ってみた。

▼ 平川農業水利事業建設経緯（昭和34〜60年）

34年	4月	青森県が土地改良事業として調査開始
39年	4月	国営灌漑排水事業地区として直轄調査
44年	9月	国営平川土地改良事業申請
	10月	東北農政局平川農業水利事業所開設
45年	7月	早瀬野ダム右岸付替林道工事開始
46年	4月	特定土地改良区工事（特別会計）指定
	7月	ダム工事本体発注
	10月	ダム用地補償基準妥結
52年	4月	融雪期、盛立による水質問題発生

早瀬野ダム環境対策検討会設置

8月　本事業三ツ目内頭首工工事と昭和50年災道川森山災害復旧事業
　　　の共同施行についての協定締結

54年 6月　本事業大和沢頭首工工事と昭和52年災小栗山頭首工
　　　　　災害復旧事業の共同施行に関する協定締結

59年10月　早瀬野ダム完成検査

60年 3月　早瀬野ダム完成

　　　10月　平川農業水利事業竣工式

5 ├── 事業推進の困難性

　農業水利事業が完成するまで、技術的な困難に遭遇することもあり、オイルショックによる物価高、工事中における台風水害などの影響を受けることがある。平川農業水利事業では、用地補償の問題と早瀬野ダム本体の盛立工事での水質問題が起こった。

①昭和44年10月、事業所開設以来、早急に取りかかったのが補償の解決で

ダム湖周辺は桜の木が植えられ、隠れた花見の名所となっている

あった。ところが、当時青森県では、むつ小川原開発、東通村原子力発電所、東北縦貫自動車道など巨大開発事業が始まり、錯綜していた。用地補償は、これらのプロジェクトにかかわる土地価格に影響を受けて、なかなか地権者の納得が得られずいたずらに月日が経過したという。ようやく解決したのは丸4年を過ぎた昭和48年10月のことだった。

②補償解決後、早瀬野ダムは堤高56m、堤体135万㎥の中心コア型ロックフィルダムで、昭和50年7月から築堤を進めていたが、約51万㎥盛立後の昭和52年4月の融雪期にダム下流左岸側に設けた洪水吐減勢池の貯水が赤色に変色、ドレーンからの浸透水は強酸性を示した。さらに、上流の原石山から下流の虹貝川の水質も酸性化が進行し、鉄・マンガンなどの金属の溶解が起こり、その対策として硫化鉱物の酸化反応を抑制すること、すなわち負荷源となる鉱物と空気、水との接触を極力少なくすることの水質対策が行われた。

　これらの補償問題や水質問題に対し、起業者はどのような精神をもって、対応したのであろうか。

6 ├── 補償の精神

　前掲書『平川事業誌』の中で、鈴木眞煕所長は「けやぐに与えられた事業推進」として、次のように語っている。ここに「補償の精神」をみることができる。

【津軽言葉である「けやぐ」とは、並みの友人から一歩も二歩も進んだ「腹蔵なく話し合え、信頼し合う心からの友人であり、何のためらいもなく相手の膝を枕に寝れる」真の友人、刎頸の友を云うそうである。

　赴任間もなくあった津軽平川土地改良区役員との初顔合わせの際、白取理事長、田中弘理事長から、「けやぐにならねば、津軽では仕事が出来ね」と云われ、その言葉の裏にある「まずはお手並み拝見」はまだ良いとして「事業所と改良区が眞のけやぐになって、共に事にあたることの大切さ」の意味の深さに、平川事業の難しさと、信頼出来る環境作りの大切さを、しみじみと感じたことであった。

　着任早々の難問は、早瀬野ダム工事の再開にかけての環境問題の解決と原石の確保であった。阿闍羅山の原石使用についての地元や関係者調整では、

白取理事長、山口大鰐町長に御骨折を願った。解決までの過程で御両氏から度々御叱責や御教示を頂いたが、虚心坦懐に事情を説明しご相談申し上げた事で最良の道を拓くことが出来、秋の終りには念願の100万㎡盛立を達成し、改めて誠心誠意で事にあたることの大切さを教えられた。】

さらに、鈴木所長は、

【設計や工事実施に際して、地権者や施設の直接・間接受益者と対立する事が多々発生するが、胸襟を開いて論議し、かつ常に相手の身になって考えて見ることなど、話が終ったあと相手から「けやぐ」として受けいれてもらえる努力の大切さを、五所川原幹線用水路工事は如実に教えてくれたし、それが中・下流部の路線決定、五所川原頭首工等の河川協識、全ての国営事業の推進に役立ったと思っている。】と述べている。

7 ├──「けやぐ」心

鈴木所長は「けやぐにならねば、津軽では仕事が出来ね」と言われ、この言葉を肝に銘じ、地元の人たちにふれ、用地補償の問題、水質の問題など、種々の難問に日々対処した。相手から「けやぐ」心が受容された時、解決への道が開かれた。

繰り返すことになるが、「けやぐ」心とは、即ち並みの友人から一歩も二歩も進んで腹蔵なく話し合える、信頼し合う心からの友、さらに何のためらいもなく相手の膝を枕にして寝られるような、真の友人関係である、という。この「けやぐ」心が「補償の精神」を貫いた。

「堰神社」に祀られている堰八太郎左衛門安高は、「けやぐ」の精神をはるかに超越しているように思われてならない。

この「けやぐ」の精神は、岩木川流域津軽平野一帯の農業用水を開発し、今日、米、りんご、野菜の農産物の生産増につながっていると言えるだろう。

〈青林檎 青森人の 意志を持つ〉（百合山 羽公）

用地ジャーナル2007年（平成19年）2月号

［参考文献］
『平川事業誌』（東北建設コンサルタント編 H 元）東北農政局平川農業水利事業所
『早瀬野ダム工事誌』（大成建設（株）東北支店早瀬野ダム作業所編 S60）大成建設（株）東北支店早瀬野ダム作業所

秋田県

岩手県

3

御所ダム
（岩手県）

地域を守り、古里を守ろうと
みんな必死だったのです

1 ├── 御所ダムの利用

　人生は喜怒哀楽の連続である。特に歳を重ね老齢期に入ってくると、喜び
よりも哀しみが増してくるようだ。それは、今まで過ごしてきた肉親や仲の
良かった親友との、永遠の別れに遭遇するからだ。また永遠の別れが人でな
く、住み慣れた生活の場であった古里であることもある。ダム建設に水没し、
やむを得ずに古里を後にしなければならない。このような喪失感を心の中に
潜めて、これからの人生を生きていかねばならない。それは辛いことだ。

　だが、ダム湖に沈んだ古里が、その湖面の周辺のレクリエーション施設の
整備によって市民の憩いの場として甦ることがある。だからと言って古里が
戻ってくるわけではないが……。御所ダムにおける湖面周辺の施設の利用状
況からみてみたい。なお、御所ダムでは水没家屋448戸（520世帯）が移転せ
ざるを得なかった。

　御所ダムは、昭和42年6月実施計画調査を開始、昭和56年10月に建設省
（現・国土交通省）によって完成した。御所ダムの所在地は、北上川水系雫石
川の岩手県盛岡市繋字山根で、盛岡市中心地から12kmの至近距離に位置し、
都市に隣接したダムである。建設目的は洪水調節、不特定灌漑用水の供給、
水道用水の供給、発電を行うことにある。ダムの諸元は、堤高52.5m、堤頂
長327m、総貯水容量6,500万㎥、湖水面積6.4k㎡、型式は中央コア型ロック
フィル、コンクリート重力式複合ダムである。このような水景豊かなダム湖

周辺には、振興センター、手作り工房、催し広場の盛岡手づくり村（総面積6,237㎡）、つなぎスイミングセンター（14万8,405㎡）、ゴーカート、ローラーすべり台、サイクル列車の乗り物広場（総面積19万9,104㎡）、野球場、テニスコート、多目的グランドの御所大運動場（総面積6万7,975㎡）、大芝生広場やお花見広場のファミリーランド（総面積11万4,616㎡）、それに四阿（総面積1万1,000㎡）、塩ヶ森水辺公園（総面積1万6,091㎡）、尾入野湿生植物園（総面積1万8,358㎡）、さくら公園（総面積104万3,330㎡）が整備され、これらの施設は岩手市や第3セクターでそれぞれ管理・運営されている。

　また、イベントとして夏季には、つなぎ温泉観光協会主催の御所湖祭り、秋季には、トライアスロン大会、御所湖一周ロードレース大会も開かれ、市民とのふれあいの場となっている。ダム湖の近くには小岩井農場もある。御所ダム湖の利用状況としては、ダム完成を機

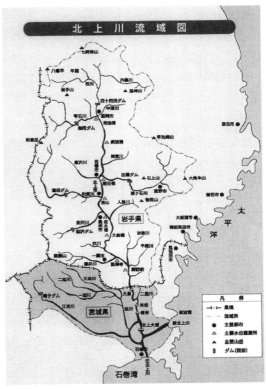

北上川流域図・位置図（部分／出典：国土交通省 HP「北上川」）

御所ダム周辺（出典：国土交通省東北地方整備局北上川ダム統合管理事務所 HP）

に始められた御所湖祭りは、8万人の人出で賑わい、また手作り作業や、スポーツ、釣り、ボート遊び、散策、お花見に多くの人が利用し、観光バスのルートにもなっている。平成9年度のダム湖の年間利用者は、115万7,000人にものぼったという。御所ダム湖一帯が盛岡地区における観光、レクリエーション、スポーツ、教育の拠点となっている。このようになるまでの御所ダム建設の経過について、『御所ダム工事誌』（建設省東北地方建設局御所ダム工事事務所編S57）、『湖に夢を託して――御所ダム竣功から20年、そして未来へ』（北上川ダム統合管理所編H13）から追ってみたい。

2 ├── 御所ダムの建設

御所ダムは、河川総合開発事業の一環として、北上川上流改修計画の根幹をなすダム群による洪水調節計画の一翼を担い、石淵、田瀬、湯田、四十四田ダムの後をうける第5番目の多目的ダムとして建設された。

雫石川は、幹川流路延長約40km、流域面積782㎢、年間総流出量14億㎥の豊富な水量を誇る河川で、北上川水系屈指の大支川である。奥羽山脈の急峻な地形と崩壊しやすい地質、流域の降水量の多さなども原因して、古くから北上川水系の中でも手のつけられない暴れ川であった。御所ダムは、この雫石川をせき止めて造られた。

建設省の予備調査が始まったのは、昭和28年のことだった。建設予定地として、御所地区が指定されたが、さまざまな事情で、具体的な建設計画が示されなかった。住民たちは、いつダム建設が具体化するか分からないまま、いつ移転させられるかという不安にさいなまれ、また、農地を耕す意欲も薄れる一方だった。ついに「ダム建設は取り止めだそうだ」という噂まで流れた。やっと着工のための本格調査に入ることが決定・発表されたのは昭和41年夏、最初の予備調査から13年もの時間が経過していた。

その後の御所ダムの歩みは次の通りである。

▼御所ダム建設経緯（昭和42年〜平成11年）

昭和42年6月　御所ダム調査所開設
　　　　　　　　実施計画調査の開始
43年10月　御所ダム対策事務連絡会は「御所ダム建設に伴う生活再建等連絡

　　　　　　「協議会」を組織
44年 4月　御所ダム工事事務所開設
　　11月　繋地区用地調査完了
45年 7月　雫石地区用地調査完了
46年 8月　御所ダム建設に伴う損失補償基準発表
　　12月　損失補償基準妥結
47年 3月　御所ダム本体建設工事契約
48年 3月　仮排水路通水
49年 4月　本体コンクリート打設開始
　　 7月　水源地域対策特別措置法に基づく指定ダムとなる
52年10月　堤内仮排水路通水
53年 9月　フィル堤体盛立開始
55年 6月　繋大橋開通
　　 7月　フィル堤体盛立完了
　　10月　シオン像建立
　　11月　試験湛水開始
56年10月　御所ダム竣功式
57年 4月　御所ダム管理支所開設
58年 4月　県立御所湖広域公園が施設管理開始
　　 5月　乗り物広場完成
　　 9月　県立御所湖広域公園艇車完成
60年 6月　つなぎスイミングセンターオープン
61年 5月　盛岡手づくり村オープン
平成元年　レイクパーク事業着手
2年　　　塩ヶ森水辺園地完成
3年　　　尾入野湿生植物園開園
9年 7月　ファミリーランド開園
11年 3月　レイクパーク事業完了

　御所ダムは本格的な予備調査が昭和42年に開始されて以来、15年ほど経て
昭和56年に完成し、その後は、ダム湖の環境整備がなされた。

3 ├── 御所ダムの補償

　御所ダムの主なる補償は、水没家屋448戸（520世帯・移転者数約2,200名）、土地取得面積583.4ha、公共補償として、安庭小学校、盛岡市役所繋支所、繋・御所両診療所、青森営林局雫石営林所管の戸沢担当区事務所・西庭担当区事務所の補償を行った。また、特殊補償としては、東北電力（株）繋発電所の廃止、原石山の採石権、雫石川漁業組合に対する漁業補償を行っている。

　御所ダムにおける水没520世帯は非常に多い。幾度かの紆余曲折はあったものの、昭和46年8月に補償基準を発表し、同年12月には妥結している。早い解決である。その補償解決の特徴について、次のことが挙げられる。

　昭和42年6月御所ダム事務所を開設以来、岩手県、盛岡市、雫石町及び国は連携を強めながら、水没者の生活再建対策の推進に努めてきた。各省庁地方局を含む「生活再建等連絡協議会」の設立によって、水没農地回復のための県営パイロット事業推進など「御所ダム方式」と呼ばれるいくつかの協力事業が組まれた。このことは水没者の生活再建に大いに効果を上げ、ダム建設への協力が生じた。そして、このことが今日の水源地域対策特別措置法（昭和48年法律第118号）に先鞭をつけるものとなり、後の同法の指定ダムの第1号とされることになった。

　もう1つの特徴は、護岸堤を築き、土地の有効的な利用を図ったことである。御所ダムは、山峡に建設されてきた既往のダムとは異なり、郊外の比較的平坦な場所に建設されたダムである。用地取得の範囲は、洪水時満水位EL.（標高）182mに背水、波浪の影響を考慮して2mの余裕高を加えたEL.184m以下の土地であり、その総面積は626haに及ぶ。また、貯水池の湛水面積は6.4㎢であり、平均水深も10m程度と浅く、上流部では湛水深の浅い状態で膨大な農地が水没することになる。このため下久保、繋、兎野の3地区においては、護岸堤を築いて土地の水没を防ぐとともに、土地の有効活用を図って生活再建の一助とした。

　なお、既に述べたが、3地区とも埋め立てて工事を実施し、県営圃場整備事業等と併せて行った。また兎野地区を貫流する黒沢川、クキタノイ川に対しては逆流堤を築き、貯水池水位による洪水の防禦を図っている。

　なお、水没者は、盛岡市（162世帯）、雫石町（321世帯）、滝沢村（115世帯）な

御所湖からは遠く岩木山が望める

どにそれぞれ移転した。繋地区の望郷の碑が建立されており、その碑には新しい町づくりに専念すると誓約されている。

「わが故郷は、御所ダムの建設によって千古の歴史を秘めながら永久に湖底に没し去った。私達つなぎ地区の水没関係者一同は永久に往時を偲びつつ絶ちがたい望郷の念をこの碑に刻み新しい町づくりに努力することを誓いあうものである。」

4 ├── 水没者の想い

前掲書『湖に夢を託して──御所ダム竣功から20年、そして未来へ』に水没者の想いが収められている。元繋地区御所ダム対策協議会役員・髙橋等は、「恵まれた環境を生かす若者たちのアイディアに期待したい」として、次のように述べている。

【 ダムが完成してから20年という歳月がたちましたが、今でも強く心に残っていることは、やはり補償交渉のことです。とくに山場となった昭和45年から交渉妥結の46年12月までの2年間は、本当に皆さんが真剣に討論しあ

試験放流の様子

い、意見を出し合いました。家族や子ども、孫たちの生活が少しでもよくなるように、そして地域を守り、古里を守ろうとみんな必死だったのです。交渉相手となった建設省や県・市・町・関係行政機関の担当者の方たちも、われわれの思いをよく聞いてくださった。調印のときには、熱いものがこみあげたことを今でもハッキリと思い出すことができます。

　そもそもダムができる前の繋は、小さな温泉場で旅館業を営む人たちと、農業を営む人たちの暮らす地域でした。その農家といっても、保有する水田は平均すればおそらく４反歩ばかり、しかも湿田が多く、とうてい農業だけでは生活していけない零細農家が多かったのです。冬になれば出稼ぎに行く人もいました。私自身も山の仕事に出たり、日雇いの土木作業に出たりしたこともあります。

　ダムが完成してからは、補償によって農地を拡大した方もいらっしゃいます。また繋温泉の区画整理事業による埋め立てもあり、高層建築のホテルや趣のある旅館が立ち並ぶとても環境のいい観光地になりました。女性の方たちは、旅館やホテルに雇用の場ができたりして、生活はうんと楽になったのです。

　当時、「よりよい生活再建」を掲げて交渉に頑張った繋地区御所ダム対策協議会の役員は41名でした。その仲間も今ではほとんどの方が亡くなりました。仲間たちの思いは御所湖広域公園内にある「望郷の碑」に記されています。私も80歳になり、これからダムや地域の将来を考えてゆくのは若い人たちの役目。最近では温泉街で朝市を企画したり、さまざまなアイディアを実行に

移しているようです。素晴らしい環境が整備されている地域ですので、なんとかそれらを活かして、たくさんの観光客に来ていただけるように知恵を出していってほしいと思っています。】

　高橋等は、「家族や子ども、孫たちの生活が少しでもよくなるように、そして地域を守り、古里を守ろうとみんな必死だったのです」と、語っている。ここに補償の精神が見えてくる。それは自分たちの「生活再建」を考えるだけでなく、将来にわたってまで熟慮しているからである。御所ダム湖周辺には、温泉を中核として、スポーツ施設、広域公園、手づくり村の体験施設などさまざまなレジャー、観光施設、教育施設、そしてスポーツ施設が整えられている。これらの施設は、国土交通省をはじめとして、関係行政機関との交渉の中から発案され、現実化されたものがほとんどであるという。

5 ├── 御所湖を汚してはならない

　以上述べてきたが、御所ダムは洪水調節や農業用水の供給、水道用水の供給、発電を行う多目的ダムであることは言うまでもないが、新たに、人々に、スポーツや散策などの健康増進、植物観察など教育的な役割をも提供している。しかしながら、御所湖が汚れていては意味がない。せっかく先人たちの墳墓の地を、そして下流域の人たちのためにも御所湖を汚してはならない。そんな思いから「御所湖の清流を守る会」が昭和55年に発足し、湖畔清掃活動が続いている。会には80余りの個人、団体、企業などが登録されている。

　一方、地元の安庭小学校、雫石小学校、繋小学校でも環境に力を入れ、川や公園にはゴミを捨てない、ゴミを拾う活動が行われている。高橋等が願った「地域を守り、古里を守る」精神が受け継がれている。清流は、みんなの心にも流れている。

用地ジャーナル2010年（平成22年）年11月号

［参考文献］
『御所ダム工事誌』（建設省東北地方建設局御所ダム工事事務所編 S57）建設省東北地方建設局御所ダム工事事務所
『湖に夢を託して──御所ダム竣功から20年、そして未来へ』（北上川ダム統合管理所編 H13）北上川ダム統合管理所

4

七ヶ宿ダム
（宮城県）

全員がパンフレットを天井目がけて放り投げ、総退場してしまった

1├── 阿武隈川の流れ

　日本の河川について、流域面積の順次でみてみると、利根川1万6,840㎢、石狩川1万4,330㎢、信濃川1万1,900㎢、北上川1万150㎢、木曽川9,100㎢、十勝川8,400㎢、淀川8,250㎢、阿賀野川7,710㎢、最上川7,040㎢、天塩川5,590㎢となり、そして阿武隈川は5,400㎢で、第11位である。周知のように、関東の利根川、九州の筑後川、四国の吉野川は、坂東太郎、筑紫次郎、四国三郎と呼ばれているが、筑後川の流域面積は2,860㎢、吉野川の流域面積は3,750㎢となっており、これらの2つの河川は、阿武隈川より小さい。東北地方において、阿武隈川は北上川・最上川に次いで重要な河川であることは間違いない。その意味では、北上川を東北太郎、最上川を東北次郎、阿武隈川を東北三郎と呼んでも面白いかもしれない。阿武隈川は古くから、その流域の人々に多くの恵みを与えてきた。しかしその反面、災害もまたもたらした。

　阿武隈川の流れについて、『阿武隈川・北上川・雄物川・最上川』（国土開発調査会編H元）には、次のように記されている。

　【阿武隈川は、東北地方の南東部に位置する福島県白河郡西郷村大字鶴生の1,835mの標高を持つ旭岳にその源を発し、これより渓流は東に向かって流れ、白河市を経てから北に向きを変え、阿武隈高地および奥羽山脈から発する社川、釈迦堂川、大滝根川、五百川、移川、荒川、摺上川等の支川を合わせて、福島県のほぼ中央である中通り地方の安積、信夫盆地を北上

し、狭窄部を経て、宮城県に入り、さらに白石川等の支川を合わせて仙南平野を東流し、岩沼市において太平洋に注いでいる。その幹川239km、総延長1,931.1kmで、その流域は福島・宮城・山形の3県にまたがり、流域面積は5,400kmを有する大河川である。流域内人口は約126万人を擁し、福島・宮城両県における社会、経済、文化の基盤を成し、本水系の利水と治水について果たすその意義は極めて大きい。】

　七ヶ宿ダムが建設されたのは、この阿武隈川水系左支川白石川である。白石川は、流路延長60.2km、流域面積813.6kmという阿武隈川最大の支流である。白石川は、奥羽山脈蔵王山系の山形・宮城県境の金山峠（標高806m）を水源とし、苅田郡一帯の山間の渓流を集めて東流し、蔵王山系の東南麓を流下して白石市塩倉にて北折、同市福岡蔵本付近で東北に向い、白石市北西部を流下、平地部に入り斉川、児捨川、松川などを合わせ阿武隈川に合流する。七ヶ宿ダムは、白石川の宮城県苅田郡七ヶ宿町大字渡瀬地先に、平成3年に建設省（現・国土交通省）によって建設された。なお、七ヶ宿町は、現在町を国道113号線が貫いているが、江戸時代、奥州と羽州を結ぶ街道の1つで、仙台領内に七つの宿場があったことから、町名になったという。七ヶ宿町は当時、陸奥・出羽13大名の参勤交代や城米の輸送、出羽三山詣で賑わった。

2 ├── 七ヶ宿ダム建設の背景

　阿武隈川の直轄河川改修工事は、大正8年に開始され、下流部については、昭和11年に工事に着手したものの、戦争等で中断。その後中断を挟んで洪水を契機として、第一・第二の流量改定を行い、改修工事が実施されてきた。しかしながら、昭和22年のカスリーン台風、23年のアイオン台風、25年8月豪雨によって、阿武隈川流域は大被害を被った。昭和33年、41年には2度の出水が相次ぎ、さらに流域内の人口及び資産の増大、開発発展は著しく、治水の重要性が一段と高まってきた。昭和49年、治水の安全性確保のため、阿武隈川水系を一貫とした新計画が樹立された。その計画には、三春ダム、七ヶ宿ダム等のダム群により洪水調節を行う流量改定が盛り込まれた。

　このような背景のもとで、七ヶ宿ダムは昭和46年より予備調査に入っていたが、48年から実施調査に入り、建設地点の七ヶ宿町では、ダム水没による

移転世帯は164に及び、町の経済などに多大な影響を受けることから、住民たちの激しいダム反対が起こった。その後、紆余曲折を経て、平成3年10月に竣工式を迎えた。

3 ├── 七ヶ宿ダムの建設経過

　七ヶ宿ダムの補償地区は、七ヶ宿町の渡瀬、原、追見の3地区、白石市の冷清水と大熊の2地区である。補償関係については、『七ヶ宿ダム補償と生活

洪水調節、灌漑用水、水道用水の供給や流水の正常な機能を確保する多目的ダム

再建』(建設省東北地方建設局七ヶ宿ダム工事事務所編S59) の書に大変よくまとめられている。以下、この書から、用地補償の諸元と事業経過をみてみたい。

① 用地補償の諸元

七ヶ宿ダムの事業用地は、水没地と付替道路を合わせて465.8ha、移転世帯は水没158 (人口628人)、準水没世帯5 (同22人)、付替道路世帯1 (同3人) の合計164世帯 (同653人) である。公共補償として、渡瀬、原、追見地区にある3公民館の除却補償、白石営林署渡瀬担当区事務所の現物補償、そして七ヶ宿町の行政経費の負担である。それに国道、町道、林道の付替道路である。特殊補償として、東北電力(株)渡瀬発電所が水没するため廃止補償、苅田発電所の取水口が水没するため、代替施設建設期間中の休電補償、白石川漁業協同組合の漁業補償などを行っている。

② 補償の経過

▼ 七ヶ宿ダム補償経緯 (昭和45年〜平成3年)

昭和45年　実施調査を開始する

　　　　　水没予定地3地区 (渡瀬、原、追見) に調査の説明を行い、調査を開始する

　　　　　渡瀬ダム対策協議会 (ダム対協) の設立総会を開催する

48年　七ヶ宿ダム調査事務所を開設する

49年　生活再建相談所を開設する

50年　貯水池用地取得範囲の標高305mの測量を開始する

51年　七ヶ宿ダム工事事務所となる

　　　ダム対協に用地調査を申し入れる

52年　用地調査を開始する

53年　水源地域対策特別措置法第2条に基づく「ダム指定」を受ける

　　　ダム対協に損失補償基準要綱、土地等級を説明する

54年　東北地方建設局からダム対協に対し、「損失補償基準」を提示する

　　　ダム対協、3地区ごとに損失補償基準説明会を開催する

55年　ダム対協各補償部会に対し、補償基準の適用方法及び補償額の積算について、細部にわたって説明会を開催する

　　　ダム対協より補償要求対案が提出される

　　　ダム対協と数回にわたって補償要求の交渉の結果、内諾を得る

「七ヶ宿ダム建設に伴う一般補償協定」締結

　　　「七ヶ宿ダム建設に伴う協力金に関する覚書」締結

　　　補償金支払いを開始する

56年　水没移転者新生活激励会が七ヶ宿町主催で開催される

　　　青森営林局と「国有林の所管換等の基本協定」を締結する

57年　七ヶ宿町と公共補償契約を締結する

　　　東北電力（株）と渡瀬発電所廃止補償契約をする

　　　東北電力（株）と送電線移転補償契約をする

58年　七ヶ宿ダム起工式

60年　七ヶ宿ダムコア盛立開始

63年　堤体盛立完了

平成元年　試験湛水開始

　2年　一般国道113号付替道路全線開通

　3年　七ヶ宿ダム竣工式

　なお、七ヶ宿ダムの諸元は、堤高90.0m、堤頂長565.0m、堤体積520万1,000㎥、総貯水容量1億900万㎥、型式は中央土質遮水壁型ロックフィルダムである。

　また、七ヶ宿ダムの目的は、次のとおりである。

　①洪水調節として、ダムに流入する1,750㎥/sのうち1,500㎥/sを貯水池に貯めこみ、下流へ250㎥/sを放流する。②灌漑用水として、白石川沿岸など約2,800haの農地に補給する。③流水の正常な機能の維持として、下流の既得用水の安定した水利用を図る。④水道用水として、仙台市を含む7市10町へ最大59万5,000㎥/日を確保する。⑤工業用水として、仙南地区に最大5万5,900㎥/日を確保する。

4 ├── 補償の精神

　七ヶ宿ダムの補償を振り返ってみると、昭和45年からの諸々の調査から10年後の54年6月に損失補償基準を提示するが、妥結には至らず。この頃がおそらく、用地担当者にとっては一番苦しかった時期だと思われてならない。だが、再度補償基準に関し、粘り強く交渉を行い、55年8月には、「七ヶ宿ダ

ム建設に伴う一般補償協定」締結に漕ぎ
着けている。1年あまりの交渉力は賞賛に
値する。前掲書『七ヶ宿ダム補償と生活
再建』には在職時の思い出として、用地
担当者の生の声が収録されている。いく
つかその声を聞いてみよう。そこにはダ
ム事業を完遂させようとする補償の精神
が潜んでいる。

【「忘れえぬ日」小野寺秀一用地第一係
長（在任期間昭和53年4月〜56年4月）

昭和54年6月29日　午前10時、七ヶ宿
町立関中学校、七ヶ宿ダム建設に伴う損失
補償基準発表会会場。着任早々の小暮用
地部長から大山渡瀬ダム対協委員長、岩

七ヶ宿ダム業務概要「みやぎの水がめ」（国土
交通省東北地方整備局 HP）

松小原地権者会委員長に基準書を提示し、山川用地第二課長から内容の説明
に入った。説明が建物移転料の項に入った時と記憶している。「──！」突
然、渡瀬ダム対協の役員の一人が叫び声をあげた。それを合図に全員がパン
フレットを天井目がけて放り投げ、総退場してしまった。それをみた小原地
権者の会員も退場を始める。

地建職員及び県、町の関係者を残して地権者全員が退場するまで、3分程
度を要しただろうか。当時調査立ち入り等で地権者と第一線で接していた小
生は、当日、受付係として出入口でこの様子を目撃したが、日頃、付き合っ
ていた役員が噛み付くようにして、抗議しながら出ていったあの日を、いつ
までも忘れないだろう。このことがあってから、事務所と対協の関係が正常
化するのに、富沢町長のあっせんにもかかわらず、数ヶ月を要した。】

その後の担当者の努力によって、昭和55年8月、補償基準の妥結を迎える。

このことについて、斉藤賢一七ヶ宿ダム工事事務所長（在任期間：昭和53年4
月〜58年6月）は、「発刊によせて」で、次のように述べている。

【このたびの用地記録誌が、関係者の御尽力によって発行されましたこと
をお喜び申し上げます。七ヶ宿ダムのこれまでの歩みは、正に用地の歩みで

あり、生みの苦しみから誕生の喜びへの歳月であったかと思われます。私は、その後半をたずさわらせて頂きましたが、苦労が多いほど、思い出も深いとかで、過ぎし日のさまざまのことが、昨日のことのように想い出されてなりません。

　忘れもしない悪夢のような出来事─それは昭和54年6月29日の基準発表会での一斉退場です。罵声と怒号で騒然とする中で、呆然と一人立ちつくし、最後に重い足どりで去って行った大山委員長の後姿、その時の様子は今でも忘れられません。そこには自分の姿も重なって見たように思えてならないのです。このハプニング以来の半年間は、お互いに相手の出方待ちのにらみ合いが続きましたが、結果的にはこの冷却期間が地権者内部に自浄作用が働いたことになったと思ってます。補償基準の発表は、従来から地権者全員を集めた発表会の場で公表する形式がとられてきましたが、それを逆手にとられるようではむしろ考え直さなければとの教訓になった苦い経験でした。

　そして補償協議が再開され、緊迫した交渉を経て、補償額の詰めが最終的に合意した時は、本当に感慨無量なものがあり、ほっとした思いでした。私のみならず苦労に苦労を重ねてきた関係職員の一人一人が同じ心境であったと思います。宿願かなって晴れて迎えた妥結調印式、その日のことは生涯忘れえぬ思い出です。協定書調印に先立ち、経過報告をさせて貰いましたが、報告の途中から抑えていた感情が段々昂ぶるのをどうすることも出来ず、絶句すまいと懸命に努力したものでした。】

　図らずも、小野寺用地係長と斉藤所長は昭和54年6月29日の補償発表時を

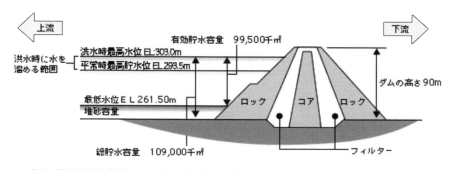

七ヶ宿ダム標準断面図（出典：国土交通省東北地方整備局 HP）

忘れえぬ一日と意義付けている。その後の用地担当者たちの補償交渉に傾ける努力は、並大抵のことではなかっただろう。結果的にはこの日を境にして、地権者との真の信頼関係が成立したのではなかろうか。ここに補償の精神が見えてきたといえる。

5 ├── 先祖伝来の地を離れた水没者たち

　昭和55年8月の補償の基準に基づき、渡瀬、原、追見、それに小原地区の水没者等の個人契約が行われた。水没者の多くは昭和56年4月から建物の解体を始め、57年3月末までには水没者158世帯の移転はすべて完了している。その移転先は、七ヶ宿町をはじめ、白石市、大河原町、柴田町、仙台市の宮城県内、そして県外として福島県、埼玉県などに移り住んだ。

　森清事務官（在任期間：昭和49年4月〜53年3月）は、ダムの思い出として【関係者や七ヶ宿の自然のことが懐かしく思い出される。松茸の生える場所は絶対教えてくれなかったSさん。月光仮面よろしく古いマントをなびかせてバイクで先導してくれたWさん。ワラビの無断採取を酒2升で許してくれたNさん。川の主と思われる大きな岩魚を見せてくれた立会人代表のFさん。不運にも焼酎漬けになったマムシ。なぜか頭蓋骨だけになってころがっていたカモシカ。せっかく助けてやろうとしたのに指に咬みついた材木岩でワナにかかっていたタヌキ。タヌキの恩返しはまだない！　まぼろしの珍獣、白鼻心。などなど……今は、先祖伝来の地を離れた皆さんが立派に生活再建されていることを念じている。】と語る。

用地ジャーナル2010年（平成22年）3月号

［参考文献］
『阿武隈川・北上川・雄物川・最上川』（国土開発調査会編 H元）国土開発調査会
『七ヶ宿ダム補償と生活再建』（建設省東北地方建設局七ヶ宿ダム工事事務所編 S59）建設省東北地方
　　建設局七ヶ宿ダム工事事務所

5

寒河江ダム
（山形県）

お嫁さんを迎えた気持ちで
市としても万全を図りたい

1 |──それはダムの子だ

　日本には、約2,700基のダムが完成している。これらのダムが誕生するまで、必ずドラマが生まれる。悲劇も生まれる。

　ダム現場で働いていた男の話である。

　【 侠気が強く、面倒見がよく、仕事の勘が抜群で現場で秀でていたのは誰もが認めていた。現場を踏んでいたせいか上からも下からも慕われ、重宝がられた。そのせいか、余計な仕事がまわってきたり、頼み込まれると「ああいいよ」と忙しい男であった。

　「今日も家に帰れないな」留守の妻子に申し訳なさそうにつぶやいた。ところが、男が帰らない間に妻は愛人の子を孕んでしまう。2人の子供がいるのに妻は自分の気持ちを裏切れず、正直に告白し、「別れさしてください」と手をついた。だが男は「それはダムの子だ。ダムが授けた子だ」こう明るく言い切った。そして男児が生まれ、2年後に男はガンで倒れた。「ダムの子を大事に育ててくれ、願わくはおれの骨をどうかダムの底へ埋めてくれ」。遺言に言われた上司は、痛切な友情を感じ、コンクリートにこっそり骨を塗り込み、男の願望を叶えてやった。】

　この男の話は、『月山ダム物語（上）』（水戸部H12）に載っている。

2 ├──寒河江ダムの建設経過

　ダム造りには、ダムを造られる側とダムを造る側との信頼関係をいかにして構築するか、このことがダム造りがスムーズに、そして短期間のうちに建設可能となるかの大きなキーポイントとなる。起業者にとっては、総務課、経理課、用地課、工務課、調査設計課、工事課、機械電気課等の職員が一体となって水没者等関係者に対し、信頼を得るために日夜務めることとなる。当然チームワークが大切である。

　寒河江ダムの完成は、このチームワークの勝利と言えるであろう。『寒河江ダム工事誌』（東北建設協会制作Ｈ3）によりそのダム建設をみてみたい。

　寒河江市は山形盆地の西側に位置し、人口4万4,000人で、周辺地とともにサクランボの生産地として有名である。寒河江川は朝日岳北麓を水源として大越川、八木沢川、熊野川を併合し、寒河江市で最上川と合流する流路延長59.2km、流域面積478.4㎢である。寒河江川流域の年間雨量は4,000mmに及ぶが、急勾配の地形と相まって沿川地域に幾度となく大水害をもたらした。また降水量に恵まれているにもかかわらず、急勾配のため保水性に乏しく、一度干ばつになると、水不足を来した。これらを解消するため、寒河江ダムが施工されることとなった。

　平成3年3月、建設省（現・国土交通省）によって、寒河江川上流の山形県西村山郡西川町大字砂子関字横手、同大字月岡字ガバチの地点に完成した。

　このダムの建設経過を追ってみた。

寒河江川流域図（出典：国土交通省東北地方整備局最上川ダム統合管理事務所ＨＰ）

▼寒河江ダム建設経緯（昭和43年〜平成3年）

昭和43年　予備調査

47年　　　実施計画調査

49年 4月　寒河江ダム工事事務所開設

　　　 5月　工地建物調査

50年 3月　損失補償基準発表

　　　 6月　損失基準の協定調印式

51年 6月　少数残存者補償契約

52年 3月　水資源地域対策特別措置法によるダム指定

　　　 6月　本体工事起工式

53年10月　仮排水トンネル完成、寒河江川転流

56年 7月　国道112号（月山花笠ライン）開通

62年 9月　フィル堤体本体盛立完了

63年　　　水ヶ瀞発電所の廃止

平成元年10月　試験湛水開始

2年 2月　竣工式

3年 3月　寒河江ダム完成

3 ├──寒河江ダムの諸元・目的

　ダムの諸元は堤高112m、堤頂長510m、堤体積・フィル堤体1,035万㎥、コンクリート26.5万㎥、総貯水容量1億900万㎥、有効貯水容量9,800万㎥、型式は中央コア型ロックフィルダムである。起業者は建設省（現・国土交通省）、施工者は飛島建設（株）、三井建設（株）共同企業体、事業費は1兆3,306億円を要した。建設費負担率は河川73.2%、水道9.8%、灌漑11.9%、発電5.1%となっている。

　このハイダムは5つの目的を持った多目的ダムである。

①ダム地点における計画高水流量2,000㎥/sを最大300㎥/sに調整して放流することで、白川ダムや長井ダムの上流群と合わせて最上川の下野地点（村山市）の基本高水流量7,000㎥/sを5,600㎥/sに低減し、下流地域の洪水を防ぐ。

②寒河江川及び最上川沿川の既得用水に対し用水を補給するとともに、ダム

周辺の観光整備も進み地域の交流拠点として親しまれている

下流の寒河江川及び最上川に対し維持流量を補給し、流水の正常な機能の維持と増進を図る。

③最上川、鮭川沿川の農地約5,900haに対し、最大9.46㎥/sの農業用水を補給する。

④村上地域6市6町（山形市、寒河江市、上山市、村上市、天童市、東根市、河北町、西川町、朝日町、大江町、山辺町、中山町）に対し、村山地区水道事業所から最大23万9,000㎥/日の水道用水を供給する。

⑤ダム下流の本道寺発電所において、ダムに貯めた水の落差を利用して最大出力7,500kWの発電を行い、また、寒河江川に築造された逆調整池を利用した水ヶ瀞発電所において最大出力5,000kWの発電を行う。

4 ├──寒河江ダムの補償

　主なる補償の関係は、水没等土地取得面積327.26ha、家屋移転105世帯、月山沢小学校等の公共補償、漁業補償、発電所補償であった。

　『寒河江ダム補償と生活再建』（寒河江ダム工事事務所編S53）によると、昭和50年3月28日に損失補償基準発表、3か月後の6月26日に損失補償基準の協定締結がなされている。水没等移転105世帯の内訳は、水没93（世帯、以下同）、付替道路3、少数残存者9で、地区別では西川町砂子関33世帯、月山45世帯、四ツ谷8世帯、二ツ掛19世帯である。生活再建については、白川ダム、釜房

ダム等の先例視察をはじめ、職業の斡旋、工場見学、職業の指導、西川町に集団移転地の造成、さらに山形県は移住者の移転の促進を図るために利子補償などを積極的に行った。その結果、移転先は西川町22世帯、寒河江市55世帯、山形市20世帯、天童市5世帯、中山町1世帯、県外2世帯とそれぞれの新生活がスタートした。

5 ── 信頼関係の絆

前述のように、損失補償基準提示から3か月後、超短期間での補償妥結調印がなされたことは特筆に値する。それは双方が信頼関係を築いていたからであろう。この信頼関係は、次のような先例視察のことからも理解できよう。

【 水没住民のための釜房ダム視察に随行したときのことです。たまたま仙台七夕の期間でもあり、一番丁通りを見物させたことです。日中あつい暑中を、見物人の人込みの中を迷子？にならないようにお互い手をつなぎあってもらい、また私たちは前後に立ち、寒河江ダムの小旗を目印に、幼稚園の先生よろしく、水没住民（オバチャン）たちをフーフー汗をかきながら引率した思い出が、今でも目に見えるようです。】（高橋貞男）

お互いに手をつなぎあって引率した情景は微笑ましい。

また基準交渉において、積算根拠を十分に丁寧に説明した結果であろう。

【 議論の中で当局の説明を聞いた同盟会側の反応は「ダムさんを信頼して基準通りで結構です」とか、「説明を聞けば聞くほど基準が正しいように思えます」とかの発言等があり、当局に対しての信頼感を強く感じられた。】（藤田司）

この早期解決の一因は、白川ダムの補償交渉の好影響を受けているようだ。白川ダムと同様に水没関係者と起業者は、誠実に用地調査や交渉を積み重ねる中で、双方に「善意と信頼」の絆が自然にできたと言える。

ダムの施工技術は、次のダム建設に応用されることが多い。そして、補償交渉もまた他ダムへの影響が強く反映されることがある。

6 ── 補償の精神

前述のように、水没等移転者105世帯の移転先は西川町22世帯、寒河江市

55世帯、山形市20世帯、天童市5世帯、中山町1世帯、県外2世帯とそれぞれの新生活がスタートした。

　昭和51年4月29日、寒河江市民センターにおいて、寒河江市に移転する55世帯221人の人たちを迎える寒河江市主催の「ダム協力者歓迎のつどい」が開かれた。この時のことを、

　【武田市長は「お嫁さんを迎えた気持ちで、これからの生活に市としても万全を図りたい」と挨拶。横山町長が「お嫁さんは言いたいこともなかなか言いづらいもの。実家になんでも相談して下さい」と行政側から温かいエールの交換。

　転入者代表者の渡部八郎さんが「故郷を失った気持ちは言葉では言えないが、市民として立派な生活を送ります」と心構えを述べた。】と、昭和51年4月30日、山形新聞は報道している。

　当然、移転後は新しい家に住むことになる。それは正しく、嫁に行くようであり、また嫁さんを迎えるような心境であろう。嫁さんが新しい家に温かく迎えられることが何よりである。武田市長の「お嫁さんを迎えた気持ちで、これからの生活に市としても万全を図りたい」との言葉は何よりもありがたいものだ。生活再建対策の心構えをみるようである。ここに「補償の精神」の根底が流れている。

7 ├── 移転者激励会

　昭和51年5月20日、西川町寒河江ダム建設協力会によって、西川町開発センターで、山形県知事、東北地方建設局長をはじめ多数の出席を得て、水没移転者の新天地における生活再建への激励と感謝の意を表す「寒河江ダム移転者新生活激励会」が開催された。この時も、行政側は「お嫁さんを迎えるように温かいやさしい気持ちで歓迎した」ことであろう。

　〈ダム移転　新妻迎えし　春の日に〉（吉永真志）

用地ジャーナル2007年（平成19年）7月号

［参考文献］
『月山ダム物語（上）』（水戸部浩子 H12）みちのく書房
『寒河江ダム工事誌』（東北建設協会制作 H3）寒河江ダム工事事務所
『寒河江ダム補償と生活再建』（寒河江ダム工事事務所編 S53）東北建設協会

新潟県
福島県
●只見ダム
●奥只見ダム

6

只見川のダム群

（只見ダム・奥只見ダム・福島県）

反対派賛成派とふ色分けを
吾は好まずただに説くべき

1 ├── 鹿鳴館の電灯

「鹿鳴」とは、宴会で客をもてなすときの詩歌、音楽のことである。中国の唐時代に州県から推挙され、貢士（才学ある人物）を都に送る宴会に、必ず詩経の小雅「鹿鳴」を歌い、その門出を祝ったという。このことから鹿鳴は貴賓をもてなす酒宴を指す。

明治16年鹿鳴館は、コンコルドの設計によって内外人の社交クラブとして東京府麹町区山下町（現・千代田区内幸町）に建てられた。洋風二階建てである。この館には、華族、外国使臣にのみ入会が許され、舞踏会、仮装会、婦人慈善会が頻繁に催され、西欧風俗、文化の中心となった。

明治20年1月鹿鳴館の舞踏会に電灯を点火させたのは、日本最初の電気会社東京電灯（明治19年創立）である。伊藤博文らは燦然と輝いた電灯に喝采を博し、文明の利器として日本中に喧伝されて、全国各地に電灯会社の設立が続出した。

名古屋電灯（明治20年創立）、神戸電灯（明治21年）、札幌電灯舎（明治22年）、熊本電灯（明治24年）、広島電灯（明治26年）、仙台電灯（明治27年）、高松電灯・徳島電灯（明治28年）、富山電灯（明治32年）等、明治29年には電灯会社が全国に35社を数えた。

最初の電灯事業はすべて石炭を燃料とした汽力発電であった。まもなく、水力発電が始まった。民間会社では、明治21年わが国最初の水力発電所であ

雪に覆われた冬の只見ダム

る仙台市三沢、宮城紡績所の三居沢発電所、明治23年足尾銅山の間藤発電所が自家用発電運転を開始し、公営では、明治24年琵琶湖疎水事業に伴う京都市の蹴上水力発電所が開業し、明治28年この発電所の電源によって、京都に日本初の路面電車を走らせた。

　明治20年の電灯需要は、わずか家数83、灯数1,447であったものが明治30年には家数2万9,701、灯数14万683と増加しているが、明治30年の総人口は4,288万人で、まだまだ庶民には手が届かず、ランプの生活であった。

　いまでこそ、電力エネルギーは鉱工業、林業、農業、漁業のあらゆる産業の基盤であり、電力なくしては、一日とも日常生活は成り立たない状況である。

　以上、電灯の歴史については、『水力技術百年史』（電力技術百年史編纂委員会編H4）を参考とした。

2 ├── 只見川の水力発電

　昭和20年代、戦後のわが国は食糧を含めてあらゆる物資が不足していた。産業の振興に欠かせない電力エネルギーももちろん不足していた。大正7年富山県で起こった「米よこせ運動」（米騒動）ではないが、「電気よこせ市民大

阿賀野川水系図（出典：東北電力（株）会津若松支社「東北電力の水力発電用ダム」パンフレット2019.2）

会」が昭和21年11月25日関西扇町公園で開催されている。昭和25年6月朝鮮戦争が勃発し、昭和28年7月休戦になった。いまだ休戦状態のままである。朝鮮動乱によって特需景気を背景とした電力需要も増大した。

　この電力需要に対処するため昭和26年5月電力界では、強制的に電力会社の再編成が行われ、現在の9電力会社が成立した。

　電気事業の再編成後、東北電力（株）は、阿賀野川水系只見川の水力発電所の建設に積極的に取り組み、昭和28年柳津発電所（最大出力7万5,000kW）、同年片門発電所（5万7,000kW）、昭和29年本名発電所（7万8,000kW）、同年上田発電所（6万3,000kW）を完成させた。

　さらに電源開発（株）によって、只見川には昭和34年田子倉発電所（38万kW）、35年奥只見発電所（36万kW）、36年滝発電所（9万2,000kW）、38年大島発電所（9万5,000kW）が竣工している。

3 ├── 新海五郎の短歌

　東北電力（株）の新海五郎は、この只見川の柳津、片門、本名、上田の発電所の各々の建設にかかわる現地での補償を解決し、続いて昭和28年9月か

ら電源開発（株）の嘱託として、田子倉発電所の建設における補償交渉に全力を傾けた。しかしながら、翌年29年3月極度の過労のため宿舎で倒れ、東京事務所へ配転されている。新海五郎は、約10年間補償業務に携わり、この間、932首の短歌を詠んだ。短歌の師は土屋文明である。この短歌を編んだ『歌集只見川』（新海S29）に、ダム調査から補償交渉、妥結、ダム完成、そして闘病生活までの折々の歌が数首みられ、この短歌から「補償の精神」を読みとることができる。

①先ずは、福島県只見の村に入る心情である。
　・砂をかむタイヤー音にしてやすらけく吾が自動車只見村に入る
　・吊橋二つ大きく懸れる村に入る野末にとほく照れる白雲
　・幌高きトラックすでにタイヤーを洗ひ終へたりつどふ電源踏査隊
②只見川調査所の風景
　・埃あげ道吹くかぜに窓に置く設計図とべり只見川調査所
　・決裁箱に夕日ありて退けし室にわが幾時か稟議書を読む
　・ボーリングに出で製図残る調査所の昼しずかなり山羊庭に鳴く
③そして補償交渉

只見ダムの上流に位置する奥只見ダム

・畳のうへに地図つき合わせ説明する此の仕種（しぐさ）もすでに幾年を経つ

・昼よりの交渉に心疲れつつ稲架の陰濃き月夜をかへる

・わが仕事にかかる長閑（のど）けき時ありて水に映らふ蕨手折りぬ

・交渉は桜咲く日にはじめつつ氷柱（つらら）も長き冬に入りたり

・もらひ来し補償の枠の小さきを嘆きつつ対ふきびしき面罵に

・反対派賛成派とふ色分けを吾は好まずただに説くべき

④補償交渉の妥結

・補償解決近きに洋服屋入り来り二十八着の注文とりてゆきたり

・電文もいちいち支店長が口授しつつ交渉妥結のよろこびをつぐ

・阿武隈川の冬波さむく光る見え涙たりつつ調印終る

⑤ダム施工の風景

・発破知らす長きサイレンに吾がジープ後ずさりつつ或距離をとる

・パワー・ショベェルの始動を夜半に聞き留めつつ梢ありて聞くクラッシャーの音

・リベッター鳴る工事場の一室に注射針を煮る若き保健婦

⑥水力発電所の完成

・胸にとむる紅のリボン朝かぜに吹かるるに吾が式場に入る

・工成りしダム締切り見むものと草萌ゆる岸に群れる人

・水漬く家わが目にありて君に対す慰むべきかはた励ますべきか

⑦闘病生活

・いささかも譲るなかりし村びとら吾が病めば今日も訪ひ来てやさし

・口述しつつ妻にかかしむ病状報告の出社の見込みに書きおよび今日

・温泉につれだつこともなかりけり吾が病むゆゑに妻を伴ふ

4 ├── 補償の精神

　新海は、前掲書『歌集只見川』のあとがきで、「敗戦によって大陸その他ことごとく資源を失った日本への産業は地下資源をはじめとする豊富な東北の天然資源によって起きあがらなければならない。そしてそれらの資源によって立つ諸産業はかならずや電源と結ばれなければならない」と、電源開発の重要性を論じ、さらに、「只見川の補償は私の会社生活を通じてもっとも心血

をそそいだ業務であった」とある。

　前記のように、短歌は人生の一断面をわずか31文字で詠まれるもので、補償交渉10年間電源開発に情熱を注いだ、ひとりの用地マンの真摯な姿が浮かび出てくる。新海五郎の「補償の精神」は、「反対派賛成派とふ色分けを吾は好まずただに説くべき」に読みとることができる。「反対派賛成派とふ色分けを吾は好まず」そして、「ただに説くべき」と自分に諭している。「ただに説くべき」とは僧が仏教を伝導する心境にも類似するが、まだまだこの歌にも詠み切れない労苦があったことと推測されてならない。「ただに説くべき」という七文字の裡には、補償交渉のプロセスにおける苦渋が奥底に秘められている。交渉はなかなか割り切れないことが多い。それ故に「勘定」と「感情」との激突が生じ、やがてその調和が調印式を迎えることとなる。

5 ├── 水力発電に賭けた人生

　日本の総人口は約1億2,000万人であり、すべての人々は電力エネルギーの恩恵を受けている。平成13年度における全国の発電電力量（一般電気事業用）は9,240億kwHであり、その構成比は、原子力35%、LNG27%、石炭21%、水力9%、石油6%、その他2%となっている。明治20年石炭から始まった電力エネルギーは、いまでは原子力を含めて種々の資源から生み出され、その歴史は、118年を経過した。水力発電に賭け、「反対派賛成派とふ色分けを吾は好まずただに説くべき」との「補償の精神」を貫いた新海五郎の甘酸の人生もこの歴史のなかに埋没しているが、このような用地マンのひたむきな補償業務こそが、今日の日本経済の発展を築いてきた一要因であることは確かだ。

用地ジャーナル2005年（平成17年）4月号

［参考文献］
『水力技術百年史』（電力技術百年史編纂委員会編 H4）電力土木技術協会
『歌集只見川』（新海五郎 S29）東北アララギ会・郡山
『電源只見川開発史』（国分理著 S35）福島県土木部
『只見川──その自然と電源開発の歴史』（福島民報社出版局編 S39）福島民報社出版局
『黄金峡』（城山三郎 S35）中央公論社
『沈める滝』（三島由起夫 S30）中央公論社
『ダム・サイト』（小山いと子 S34）光書房

新潟県

福島県

7

田子倉ダム

（福島県）

あんた方は絶対反対と云われるが、われわれは絶対つくらにゃいかん

1 ├── 只見川水力発電の変遷

　今年（平成17年）は、戦後60年にあたる。今の物資の豊富さに比べると、昭和20年代はすべてが欠乏していた。電力ももちろん不足していた。わが国の国民生活の向上と経済の発展に資するため、水力発電用のダム建設が至上命令であった。このような時代の要請に基づき、昭和24年相模ダム（相模川）、25年松尾ダム（小丸川）、26年成出ダム（庄川）、27年平岡ダム（天竜川）、28年久瀬ダム（揖斐川）、29年丸山ダム（木曽川）、30年上椎葉ダム（耳川）、31年佐久間ダム（天竜川）などのダムが完成している。

　阿賀野川水系只見川の開発は、水力発電ダムの宝庫と言われ戦前から行われていたが、本格的なダム建設が始まったのは昭和20年代以降からである。その水力発電の変遷について、『水力技術百年史』（水力技術百年史編纂委員会編 H4）で次のようにみることができる。

　【　わが国の有数の電源地帯である只見川は昭和3年からようやく開発の手が入ったが、河川一貫開発の構想は第3次発電水力調査時代から日発東北支店によって練られてきた。昭和23年に日発から奥只見、田子倉の大貯水池を中核とする只見川の本流一貫開発の計画が発表されると新潟県は奥只見から分水する計画を打ち上げ長い論争が始まることとなった。（中略）ちょうど電源開発促進法が施行され電源開発（株）が創立された頃で、昭和27年9月の電調審で只見川が電源開発（株）の調査河川に指定され、本流、分流案論争はま

一般の水力発電所では日本最大級の出力を誇る

すます激しくなり、昭和28年6月22日の電調審で初めて取り上げられ、両県知事の意見が聴取されるに至った。

それから数日を経て29日に再び審議会の俎上に上げられ、全体計画の優劣について詳細な議論がなされた。

こうしてようやく7月22日の電調審で本流を主体にした全体計画が決まり、そのうちの一部である奥只見、田子倉、黒又第一の開発地点が決まり、一応本流、分流案論争にピリオドが打たれ、只見川の一貫開発が始まることとなった。】

田子倉ダム地点は、福島県南会津郡只見町田子倉、奥只見ダムは同県南会津郡桧枝岐村駒獄である。後述するが、このダムの建設をめぐる水没者の人間模様を作家城山三郎が小説『黄金峡』（S35）で描いている。

2 ├── 田子倉ダムの補償経過

『電源只見川開発史』（国分編S35）により、次のように追ってみた。

▼田子倉ダム補償経過（昭和27〜35年）

27年 9月16日　電源開発 (株) の設立

28年 6月27日　田子倉地区関係代表15名、大竹福島県知事と会見

　　　7月22日　只見川開発が本流案で決定 (一部新潟県へ分流)

29年 4月14日　賛成派32戸補償交渉妥結

　　　5月29日　電発 (株)、現地に「補償対策推進本部」設置

　　　8月10日　土地収用法における事業設定申請書の提出

　　　9月 2日　水没者50戸のうち建設反対者5戸となる

　　　9月14日　収用土地の細目64筆公告

　　　9月16日　賛成派45戸と補償契約調印なる

　　 11月24日　田子倉ダム工事着手

30年 1月17日〜25日　賛成派45戸に対し、補償金支払われる

　　　6月13日　電発 (株) 福島県庁に、ダム反対5戸に対する土地細目の公告
　　　　　　　　方を陳情

　　　6月21日　奥只見発電所の補償案に対し、南会津郡桧枝岐村の代表12名
　　　　　　　　が大竹知事に斡旋依頼

　　　7月 5日　大竹知事斡旋に入る

　　　8月12日　奥只見発電所 (福島県内分) 桧枝岐村の片貝沢地区の補償妥結
　　　　　　　　が伝えられる

　　 10月17日　田子倉ダム、土地の強制測量が始まる

　　 11月23日　反対派強制測量に対し、妨害する

31年 7月25日　建設反対5戸、円満妥結

35年 5月 2日　田子倉ダム貯水開始

3 ├── 補償交渉の描写

　『黄金峡』は、ダム補償問題を真正面から捉え、ダム現場にて徹底的な取材に拠る作品である。水没者喜平次老人とダム所長織元との交渉を中心に、純朴な村民たちが、ダム絶対反対と言いながらも、逆に補償金の期待への奇妙な錯綜する心理状況と、補償契約後は、次第に華美なる生活へと変化していく、その人間の生きざまを描く。

　【「絶対反対なんですね」今度は織元は念を押すように云った。

「ンだ」「ンだ」の声が返ってくる。

「困りましたなあ。あんた方は絶対反対と云われるが、われわれは絶対につくらにゃならん」

人垣の表情がいっせいにけわしくなった。

喜平次もまたダムには絶対反対であった。発電関係者を見ることさえいやであった。

ゴールドラッシュがはじまった。

一戸あたり平均四百万という山林水没補償金の支払いがはじまるとほとんど同時に行商人の群れが戸倉へなだれこんだ。】

少しずつ水没者の補償交渉がまとまっていく。だが、喜平次は頑強にも抵抗していく。水没者交渉の最後のつめの段階で、突如織元所長はダム現場所長の職を解かれ「東京本社役員室詰」の閑職へ左遷を命ぜられる。ようやく、反対していた喜平次も補償契約に調印する。

しかしながら、喜平次は54年型クライスラーの外車に乗って、村の峠にさしかかったとき、吹雪のなかの川へ、車もろとも転落して死ぬ。悲しいやるせない結末であるが「喜平次の頬を一瞬だが、残忍で幸福そうな笑いがかすめた」と、この小説は結んでいる。

田子倉発電所、只見発電所、滝発電所、黒谷発電所が掲載されたパンフレット（電源開発(株)関東支社田子倉電力所）

4├──補償の精神

小説『黄金峡』のなかで、ダム所長織元は「困りましたなあ、あんた方は絶対反対と云われるが、われわれは絶対につくらにゃならん」と水没者に言い放っている。ダム建設には、造る側と造られる側との葛藤や確執が必ず生じる。造る側は、組織力、経済力、技術力はもちろん必要であるが、それに加えて、大義名分、時代の要請に基づく世論の後押しもまた成否を決定することとなる。

只見川の開発は、新潟、福島両県の水の争奪戦であり、ようやく福島県の

本流案に落ち着いた。しかも、当時の吉田茂首相やGHQの幹部までが介在し、国政、県政を含め、もめにもめて決着した経緯がある。だが水没者は、水没者の気持ちなどおかまいなしに、政争にあけくれて、計画だけが進んでいくことに不安と焦燥が生じていた。いつのまにか怒りとなりダム反対を助長していた。

一方、所長（実際のモデルは北松友義）にとっては、「絶対につくらねばならん」ダムであった。このことは、敗戦からの国土の復興を図らねばならない義務感が背景にあったと言えるだろう。所長は「絶対につくる」という「補償の精神」を貫き、所長といえども、自ら補償交渉にあたった。

5 ├── 北松所長の信条

田子倉ダムの建設は電源開発（株）が行うことになった。技術者北松友義は東北電力（株）から電源開発に移り、田子倉建設所長となる。

北松所長は「技術者はダム、発電所を造るだけでは足りない。できるだけ早く、安く造ることが大切だ」「建設所には、補償専門の次長や課長もいるが、所長はたとえ土木屋でも補償に無関心ではいられない。わたしは補償を有利に解決するのも発電所建設技術のひとつだ」との信条をもって、精力的に補償交渉を行った。

頑強な反対者は「只見川の鬼、北松をたたき殺せ」「北松が来たら塩をぶつけろ」のビラが貼られたが、毎日50人の地主と折衝を重ねた。

このような北松所長の「ダムをつくらねばならない」という信念が自ら率先して交渉にあたる姿勢となり、その「補償の精神」が、誠意ある行動につながり、反対者の心を動かし、補償解決に向かわせたと言えるだろう。

しかしながら、この激務のため、所長は次第に視力が衰え、昭和35年田子倉ダムの完成を見ずに電源開発（株）を退職せざるを得なくなった。

以上、『只見川──その自然と電源開発の歴史』（福島民報社出版局編 S39）に拠った。

なお、田子倉ダムの諸元は堤高145m、堤頂長462m、堤体積195万㎥、総貯水容量4億9,400万㎥、有効貯水量3億7,000万㎥で型式は重力式コンクリートダムである。事業費346億3,800万円、施工者は前田建設工業（株）である。

6 ├── 金が人を変える

城山三郎は、『黄金峡』のあとがきで、しみじみと述べている。

【 主題のひとつは、金銭というものが、いかに人間を動かし、人を変えていくか、というところにある。（逆に金銭に動じない人間の魅力もある。）（中略）だが金銭による充足には、とどめがない。それまで考えもしなかった欲望が、次から次へとふくらみ、足もとをすくう。そして最後には、土地を失った悲しみだけが残る、ということになりかねない。沈める側の人間にも、もし心があれば、それがわかる。

この作品に登場する所長は、農民たちへの人間的な共感を抱えながら、彼なりの誠意と努力で奔走する。この種の人間がこれほどするならと、人を動かすだけのものがある。

土に生きる人間のみずみずしさと、黄金の冷やかな軽さ、したたかさ。黄金が舞い狂う谷間は、しかし、ここだけではないはずである。黄金に向き合って、得るもの失うものは何なのか。心の中にぽっかり谷間に穴をあけ、虚しく吹きぬける風の音だけが聞こえるということを、おそらくだれも望んではいないであろうに。】

日本が高度経済成長へ向かっていく時、この小説はこれからの日本人が、金銭至上主義へ進むことを暗示している。

〈ダム底 想ひてをれば 天炎ゆる〉（横山白紅）

用地ジャーナル2005年（平成17年）10月号

［参考文献］
『水力技術百年史』（水力技術百年史編纂委員会編 H4）電力土木技術協会
『黄金峡』（城山三郎 S35）中央公論社
『電源只見川開発史』（国分理編 S35）福島県土木部砂防電力課
『只見川──その自然と電源開発の歴史』（福島民報社出版局編 S39）福島民報社出版局

大川ダム

（福島県）

地権者の方々が共に生活していたので汽車の音がする所を探してほしい

1 ├── 大内宿のこと

　平成22年10月中旬、友人の車で福島県郡山の安積疏水、猪苗代湖、野口英世記念館、只見川田子倉ダム、阿賀川の大川ダム、大内ダム、そして、大内宿を案内してもらった。ようやく紅葉が色づき始めた頃である。

　驚いたことがあった。それは大内宿の町並みであり、この宿場町の茅葺きの佇まいである。地理的には、奥羽山脈山中の1,000m級の山々に囲まれた658m前後にある小さな盆地の東端になる。その東側の崖下には阿賀川水系小野川が南流する。江戸期、栃木県今市と城下町会津若松を結ぶ下野街道の脇街道として「半農半宿」の宿場であったという。ちょうどお昼時に着いた。山間に佇む南会津郡下郷町大内宿は、48軒の茅葺きの寄棟造りの民家が整然として並んでいる。多くの観光客で賑わっていた。48軒それぞれが蕎麦屋、お土産屋、民宿を営んでいる。ある蕎麦屋に入って蕎麦を注文した。その時女将さんから聞いた話に大変興味を覚えた。

　「私どもは、昭和56年ごろまでは、大変生活に窮乏し、ほとんどの人達が出稼ぎに行っていました。ある日、ここを訪れた武蔵野美術大学の先生に、私達は、これからどう生活していったら良いでしょうかと相談したところ、先生は、この大内宿をそのままの状態で遺しなさいと言われた」という。

　それから、48軒はトタン葺きから茅葺きに変えて、家の前の道路に山からの自然水を導水し、清水路を2本造った。山々に囲まれた宿場は清らかな水

昭和56年に国選定重要伝統的建造物群保存地区に指定された大内宿

と茅葺き家並みのバランスが良く、人々の心を安らげてくれる。江戸期の宿場町が甦った。小高いところから宿場町を見下ろせば、イミテーションではなく江戸時代の宿場町そのものだ。年間100万人ほどの観光客が訪れ、「いまでは、家族が離れ離れになる苦しい出稼ぎにも行くことはないんですよ」と、生活再建の喜びを話してくれた。

昭和55年「下郷町伝統的建造物群保存地区保存条例」が制定され、翌年「重要伝統的建造物群保存地区」に選定された。伝統的な建造物そのものが重要な観光資源を構成している。これらの観光資源というより風土資源が多くの観光客を呼び寄せ、生活再建の大きな要素となっている。ここに佇むと、ふと、ダム水没者の生活再建の様子がダブってきた。生活再建とはこのことだ。住民の生活がそのまま持続可能となることだ。大内宿の近接地に阿賀野川における大川ダムと大内ダムが建設されている。

2 ├──阿賀野川の流れ

阿賀野川の流れについて、『阿賀川史──改修70年のあゆみ』（阿賀川史編集委員会編H6）に、次のように述べられている。

阿賀野川は、新潟県を流れる下流部が阿賀野川、福島県を流れる上流部が

阿賀川と呼ばれている。

　阿賀野川水系は、栃木・福島県境に位置する荒海山（標高1,580m）にその源を発し、福島県南西部の山岳地帯を北流し、田島盆地を経て、会津盆地に入る。会津盆地で山形県境の吾妻山系から水を集めた日橋川を合わせたのち、山科地先からふたたび山間部に入る。さらに山間部の山都町にて、福島・新潟・群馬県境の尾瀬沼に源を発し、峡谷部を流れ下る最大支川只見川を合流する。その後、福島・新潟県境の峡谷部を抜け、新潟平野に流れ出し、早出川などの支川を合流しながら、新潟県松ヶ崎において日本海に注ぐ。その流域面積は7,710k㎡、幹川流路延長210kmにも及ぶ。

　阿賀川は、流域面積6,052k㎡で、幹川流路延長123kmを有し、流域面積では阿賀野川水系の78.5%を占めている。阿賀川流域は、東西は奥羽・越後両山脈、南は帝釈山、北は吾妻山・飯豊山など、1,500〜2,000mの高山に囲まれ、いずれも急峻な山々であり、山間部や急流が多い。そのため山地が85.5%とそのほとんどを占め、平地面積はわずか14.5%にすぎない。

　このような阿賀川流域の自然条件は、福島県北西部の会津地方全域を含め、福島県全域の約39%の面積を占め、福島県の全人口の約16%、33万9,000人が同地域に居住している。また、想定氾濫区域内人口は約10万人で、流域人口の約30%を占めている。平地部には田島・会津・猪苗代盆地があり、宮川、大川（阿賀川）、日橋川等の豊富な水と扇状地特有の肥沃な土壌により、会津米の産地として古くから主要な水田地帯を形成している。また、この良質の水と美味しい米が、酒造りを育んでいる。さらに、近年は、木材工業や電子工業なども発展している。一方、山地が多い阿賀川流域は、森林資源も豊富で木材の搬出も盛んであり、この木材を利用して早くから発電所が建設されている。

3 ├── 阿賀野川の水害

　近年における阿賀野川流域の水害は、特に昭和30年から40年にかけて、毎年のように、梅雨前線と台風によって起こり、人的・物的被害を及ぼした。その水害状況を追ってみたい。

①昭和31年7月14日（梅雨前線）

日本海南部から東方海上にかけての梅雨前線が、7月14日午後から17日の午前にかけて大雨をもたらした。総降雨量が200mmを超えたところが多く、若松、猪苗代、喜多方、坂下、津川等既往最大を記録した。流出量は馬下で7,600㎥/sと推定された。この洪水により、堤

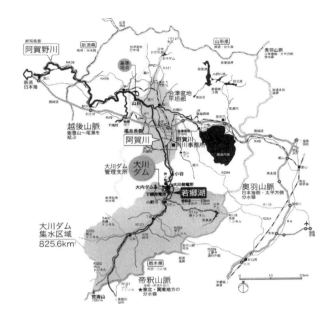

大川ダムと阿賀川の上下流域（部分／出典：国土交通省北陸地方整備局阿賀川河川事務所／大川ダム管理支所パンフレット）

防決壊250m、護岸流失4,356m、護岸決壊1,845mの河川等被害が生じ、死者24名、負傷者9名、行方不明者5名、家屋全壊・半壊・流失110戸、床上浸水5,929戸、床下浸水2,413戸の被害を受けた。

②昭和33年9月18日（台風21号）

　台風21号により、阿賀野川流域では9月11日～12日頃から小雨模様の天気が続き、地表が全般的に飽和に近い状態にあった18日、19日に50～200mmに及ぶ総降雨量があった。このため、馬越、宮古とも、既往最高水位を上回り、馬越では4.65m、宮古では計画高水位5.19mに近い4.95mを記録した。山科では水位は既往第4位に相当する7.16mであったが、流量は既往最大の3,276㎥/sを記録した。この洪水により阿賀野川は延べ360mの護岸が決壊し、死者3名、負傷者9名、行方不明者3名、家屋全壊・半壊・流失80戸、床上浸水456戸、床下浸水3,365戸の被害を受けた。

　阿賀野川の洪水は、その後も、昭和34年9月27日台風15号、昭和35年7月14日梅雨前線、昭和36年8月5日台風10号、昭和41年9月25日台風26号、

昭和44年8月12日梅雨前線によって起こり、阿賀野川流域に多大な被害を及ぼした。

4 ├── 大川ダムの建設過程

このような水害を減災するために、昭和41年馬下における計画高水流量を1万1,000㎥/sとし、山科では、計画高水流量を4,300㎥/sとする工事実施基本計画を策定した。この際に、基本高水のピーク流量を5,000㎥/sと策定し、4,300㎥/sの差分を大川ダム建設により調整することが決定された。

大川ダムは、右岸が福島県会津若松市大戸町大字大川、左岸が同県南会津郡下郷町大字小沼崎に位置し、昭和41年度より建設省（現・国土交通省）直轄として予備調査が開始され、紆余曲折を経て、昭和62年度に完成した。大川ダム建設については、『阿賀野川水系大川ダム』（建設省北陸地方整備局阿賀川工事事務所・大川ダム管理支所編 S63）により、その建設過程、目的、諸元、補償などをみてみたい。

大川ダムの建設過程について、主に補償関係を中心に追ってみる。

▼ 大川ダム建設経緯（昭和41～62年）

41年	4月	予備調査着手
46年	4月	実施計画調査開始
	6月	実施計画調査のため地元説明会
	10月	下郷地区大川ダム対策協議会設立
47年	8月	一筆調査着手
48年	2月	一筆調査完了
	4月	建設事業に着手
	5月	会津若松地区大川ダム対策協議会設立
		河川予定地の指定
	7月	損失補償基準第1次案提示
49年	6月	損失補償基準第2次案提示
	8月	損失補償基準妥結
50年	1月	南青木地区家屋移転開始
	3月	ダム本体工事の契約

	7月	鶴賀地区家屋移転開始
	12月	家の平地区家屋移転開始
51年	9月	RCD工法試験施工
52年	3月	国鉄会津線付替工事着手
		水特法によるダム指定
	6月	大平地区家屋移転開始
	10月	家屋移転完了
53年	8月	ダム本体基礎掘削工事完了
	9月	本体マット部カバーコンクリート打設開始
54年	4月	ダム本体RCDコンクリート打設開始
55年	11月	国鉄会津線付替工事完成
56年	12月	阿賀川内水面漁業補償妥結調印
57年	1月	大川・鶴沼川発電所補償に関する協定書調印
	10月	県道桑原停車場線付替工事完了
58年	9月	湯野上温泉補償協定調印
	11月	ダム本体コンクリート打設完了 (90万㎥)
60年	1月	旧大川発電所廃止
61年	4月	試験湛水満水位達成
	5月	大川発電所運転開始
	8月	旧大川発電所廃止補償妥結調印
62年	1月	湯野上温泉補償妥結
	10月	大川ダム竣工式

5 ├── 大川ダムの目的と緒元

　大川ダム (若郷湖) は、7つの目的を持った多目的ダムである。

①ダム地点の計画高水量3,400㎥/sのうち、800㎥/sの洪水調節を行う。

②ダムにおいて、阿賀川の流水の正常な機能の維持を図る。

③阿賀野川沿岸の約4,400haの農地に対し、代かき期に最大19.7㎥/sの灌漑用水の供給を行い、灌漑用水の安定を図る。

④会津盆地内の阿賀川沿岸に位置する会津若松市、会津美里町、会津坂下町

は、水道水源の大部分を地下水に依存していたが、新たに水道用水2万7,500㎥／日を大川ダムにより取水し、水道用水の安定的な供給を行う。

⑤会津精密工業団地の造成などに伴い、会津若松地区に対し、7万2,500㎥／日の工業用水を供給する。

⑥大川ダム湖を下池、その上流に位置する支流小野川に電源開発（株）が建設した大内ダムを上池とする揚水式発電所において、最大使用水量314㎥／s、その間の落差約400mにより、下郷発電所で最大100万kWの発電を行う。

⑦大川ダム下流右岸に設置した東北電力（株）のダム式大川発電所において、最大使用水量により、最大2万1,000kWの発電を行う。

　7つもの目的を持つダムは、私の知る限りでは、大川ダムが初めてである。特に、上池と下池を利用する揚水式発電とダム下流でまた発電を行っており、そして、治水と利水の全ての効用を果たしているダムもまた珍しい。

　では、大川ダムの緒元をみてみたい。

　大川ダムの緒元は、堤高75.0m、堤頂長406.5m、堤頂幅6.0m、堤体積100万㎥（コンクリート90万㎥、フィル10万㎥）、集水面積825.6㎢、貯水面積1.9㎢、

治水、利水全ての効用を満たした重力式コンクリートダム

総貯水容量5,750万㎥、有効貯水容量4,450万㎥で、型式は重力式コンクリートダム（マット）である。

　起業者は建設省（現・国土交通省）、施工者は鹿島建設（株）、（株）大林組で事業費は845億円を要した。なお、建設費負担割合は、河川69.5%、灌漑用水5.2%、水道用水1.1%、工業用水2.1%、発電は電源開発（株）19.0%、東北電力（株）3.1%となっている。

6 ├── 大川ダムの補償

　大川ダムの水没集落は、会津若松市中心地より約18kmの範囲に分布し、周囲は東側の大戸岳（1,414m）、西側の小野岳（1,383m）に挟まれた山間部となっている。この附近は、大川・羽鳥県立自然公園内にあり、福島県立自然公園条例により、桑原・舟子集落の後背地一帯は普通地域に指定され、沼尾集落附近は普通地域及び第3種特別地域に指定されている。共有林並びに農耕地の一部は、この地域に分布している。また、交通機関としては、鉄道と国道がある。鉄道は会津若松、田島、滝の原を結ぶ旧国鉄会津線があり、舟子、桑原両集落の駅に停車していた。国道121号線は重要な幹線道路である。

　大川ダムの建設に伴う移転戸数は、水没で会津若松市桑原集落26戸及び下郷町沼尾集落18戸、仮設備で会津若松市舟子集落19戸、さらに市道付替等により、会津若松市芦ノ牧2戸、下郷町小出1戸、湯野上4戸の計70戸で、非住家130棟である。土地取得面積は215.72ha、主な公共補償として、国鉄会津線（補償工事）延長5,825m、国道121号（補償工事）延長4,681m、上水道（大平、家の平、小出の各地区）、公民館（桑原、舟子、沼尾の各地区）、神社（桑原、舟子、沼尾の各神社）、特殊補償として、大川発電所の廃止補償、南会津東部非出資漁業協同組合などに漁業補償を行った。また、湯野上温泉源は、多数の源泉を有していたが、これが全て水没することとなるため、全湯量を水没地外に確保することとした。

7 ├── 大川ダムの生活再建対策

　大川ダムの移転戸数は70戸に及ぶ。地元では、2つの対策協議会が発足した。昭和46年10月1日発足の沼尾、小出、田代、小野、湯野上、白岩、大内

の各地区で構成された「下郷地区大川ダム対策協議会」、それに、昭和48年5月1日発足の芦ノ牧、舟子、桑原の各地区で構成された「会津若松地区大川ダム対策協議会」である。また昭和47年11月20日には福島県、会津若松市、下郷町、建設省で構成する、水没地の人々の生活再建の解消のために地域として考える「大川ダム対策連絡協議会」が発足し、すぐに同年12月1日「生活相談所」が設けられた。相談所における相談内容は、替地89件、資金39件、移転27件、権利63件、税金101件、補償54件、調査立入1件、その他70件で、計448件、税金と替地関係が多かった。

　上記の大川ダム建設過程を振り返ると、昭和47年8月に一筆調査を開始し、その6か月後の昭和48年2月には一筆調査が完了した。まもなく同年7月には損失補償基準を提示し、その1年後の昭和49年8月には補償基準を妥結している。そして、昭和52年10月には全ての家屋移転が完了した。このようなかなり短期間での補償妥結と家屋移転の完了には、驚嘆せざるを得ない。移転先は会津若松市鶴賀、同大平、南青木、下郷町家の平地区等であった。

　水没者移転者63世帯のアンケート調査がなされている。その調査結果をいくつかみてみよう。

● 水没移転者アンケート結果
① 移転について考えたこと
　○先祖伝来の土地を手放すことはできないので反対しようと思った　27%
　○新しい土地で生活する自信がないので反対しようと思った　7.9%
　○反対しても結局収用されてしまうので、建設省のいうとおりにしようと思った　19.1%
　○移転は困るけれども充分な補償を貰うことを前提に協力しようと思った　34.9%
　○公共の利益のためであるから積極的に協力しようと思った　11.1%
② 補償基準について（全般的に）
　○満足・やや満足　27%
　○普通　47.6%
　○不満・やや不満　25.4%
③ 補償契約の動機

○皆が契約したから　27%

○自分で判断して　39.7%

○周囲の人が契約したのでしかたなく　30.1%

○その他　3.2%

④生活再建対策について

○よくやってくれた　47.6%

○この程度だと思う　22.2%

○もっとやってほしかった　27%

○その他　3.2%

⑤補償金に対する税金の考え方

○税金が高くて生活再建に支障をきたした　49.2%

○公共事業協力の補償金は無税とすべきだ　61.9%

○補償金の控除額を上げるべきだ　12.7%

○この程度の税金ならやむを得ない　7.9%

○思ったより安かった　4.8%

　このように、アンケート調査をみてくると、やはり全てのことを補償で満足させることには、今までの移転者の生活がそれぞれ相違することもあり、なかなか困難性が伴うが、ほとんどの人は満足か、または普通と回答している。ただ、補償金に対する税金についての考え方は厳しい調査結果となっている。

8 ├── 補償の精神

　大川ダムと水没移転者らの座談会が前掲書『阿賀野川水系大川ダム』に載っている。水没者の意見をきいてみよう。

【　○昭和45年にダム建設の説明会を受け、舟子集落の上流案と下流案があり、ボーリング調査にあたってどうしても地元協力を得なくてはならないということで、将来観光地になるかもしれないと、喜んで賛成した次第です。その後、建設省の方針が次々と変わってくるので、集落内の対応に苦慮しました。(舟子集落 鹿目義夫)

　○私、個人的にはダムができれば、山の中で生活するよりは、便利のよい

所に移転できて、将来子孫のために良いことだと考えました。

　移転については、集落内で何回も話し合ってもなかなかまとまらないので、最後に記名でアンケートを取り、2つに分かれる事に決めましたが、なかなか容易なことではなく大変でした。結果的には間違っていなかったし、良かったと思っています。（沼尾集落　芳賀留重）

　○ダム建設を機会に、今まで山陰で恵まれないちしろ地域を何とか飛躍できるのではないかという期待が皆さんそれぞれ心の奥底にあったと思います。補償交渉がスムーズにいったのは、国の提示に対し、集落内で十分話し合い、納得のゆく方向で活動し、又信頼されてきたこともみのがせないのでは、ないでしょうか。

　集落の分散は人の生身を裂くのと同じで、昔からの財産分割、残存地の管理、将来計画等で利害が相反する問題が出て、一時感情的な面も出ました。しかし、移転して5年経って、今はいろいろ互いに話し合って協力していますので、良かったと思っています。（沼尾集落　芳賀伝）

　○これはエピソードですが、移転に際し、地権者の方々が汽車と共に生活していたので汽車の音がする所を探してほしいと多くの方々から相談を受けたことがあります。（会津若松市企画調整主幹　星野政三津）

　○先ほど、星野さんから汽車の音が聞こえるという話とか、旧住宅の近くで山を眺め快適な生活ができる事は、まあまあと思います。（沼尾集落　芳賀伝）

　○殆んどの人が若松市内に勤め、また近くの総合市場で70才過ぎの人まで使っていただき街にも近く、環境に恵まれ喜んでいます。（舟子集落　鹿目義夫）

　○子供の教育とか、医療機関の近い所、地形上山崩れ、水害の無い所を条件に選んだので、結果として本当に生活環境に恵まれ良い場所で喜んでいます。】

　以上のように、水没代表者たちが家屋移転の苦労について語っている。多くの方々は、大川ダム建設によって移転せざるを得なかったものの、結果的にはその移転は、今までの生活の向上になったと、喜んでいる。補償の精神とは何だろうか。水没者のこれらの一言一言に補償の精神が貫かれているようだ。それは、ダム補償交渉について難渋しているにもかかわらず、全てのことを前向きに捉え、ダム移転を真摯に受け止め、それに適正に対処しているからだ。この中で、「移転に際し、地権者の方々が汽車と共に生活していた

ので汽車の音がする所を探してほしい」の発言には、なんとなく微笑みさえ
自然に湧き出てくる。

9 ├──欠かせない地元首長の協力

　もう1つ、補償の精神を貫いている人がいた。

　昭和45年、下郷町長に選ばれた星信平である。大川ダム直上流の左岸側
に星信平翁顕彰碑（建設大臣　天野光晴　昭和62年8月吉日建立　渡部明　撰文）に、
次のように刻まれていた。

　【氏は予て培った高邁な識見により一つの信念を抱持していた。水没部落
民の犠牲を無にせぬためには、下郷町全体としてこれを機に繁栄の途を拓か
なければならない。即ち発電所の位置を町内に誘致して、その固定資産税を
永年的に取得し町の財源を潤すと共に、大川ダムや大内ダムを湯野上温泉と
絡め観光開発に資そうとする構想であった。そして町長に就任するや逸早く
建設省に赴き、下郷は発電所を町内に設置するなら積極的に協力するが他所
なら協力しない、と明確な態度を表示し、これが実現方を強く陳情した。続
いて損失補償問題が本格化するや、町長は中間の調停的立場に位置し、日
夜となく地元民と話し合い、その要望を充分把握すると共に、無理なことは
よく個々を説得し、生活再建のため必要と思うところは強硬に当局と談判し
た。当局側も次第に氏の人柄を認識し、この人に任せれば解決が早いとの信
頼感を深め、斡旋功を奏して、昭和49年8月遂にダム補償基準の調印式を迎
えるに至った。その後、工事は着々と進捗し茲に立派なダムが完成したので
ある。】

　やはり、地元の町長の行動力と協力は、ダム建設を大きく左右する。星信
平町長は、2期8年間下郷町を画期的に躍進させたと言われている。昭和54年
3月惜しくも逝去された。この期はまた、大内宿の再生のときと重なり、大川
ダムの水没者とともに持続的な生活再建が成され、進捗するときでもあった。

用地ジャーナル2011年（平成23年）2月号

［参考文献］
『阿賀川史──改修70年のあゆみ』（阿賀川史編集委員会編 H6）阿賀川工事事務所
『只見川──その自然と電源開発の歴史』（福島民報社出版局編 S39）福島民報社出版局
『阿賀野川水系大川ダム』（建設省北陸地方整備局阿賀川工事事務所・大川ダム管理支所編 S63）建設
　省北陸地方整備局阿賀川工事事務所・大川ダム管理支所

関 東

緒川ダム
（茨城県）

三十二年間の経済的、精神的な負担に対しての償いを形として表してほしい

1 ├── 茨城県のダム

　わが国では、現在約2,700基のダムが建設されている。茨城県のダムについては、明治から昭和37年まで建設は見られないが、昭和38年以降、平成17年までで10基に及ぶ。『ダム年鑑'07』（日本ダム協会編H19）、『茨城県勢要覧』（H18版）により、①昭和期（昭和30年～63年）、②平成期（平成元年～17年）の2期に分けて追ってみる。

　なお、各ダムの表記は前掲年鑑にしたがい、河川名、起業者、型式、目的、堤高、総貯水容量の順で、E：アースダム、G：重力式コンクリートダム、R：ロックフィルダム、F：洪水調節・農地防災、N：不特定用水・河川維持用水、A：灌漑用水、W：水道用水、I：工業用水を表す。

▼ 茨城県ダム建設の推移

①昭和30年～63年

32年　日本初の原子の火ともる

34年　伊勢湾台風来襲

38年　野輪池（涸沼前川）の完成（茨城県）

　　　　E　A　16m　43万2,000㎥

　　　常陸川逆水門完成

40年　茨城県の人口205万6,000人

41年　水沼ダム（花園川）の完成（茨城県）

　　　　　G　FNWI　33.7m　223万㎥
42年　日立港開港
　　　水戸線電化
43年　筑波研究学園都市、大学等の移転
44年　鹿島港開港
46年　利根川河口堰の完成
48年　花貫ダム（花貫川）の完成（茨城県）
　　　　　G　FNWI　45.3m　288万㎥
　　　筑波大学開学
49年　大利根橋新橋開通
51年　藤井川ダム（藤井川）の完成（茨城県）
　　　　　G　FNAW　37.5m　400万㎥
54年　竜神ダム（竜神川）の完成（茨城県）
　　　　　G　FNWI　45m　300万㎥
　　　不動谷津池（涸沼前川）の完成（友部町土地改良区）
　　　　　E　A　16.6m　22万2,000㎥
57年　霞ヶ浦富栄養化防止条例施行
60年　国際科学技術博覧会
　　　大洗鹿島鉄道開通
　　　台風6号で農産物に被害
　　　茨城県の人口272万5,000人
61年　台風10号で県下大被害
②平成元年～平成17年
元年　首都圏新都市鉄道（株）設立
　3年　南椎尾調整池（霞ヶ浦）の完成（農林水産省）
　　　　　R　A　27.4m　56万㎥
　4年　飯田ダム（飯田川）の完成（茨城県）
　　　　　G　FNW　33m　244万㎥
　5年　十王ダム（十王川）の完成（茨城県）
　　　　　G　FNWI　48.6m　286万㎥

6年　竜神大吊橋開通

7年　霞ヶ浦開発事業の竣工

　　　第6回世界湖沼会議霞ヶ浦開催

　　　茨城県の人口295万5,000人

10年　常陸那珂港開港

11年　新茨城県庁開庁

　　　東海村のウラン加工施設臨界事故

12年　緒川ダム中止

14年　大谷原川生活貯水池中止

15年　首都圏中央連絡自動車道開通

17年　小山ダム（大北川）の完成（茨城県）

　　　G　FNWI　65m　1,660万㎥

　　　つくばエクスプレス開業

　　　茨城県の人口297万5,000人

　以上、茨城県におけるダム建設に合わせて、社会資本の形成を追ってみた。茨城県のダム堤高のベスト3は、小山ダム65m、花貫ダム45.3m、竜神ダム45mで、総貯水容量では小山ダム1,660万㎥、藤井川ダム400万㎥、竜神ダム300万㎥であり、ともに小山ダムは茨城県第1位の規模を誇っている。

　また、茨城県の主なるダムにおける移転戸数と水没面積は次のとおりである。

● 茨城県内の主なダムの移転戸数と水没面積

十王ダム　　25戸　20ha　竜神ダム　　3戸　21ha　花貫ダム　　0戸　24ha

小山ダム　　15戸　87ha　水沼ダム　　1戸　35ha

藤井川ダム 12戸　38ha　飯田ダム　　0戸　28ha

　後述するが、幻のダムに終わった緒川ダムは132戸、68haであった。このようにみてくると、緒川ダムは茨城県のダムにおいて移転戸数が大変多いことが分かる。このことは、補償解決への困難性の1つに挙げられる。

2 ├──中止となった緒川ダム

　『水をめぐって──「緒川ダム」の軌跡』（箕川H6）、『村は沈まなかった──緒川ダム未完への記録』（箕川H13）に、緒川ダム事業の足跡を追ってみ

たい。

　緒川ダムは、那珂川水系緒川の茨城県緒川村上小瀬字高館（左岸）、字豆入平（右岸）の地先に重力式コンクリートダムとして計画された。

　その諸元は堤高36m、堤頂長318m、総貯水容量608万㎥、総事業費253億円であった。ダムは洪水調節、流水の正常な機能、不特定用水としての農水補給、それに都市用水を供給するという4つの目的を持っていた。行政区域は、ダムサイトにかかる緒川村、水没にかかる美和村の2村であるが、この2村とも高齢化が進んでいる。補償関係では移転家屋132戸、その内訳は水没地70戸、道路関係62戸である。

『村は沈まなかった──緒川ダム未完への記録』（箕川恒男　H13）那珂書房

水没面積は宅地7.1ha、田12.2ha、畑28.8ha、山林原野19.9ha、その他25.0haの計93haである。地権者団体は緒川村の「本郷地区緒川ダム対策協議会」（33名）、一方、美和村では「緒川ダム対策連絡協議会」（82名）、「下郷緒川ダム対策同盟会」（30名）、「宿里地区緒川ダム地権者会」（48名）、「緒川ダム生活再建対策協議会」（13名）の5団体が結成された。

3 ├── 緒川ダムの経過

　前掲書『水をめぐって』『村は沈まなかった』の2書により、昭和42年緒川ダムの計画発表から平成12年ダム中止に至るまでの経過をみてみる。

▼ 緒川ダム計画から中止までの経過（昭和42年〜平成12年）

昭和42年4月　茨城県、緒川ダム建設計画発表

　　　　6月　美和村に「緒川ダム建設反対同盟」結成

　　　　9月　美和村住民100人、むしろ旗かかげ県庁へ抗議
　　　　　　　緒川村、「本郷地区緒川ダム対策協議会」結成

　45年10月　県、緒川ダム計画凍結を解除

　50年9月　竹内知事、美和村での現地公聴会で反対住民らにダム建設の協力
　　　　　　　要請

52年 4月 「檜沢下郷緒川ダム対策委員会」結成

県、緒川流域の航空写真測量開始

53年 8月 「本郷地区緒川ダム対策協議会」、予備調査を了解

12月 美和村の「緒川ダム反対総決起同盟」解散し、「美和村ダム対策連絡協議会」発足

54年 9月 ダム予定地で縦横断測量開始

61年 1月 美和村で住民意識調査アンケート実施

11月 緒川ダム用地買収杭設置（標高110m）

62年 6月 美和村に「下郷緒川ダム対策同盟会」結成

63年 4月 建設省、緒川ダム事業採択

平成元年 1月 緒川ダムを水特法ダムに指定

11月 緒川村内で、県道下檜沢上小瀬線付替道路測量開始

2年 3月 竹内知事、永年の住民の精神的苦痛を陳謝し、協力要請

7月 美和村の旧反対派住民、「緒川ダム生活再建対策協議会」結成

11月 国土庁、水源地域対策アドバイザー4人派遣

3年 2月 「美和村生活再建対策協議会」、県に対し100haの「希望ヶ丘」代替地要望提出

3月 竹内知事と「美和村ダム対策連絡協議会」「本郷地区ダム対策協議会」、基本協定書を締結

4年 3月 代替地等取得資金利子補給制度を開始

5年 1月 緒川村、上小瀬本郷地区物件調査開始

8月 県知事選挙、橋本昌当選

6年 8月 美和村道野沢線の付替道路測量開始

7年 8月 県那珂水系ダム建設事務所、新築開所式

12月 美和村宿里地権会の物件調査開始

8年 10月 「本郷地区ダム対策協議会」と美和村の3団体（ダム対策連絡協議会、下郷ダム対策同盟会、宿里地権者会）の計4団体で、補償基準会発会式

10年 2月 ダム補償交渉準備会発足

県とダム補償交渉準備会との協議、物別れ

3月 建設省、公共事業における再評価システム実施要領を決定

4 ├── 緒川ダムの中止理由

　平成に入ると日本経済のバブルがはじけ、国や地方自治体の税収は極端に減少し、さらに経済の停滞、人口の増加も横ばいとなり、水需要も当初の計画ほど伸びず、また、ダム建設に伴う自然環境に与える影響も強く、このような背景から全国的にダム建設事業の見直しがなされた。この見直しのために、茨城県では公共事業再評価委員会が作られ、平成11年1月28日、第4回再評価委員会が開催され、緒川ダムについて検討された。このことについて、『幻のダムものがたり』（小林H14）には次のように記されている。

　【 地元の一部に反対があり、長年にわたり事業が停滞している一方、計画時点からの社会情勢が変化していることもあり、再検討することが妥当である。昭和42年に県から地元にダム建設計画が提示され、当初の反対の気運に対し説得がなされた結果、昭和63年度から建設事業に着手されることになった。以後、県において地元交渉が続けられ、了解が得られた地権者にかかわる箇所から測量や設計、家屋補償調査などの各種調査が実施されてきた。

　この間、移転等に関する地権者の意向調査が数度にわたって行われ、その結果を踏まえて代替地造成案が提案されてきたものの、一部地権者の賛同が得られず、いまだに用地交渉の段階に至っていない。このため、当地域の生活基盤の整備がほとんど行なわれない状況にある。計画発表から既に32年が経過している現在、水需要など社会経済情勢等の変化から利水の必要性は依然として

緒川ダム予定位置図（出典：前傾書『村は沈まなかった』）

認められるものの、その一部に水資源確保に関する緊急性が薄れるなど、現計画の前提条件に大きな変化があることを考慮する必要があると思われる。また治水についても、利水による費用負担が小さくなった場合には、必ずしもダム建設による整備に経済性があるとは言えないと思われる。このようなことから、早急に利水、環境面などの代替案を含め、現計画そのものを再検討する必要があると思われる。】

そして7月16日、第5回県公共事業再評価委員会が開かれ、「緒川ダム事業を休止することが妥当とすると判断する」との意見が提出され、8月25日に庁議を開き、緒川ダムは休止すると決定された。

5 ├── 休止説明会

平成11年9月1日の緒川ダム休止説明会では、地権者たちの怒りが爆発した。

「待った！　始まる前に謝罪すべきだ」

「確かにご迷惑をおかけして申し訳なかったと思います」

「住民を馬鹿にするな」「ふざけるのもいい加減にしろ」

「どうして知事が来ないんだ。九年前、この同じ会場で竹内知事はダムを造らせて下さいと頭を下げた。だから協力してきた。造らせてもらう時だけ来

て、休止だと来ない。都合が悪いと部下をよこすのでは住民は納得しない」

「人の家の押入れから、仏壇の奥、天井裏まで覗いておいて、今さら休止とはなんだ。ふざけるのではない」

「再評価委員会など他人の手を借りないと、休止も中止も言えないのか。県は今まで何をしていたんだ」

「県のやってきたことは犯罪行為ではないか」

「一番聞きたいことは三十二年間の精神的苦痛に対しての補償、どういう形で償うのか」

「ただ今の精神的な補償について、金銭的な補償ということになりますと、非常に難しいものがあると考えています。従いまして地域振興の形の中で適切に対応していきたいと考えております」

前掲書『幻のダムものがたり』の著者小林茂は、緒川村本郷地区ダム対策協議会の会長である。昭和42年、この会が結成された時から会長を務めている。その時36歳であったが、現在70歳を越えている。人生の大半で緒川ダム問題に携わってきた。小林はこの書の中で、「延々と二時間にわたった休止説明会は終わったが、住民の心は晴れなかった。重い澱のようなものを心の奥底に沈めたまま、どこにぶつけたらよいか分からない怒りを抱いて家路についた」と記している。

6 ├── マイナスの補償の精神

昭和42年4月、緒川ダム建設計画が発表されて以来、紆余曲折を経て、平成11年8月に中止が決定した。地権者団体の大半がダム建設に向けて、物件調査などに協力し始めた矢先であった。

「三十二年間の経済的、精神的な負担に対しての償いを形として表してほしい」というのが、地権者の総意である。これに対し、県の担当者は針の筵に座した心境で「精神的な補償について、金銭的な補償を行うことは非常に難しい。地域振興で適切に対応したい」と苦渋の回答を行った。

さらに、地権者の1人は「ダム計画は地域の人間的なつながりをバラバラに崩壊させた。人間関係を修復させるような集落の話し合い、そうしたソフト面で償い、支援が先だ」と言う。そして美和村長大瀧典夫は「うらみ、つ

らみをのこすことがあってはならない」と指摘する。

　ダムにおける補償の精神は、ダムを造る側とダムを造られる側とが最初は
お互いに確執があるにしても、何らかの形で歩み寄り、補償の合意に達する
ことだ。

　だが、合意に達する前に確執のみが残り、ダム建設が中止となった。32年
間というあまりにも時がかかりすぎたのであろう。

7├──村は沈まなかった

　緒川ダムのように中止となったダムは、新月ダム（宮城県）、中部ダム（鳥取
県）、細川内ダム（徳島県）、矢田ダム（大分県）などがみられる。その対応に各
県とも苦慮しているが、鳥取県三朝町の「中部ダム」の場合、片山善博知事
が現地に入り、「県が悪かった。申し訳なかった。責任は県にある。地元の意
見を取り入れながら振興策をつくる」と言明した。早速、土木部内に知事を
会長、三朝町長を副会長として「旧中部ダム予定地地域振興協議会」が設立
され、中部ダム中止に対する善後策が検討された。

　マイナスの補償の精神をプラスに変えるには、緒川ダム水没者を含めた関
係者の生活援助と緒川流域における振興策を確実に実行することだろう。

　現在の補償基準要綱では、ダム建設にかかわる精神的な補償は適用されて
いない。人の心は感情と勘定の2つの「カンジョウ」に大きく支配されている。
中止となったダムには、何らかの金銭補償の適用が必要ではなかろうか。そ
れは"勘定"によって、怒った"感情"もいくらかは和らげ、未来志向に導くこ
とができるからである。また、用地担当者の苦労も考えると、このことを痛
切に感じる。

用地ジャーナル2008年（平成20年）6月号

［参考文献］
『ダム年鑑'07』（H19）一般財団法人日本ダム協会
『茨城県勢要覧』（H18年版）
『水をめぐって──「緒川ダム」の軌跡』（箕川恒男 H6）筑波書林
『村は沈まなかった──緒川ダム未完への記録』（箕川恒男 H13）那珂書房
『幻のダムものがたり』（小林茂 H14）文芸社
『ダム建設をめぐる環境運動と地域再生──対立と協働のダイナミズム』（帯谷博明 H16）昭和堂
『水没から再生へのアプローチ──ダム建設計画の中止で甦る水没予定地地域再生の記録』（旧中部ダム予定地地域振興協議会編 H17）鳥取県

薗原ダム
（その はら）

（群馬県）

「西の松原・下筌」「東の薗原」と言われるほどに
（しもうけ）

1 ├── カスリーン台風の惨状

〈みちのくの 山河慟哭 初桜〉（長谷川櫂）

　平成23年3月11日の東日本大震災から1年が過ぎた。多くの人命が失われ、その悲しみは消えることはない。

　地震や津波や水害の被害は恐ろしい。インフラ施設を破壊し、個人の財産を破壊し、人まで呑みこみ、これまでの人生をも奪ってしまう。わが国は戦前も災害は起こっていたが、戦後も荒廃した各地に台風や梅雨前線による豪雨が襲った。漸く太平洋戦争が終結した1945年9月の枕崎台風では死者・行方不明者3,756人、1947年9月のカスリーン台風では利根川、北上川の大破堤で死者・行方不明者1,930人に達する規模の被害を受けた。この年の11月に内務省は「治水調査会」を発足した。1948年9月のアイオン台風により北上川が大被害を受け死者・行方不明者938人、1950年9月のジェーン台風では死者・行方不明者508人、1951年10月のルー台風では山口県などで死者・行方不明者943人、さらに1953年6月の北九州梅雨前線では、筑後川、矢部川、白川などが大水害となり、死者・行方不明者1,028人、7月の和歌山県豪雨により死者・行方不明者1,015人、これは和歌山県民の4分の1が被災したことになる。さらに9月の台風13号により、近畿、東海地方が被害を受け、死者・行方不明者478人に及んだ。ちなみに、この年の10月に「治山治水基本対策要綱」が決定されている。

『洪水、天ニ漫(ミ)ツ』(高崎哲郎H9)講談社

『洪水、天ニ漫ツ』(高崎H9) は、カスリーン台風の豪雨が、渡良瀬川、荒川、中川、利根川を氾濫させ、至る所で破堤し、関東平野を呑みこんだその惨状をドキュメントとして著しているので、その被害を追ってみる。

昭和21年、GHQは言論の自由、政治犯釈放、財閥解体、農地改革と民主化政策を日本政府に突き付け、日本国憲法が発布された。22年4月には六・三制が発足した。その年、関東地方は少雨傾向であったが、9月8日に南太平洋マリアナ諸島付近に発生したカスリーン台風が北上、15日午後9時には房総半島の館山を通過し、翌16日午前3時、銚子の沖に移動、三陸沖から17日朝、北海道南海上に去った。カスリーン台風は足の遅い、風は弱く雨が多い雨台風であった。秩父総雨量610.6mm、本庄432.8mm、桐生370.0mmなど、14日昼から15日の深夜にかけて、秩父連山から北関東山岳部に叩きつけるような豪雨が降り続いたという。このため群馬県赤城山では崖崩れが起こり、麓の村々は山津波に襲われた。渡良瀬川の赤岩堤防が決壊、夜の桐生市街地に濁流が走った。足利市では15日午後8時頃、渡良瀬川左岸十念寺堤防が激流で決壊、助戸町、岩井町、錦町、猿田町などが一瞬のうちに呑みこまれた。伊勢崎市、板倉町もまた激流に襲われた。東京では19日午前2時、江戸川桜堤防が決壊し、濁流は葛飾区、江戸川区、足立区へ流れ込み、19日の早朝から21日までの3日間にその地域は2.0m水位で水没した。このような惨状の中で人々の生活は大混乱を生じた。

2 ├── 利根川の河川総合開発

昭和22年9月、カスリーン台風の大災害を契機として、内務省に設置された治水調査会は、24年に経済安定本部の施策と呼応して主要直轄水系10河

川について改修改訂計画を決定し、国土保全と経済再建のための国土開発の方策を樹立した。利根川、北上川、江合川、木曽川、淀川、吉野川、筑後川などの改修計画に多目的貯水池による洪水調節を大幅に取り入れることが決定した。戦後の日本経済復興のために、国内の資源を有効に開発するという食糧とエネルギー政策がなされた。

利根川における治水対策等について、『利根川上流ダム40年史』（建設省関東地方建設局利根川ダム統合管理事務所編H8）に次のように記されている。昭和24年に策定された利根川改修改訂計画の検討を行った「治水調査会利根川小委員会」では、利根川上流の洪水調節について、藤原、薗原、八ッ場、相俣、坂原、沼田などを候補地として取り上げ、その結果、八斗島流量1万7,000㎥/sを上流ダムによって3,000㎥/s調節する計画となり、1万4,000㎥/sは河川改修によって処理することが決定した。

薗原ダムは、この計画に基づく上流ダム群設置計画の一環として、利根川水系片品川の群馬県利根郡利根村大字薗原（現・沼田市利根町薗原）地先に築造された。洪水調節のほかに灌漑及び発電を目的とする多目的ダムである。

なお、利根川の治水計画の変遷は、明治以来5度大きく改訂されている。利根川の改修基準地点である八斗島地点の計画高水流量は、最初明治29年洪水で3,750㎥/s、明治43年洪水で5,570㎥/s、昭和10年洪水で1万㎥/s、昭和22年9月洪水で1万7,000㎥/sに改訂され、現在は、戦後最大の昭和22年9月洪水と、利根川流域の過去の降雨及び出水特性を検討し、昭和55年に2万2,000㎥/sと改訂されている。この基本方針によると、上流ダム群により6,000㎥/sを調節し、1万6,000㎥/sを河道で処理する。

利根川水系片品川に築造された薗原ダムの建設・管理過程について、『薗原ダム工事報告書』（薗原ダム工事事務所S42）、『薗原ダム工事写真集』（薗原ダム工事事務所S42）、前掲書『利根川上流ダム40年史』、薗原ダムのパンフレットによりみてみたい。

3 ├── 薗原ダムの目的と諸元

利根川水系片品川は、群馬県の北東部那須火山帯に属する帝釈火山群を水源としてほぼ南流し、利根郡白沢村岩室付近より西流して沼田市下戸鹿野町

にて利根川本川に合流する延長56.44km、流域面積676.14km²、大小支川を合する樹状の河川である。薗原ダムは、利根川左支川片品川の群馬県利根郡利根村大字薗原（現・沼田市利根町薗原）地先に位置し、昭和27年度から調査が始まり、昭和34年度から建設に入ったものの、7年間にわたる調査と6年有余の工期をもって、昭和40年10月に完成した。用地問題の困難性では当時筑後川上流に建設されていた松原ダム・下筌ダムと比較され、「西の松原・下筌」、「東の薗原」と言われたほど、幾多の困難を乗り越えて完成したダムである。

その目的は、洪水調節を主目的とし、流水の正常な機能の維持、発電を併せ持つ多目的ダムである。

①洪水調節

治水容量1,414万m³を利用し、ダム地点の計画高水流量2,350m³/sのうち800m³/sの調節を行う。

②流水の正常な機能の維持

利水容量300万m³（洪水期300万m³、非洪水期1,322万m³）を利用し、利根川沿岸の既得用水の補給及び河川環境保全などのため流量を確保する。

③発電

群馬県沼田市白沢町平出地先にダム水路式で最大出力2万6,000kWの薗原第1発電所（現・白沢発電所）で発電を行うとともに、下流に平出ダムを築造して逆調整池とし、最大出5,300kWの薗原第2発電所（現・利南発電所）で発電を行う。さらに、片品川支川根利川から最大6.0m³/sの流水を薗原ダムに導水し発電に供している。

薗原ダムの諸元は次の通りである。堤高76.5m、堤頂長127.6m、堤体積17万3,000m³、ダム天端幅6.00m、ダム天端標高EL.566.50m、総貯水容量2,031万m³、有効貯水容量1,414万m³、型式は直線重力式コンクリートダムである。放流設備はクレストゲート4門、コンジットゲート3門、バルブ1門がある。起業者は建設省（現・国土交通省）、施工者は清水建設（株）で、事業費は51億3,400万円を要した。

その費用割振は、治水90.7%（46億5,700万円）、不特定用水6.3%（3億2,300万円）、発電3.0%（1億5,400万円）となっている。

なお、用地補償は水没戸数85戸、土地取得面積81.8ha、公共補償として国

洪水調整を主目的に建設が開始され、昭和40年10月に完成した

有地25.7ha、神社2、橋梁3、県道3.9km、村道4.3km、特殊補償として漁業補償1、温泉権（老神温泉）などであった。一般補償では土地収用法に基づく強制執行が行われ、その後地権者との間で和解が成立した。

4 ├── 薗原ダムの工事

　昭和34年度、薗原ダム工事事務所が発足し、本格的な薗原ダムの建設工事が開始された。昭和35年3月仮排水トンネル、36年3月に仮締切を竣工して転流工を完成させるとともに、36年末までにはケーブルクレーン等の仮設備が完成し、付替道路も本体工事に必要な部分が完成した。水没者との補償交渉が進展したのを機に、37年の3月には本体掘削工事に着手し、11月には本体コンクリート工事と主放水設備工事、12月には副ダム工事が着手され、39年12月には本体工事が竣工し、41年12月にはすべての工事が完了した。39年11月には湛水が開始され、40年12月には満水位に達した。

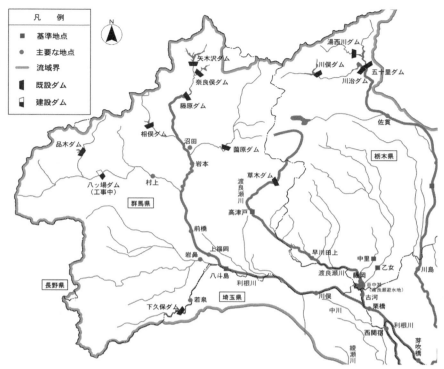

利根川流域図（部分／出典：国土交通省関東地方整備局利根川ダム統合管理事務所 HP）

　湛水については、渡辺嘉司関東地方建設局用地部長は次のように回顧している。

　「湛水区域にまだ残件はあるが、ある程度の水位までなら、地元の妨害なしに湛水できそうな状況になった。局長のお考えは『補償が完了するまでは湛水しない』ということだったが、1日も早く湛水したいという群馬県側の要望も強く、企業局長の訪問や再三の電話を受けたのもその頃だった。『現地ではゲートを下す準備ができている。今日下したいので局長の許可を得てほしい』という事務所長からの電話を受けて『湛水はむしろ補償問題の解決には一歩前進になると思います』と、局長にお願いして了承を得た。」

　補償解決前の湛水開始という苦渋の選択をせざるを得なかったというのは、現在のダム造りでは、到底考えられないことであろう。なお、湛水は第一次湛水、第二次湛水、第三次湛水に分けて実施された。

5 ├── 薗原ダムの補償交渉

　前記のように、薗原ダムの補償は、水没戸数85戸にのぼるが、利根川上流ダムにおける水没戸数は、藤原ダム159戸、相俣ダム29戸、矢木沢ダム1戸、下久保ダム321戸、品木ダム17戸、草木ダム230戸、五十里ダム66戸、川俣ダム33戸、川治ダム73戸となっている。一般的に、水没戸数が多ければ多いほど補償交渉は難航し、ある面ではダム技術より困難性を伴うことが生じてくる。

　薗原ダムの用地交渉は、昭和34年度から本格的に始まった。地元には、薗原ダム対策期成同盟（66名）、薗原ダム再建同盟（11名）、薗原ダム反対期成同盟（13名）、老神温泉ダム対策委員会（6名）の4組織が結成され、各組織と未組織のグループが独自の要求を主張したことなどもあって、用地問題の解決は多大な困難と日時を要した。特に薗原ダム反対期成同盟に対しては、土地収用法に基づく「強制立ち入り」が実行された。既に述べたが、当時筑後川上流に建設中のダムと比較されて、西は九州の「松原・下筌ダム」、東は関東の「薗原ダム」と言われるほど難航したが、薗原ダムは5年の歳月を経て解決した。

　土地収用裁決事件の経過については、次の通りであるが、併せて新聞記事の見出しを「」書きで記してみる。

▼薗原ダム土地収用裁決事件の経過（昭和34〜40年／「」内は新聞記事の見出し）

34年 7月22日　建設大臣事業認定

37年 7月21日　事業認定有効の期間満了

38年 6月 8日　建設大臣事業再認定

　　　 7月12日　土地細目公告（付替県道及び水没地）絶対反対派13名

　　　 7月27〜30日　土地収用法第35条に基づく土地立入調査、測量（第1次）

　　　 7月28日　「薗原ダム強制測量に踏み切る」

　　　　　　　　「初日、阻止され中止」（朝日新聞）

　　　 7月29日　「徹夜の交渉も物別れ」（朝日新聞）

　　　 7月30日　「ついに警官出動」（朝日新聞）

　　　 8月1〜3日　土地収用法第35条に基づく土地立入調査、測量（第2次）

　　　 8月 5日　絶対反対派13名東京地裁に「事業認定取り消し」の訴訟を提起

　　　 8月22〜24日　土地立入調査測量（第3次）

26日　　土地立入調査測量（第4次）

　9月　9日　「資材道路をしゃ断」（東京新聞）

　9月19日　絶対反対派地権者の1人を除いて12名訴訟を取り下げる

11月18日　地権者1人分の土地物件調書作成

12月　2日　土地収用法第40条に基づく協議の回答期限を12/2とする

12月11日　地権者から文書をもって話し合いたい旨の通知があり建設省
　　　　　はこれに応じたが不調に終わる

39年　1月24日　昭和39.1.20付をもって建設大臣から裁決申請

　1月30日〜2月14日　利根村において裁決申請書縦覧

　2月20日　地権者から意見書の提出

　2月22日　収用委員会審理開始（第2回）

　2月23日　収用委員会現地調査

　3月　5日　収用委員会審理（第2回）

　3月12日　地権者からの申し出によって収用土地の鑑定

　3月19日　裁決（収用の時期、昭和39年4月6日）

　4月　7日　土地収用法第99条に基づき建設大臣から知事宛て代執行の請
　　　　　求（物件桑23本、桃1本）

　4月20日　行政代執行法第3条の規定に基づき地権者に代執行令書送付

　4月24日　代執行

　5月29日　地権者の要請により、東京にて、地権者及び弁護人と建設省
　　　　　関東地建用地部長との間で話し合いが行われた結果、訴訟を
　　　　　取り下げ事業に協力することになる

　9月　9日　「補償格差を改めよ　貯水阻止も辞せず」（朝日新聞）

　9月11日　「県の仲介で話し合いか」（朝日新聞）

11月18日　「薗原ダム、貯水始まる」（朝日新聞）

40年　3月25日　「補償は全面解決」（朝日新聞）

　　10月　薗原ダム完成

6 ├── 周辺整備で憩いの場に

　前記のように薗原ダムの補償を振り返ると、解決まで悪戦苦闘の連続で

あったと言える。ダム建設によって利根川流域における水害の減災を図っていくという確固たる精神が、幾多の困難を乗り越えて補償の解決に向かわせたのであろう。このように薗原ダムは紆余曲折を経て完成し、昭和41年管理移行し、既に平成24年現在半世紀が過ぎた。その間幾多の洪水調節を行い、用水補給を行って、利根川流域の人々に貢献してきた。さらに、次のようにダム湖周辺は整備され、人々の憩いの場となっている。

　薗原ダムの周辺環境整備事業は、昭和56年度に着手、平成元年度に完成した。

　A地区は多目的運動広場として開発され、薗原湖を背にして緑の芝生が伸びやかに広がる広場には、新緑や紅葉狩りのころ、グループや家族連れで賑わう。桜の花が咲き誇る春もまた素晴らしい。広大な運動場では、野球、サッカー、ジョギング等のスポーツが楽しめる。

　B地区では、川のせせらぎを聞きながら、緑に囲まれた遊歩道をのんびりと散策できる静かなゾーンがあり、また、テニスコート、水遊びなどのレジャー施設もある。なお、利根漁業組合は毎年春から夏にかけて多数のワカサギ、マス、コイ、フナなどをダム湖に放流している。

　このように薗原ダム湖周辺は整備され、老神温泉や吹割の滝などの観光地もあり、四季を通じて訪れる人も多い。

　おわりに、藤城武司薗原ダム工事事務所長のダム管理における精神について掲げる。

　「ダム建設は造るだけが目的でなく、そのダムを使用して、洪水を調節し、又貯めた水を有効に利用するのが目的なのだから、今後管理関係者の深い愛情によって、薗原ダムがなお一層そだって行く事を望み、又建設の際に尊い人命を失われた11名の殉職者の御冥福を祈り、地元市町村の益々の発展を期待しています。」

用地ジャーナル2012年（平成24年）5月号

［参考文献］
『洪水、天ニ漫ツ』（高崎哲郎 H9）講談社
『利根川上流ダム40年史』（建設省関東地方建設局利根川ダム統合管理事務所編 H8）建設省関東地方建設局利根川ダム統合管理事務所
『薗原ダム工事報告書』（薗原ダム工事事務所 S42）利根川ダム統合管理事務所
『薗原ダム工事写真集』（薗原ダム工事事務所 S42）利根川ダム統合管理事務所

11

たき ざわ
滝沢ダム
（埼玉県）

明日、荒川村に引っ越すので
この風景は今日までです

1 ├──埼玉県立浦和図書館へ

　水・河川・湖沼に関する書籍を集めるようになって30年を過ぎたが、ときどき、先輩や友人、出版社から「こんな本が発行されているよ」と連絡を受けたり、またその本を贈られると、これほどうれしいことはない。

　このような類の書は、ほとんどが地域性、郷土性を持っていることから、その地域の図書館、資料館、博物館へ足を運ばねばなかなか見つからないことがある。

　たとえば、「岩木川」について調べようとする場合、青森県立図書館が多くの書を所蔵している。「琵琶湖」の書は、やはり滋賀県立図書館に行かざるを得ない。インターネットで見つけて、その書を取り寄せることも1つの方法であるが、なるべく全国の図書館へ出かけ、手にとって調べることにしている。その図書館で新たな河川書が見つかることもある。そして地方の書店や古書店に立ち寄ったり、また、可能な限り河川やダムや水路等を歩くことにしている。

　平成19年7月11日、小雨のなかJR浦和駅西口に降りた。デパート、商店街、飲食店を通り過ぎると、5分ほどで埼玉県立浦和図書館へ着いた。階段を上がって左側の郷土資料室へ入ると新着図書が並んでいる。

　その中の1冊、『奥秩父──ダムで移転した人びと　新井靖雄写真集』（新井H19）を手に取った時、何かしらジーンとくるものがあった。図書館を出ると、

荒川水系中津川に建設された多目的ダム

早速近くの書店でこの写真集を購入した。書店は広くゆったりしており、噴水が設置されているのにはいささか驚いた。ここにも水が生きている。

2 ├── うしろ姿の老女

　写真集の表紙をめくると、洗濯物が干してあり、その前に老女が座り込んでいる。そのうしろ姿を撮っている。「中津川渓谷に建つ家の縁側で、日陰の対岸を見る、手ぬぐいを姉さんかぶりにした年老いたうしろ姿を逆光で撮影した写真に、新井さんの滝沢の人々への心が伝わりました」と埼玉県立近代美術館ファムス会長の清水武司はこの書の中で述べている。

　ダムによって移転せざるを得なかった滝ノ沢地区の老女の残り少ない日々の心理状態がこの1枚の写真で十分に表現されている。

　もう少し、移転者の生活を追ってみたい。野良仕事を終えてつり橋を渡って帰る姿（塩沢）、材木を切る人（浜平）、簡易炭焼きの作業をする人（滝ノ沢）、小麦干し（滝ノ沢）、味噌造り（滝ノ沢）、栃の実干し（浜平）、急斜面の山の上の畑に行く人（浜平）、逆さぼりで鍬一本で畑を耕している夫婦（滝ノ沢）、仲の良い老夫婦の憩いの姿（塩沢）、孫と日向ぼっこのおばあちゃん（廿六木）、簡易水道での鍋洗い（浜平）、井戸端会議（浜平）、つるし柿をむいている

人（浜平）、背丈ほどもあるようなフキを持った3人（塩沢）、じいちゃん元気だ
ねと診察風景（廿六木）を写し出す。さらに、急斜面地でガスボンベを運ぶ人、
郵便配達人、子どもたちの屈託のない屋根のぼり（廿六木）、晴れ姿の姉妹（滝
ノ沢）、子どもたちのラジオ体操（廿六木）、奉納舞い（浜平）と続いている。

　そこにはダムで水没する前の滝沢の人々の暮らしが写し出され、1コマ、1
コマの写真は滝沢の人々の心を捉えている。

3 ├── 滝沢ダムの建設

　滝沢ダムは、埼玉県秩父郡大滝村（荒川左支川中津川）に建設される。ダム
の諸元は堤高140m、堤頂長424m、堤体積180万㎥、総貯水容量6,300万㎥、
有効貯水容量5,800万㎥で、型式は重力式コンクリートダムである。

　昭和40年、建設省（現・国土交通省）によって予備調査が開始され、昭和51
年に水資源開発公団（現・（独）水資源機構）が承継し、平成19年の完成である。

　滝沢ダムは次の4つの目的を持っている。

① ダム地点における計画高水流量1,850㎥/sのうち、1,550㎥/sの洪水調節を
行い、下流の高水流量を低減させる。

② 荒川中流部での既得用水の取水の安定化及び荒川中下流部での河川環境の
保全等のための流量を確保する。

③ 埼玉県の水道用水として最大3.68㎥/s、皆野・長瀞水道企業団の水道水と
して最大0.06㎥/s、東京都の水道用水として最大0.86㎥/sを取水可能にする。

④ ダムからの放流水を利用して埼玉県が最大出力3,400kWの発電を行う。

4 ├── 滝沢ダムの補償

　補償にかかわる区域は、埼玉県秩父郡大滝村であって、ダムの事業用地は
274ha、移転戸数は112戸で、その内訳は廿六木9戸、滝ノ沢42戸、浜平43
戸、塩沢18戸となっている。

　公共補償は付替道路（国道5.0km、県道3.3km、村道5.4km）、神社、消防施設等
で、特殊補償は漁業権補償1件、鉱業補償3件、発電所2か所等であった。

　水没協議会は滝沢ダム地元対策協議会、滝沢ダム対策協議会、滝沢ダム建
設地元対策協議会、滝沢ダム対策水没者同志会、滝沢ダム水没者協議会、滝

沢ダム建設同盟会（平成4年10月、滝沢ダム建設反対同盟会から名称変更）の6つの協議会である。

▼ 滝沢ダム補償経緯（昭和56年〜平成12年）

昭和56年4月〜60年3月　滝沢ダム建設同盟会を除く5協議会と用地調査立
　　　　　　　入協定締結

61年 5月　用地調査概ね完了

62年 6月　5協議会が「滝沢ダム建設補償対策委員会」を結成

63年 3月　補償基準を提示

　　 12月　補償基準を締結

平成4年3月　漁業補償妥結

　　 11月　「滝沢ダム建設同盟会」に調査立入、損失補償基準同時妥結

6年　2月　水没移転112世帯との契約完了

8年 12月　水没家屋移転を完了

11年 3月　鉱業補償妥結

12年11月　高圧送電線路移設補償妥結

　生活再建対策については、水資源機構が横瀬代替地24区画を集団移転地として取得造成した。移転代替地の取得等については埼玉県の協力を得るとともに、利根川・荒川水源地域対策基金の協力を得て、利子補給を行った。

　以上、補償については、『水とともに──水資源開発公団40年の足跡と新世紀への飛翔』（水資源開発公団編H15）を引用した。

5 ├── 写真家と用地担当者

　新井が滝沢ダムの現場を撮り始めたのは、平成2年頃からである。勤めの秩父消防署大川大滝分署の空いた時間を利用して、週2、3回のペースで現地を訪れた。新井は写真の師匠清水武甲から「自分の目に入ったものは何でも撮れ」という教えを受け、フィルムは茶箱2箱分、重さが20kgになった（読売新聞・平成19年4月3日付）。

　最初から、水没者にカメラを向けてシャッターを押すことはできなかった。水没者と心が交わらねばシャッターチャンスは訪れないからであろう。

　「こんにちは」と家々に声をかけても返事がなく、「記録写真を撮りたいだ

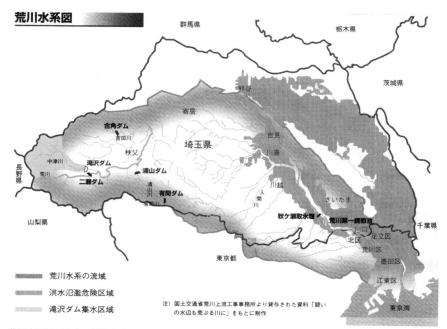

荒川水系図

群馬県　栃木県　茨城県

熊谷

寄居

吉見

川島

秩父　埼玉県

合角ダム
吉田川

中津川
滝沢ダム　浦山ダム
荒川　二瀬ダム　浦山川　川越
有間ダム
さいたま
有間川
入間川
秋ケ瀬取水堰　荒川第一調節池
川口
足立区
北区
荒川
墨田区
江東区

長野県

山梨県

東京都

千葉県

東京湾

▭ 荒川水系の流域
▭ 洪水氾濫危険区域
▭ 滝沢ダム集水区域

注）国土交通省荒川上流工事事務所より貸与された資料「憩い
の水辺も荒ぶる川に」をもとに制作

荒川水系図（出典：(独) 水資源機構荒川ダム総合事務所「荒川水系滝沢ダム」パンフレット2006.1）

け」と言っても不審者に見られ、相手にされなかった。このことは正しく用
地担当者が初めて水没者に接する時の状況に類似する。様々な折衝を重ねた
上で漸く水没者の信頼を得ることができる。このように水没者に対する交渉
は写真家と用地担当者の行動によく似ている。

　何度も大滝村に通ううちに新井にチャンスが訪れた。炎天下の急斜面を上
り、寺の境内で休んでいる時、中年の女性が声をかけてきた。「あんた良く来
るが何屋さんかね」「ここにダムが出来ると聞いたのでダム記録写真を撮りに
来ているのです」「それはご苦労さん」と家に行き、サイダーを持って来てく
れた。今でもあの時のサイダーの味が忘れられないという。そして、だんだ
んと村人たちと仲良くなっていった。新井は平成2年から17年間にわたって
滝沢ダムで移転する人々の生活や四季折々の行事を撮り続けた。

　再度、この写真集からダム完成まで追ってみたい。

　二百十日祭り（浜平）、悲しい葬儀（廿六木）、施餓鬼（滝ノ沢）、先代住職の
墓参り。

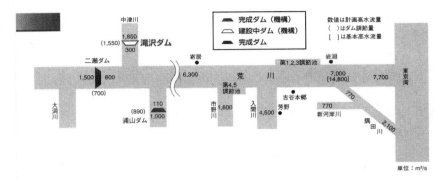

荒川水系治水計画図（出典：前掲パンフレット2006.1）

　そして移転が始まる。

　前述したうしろ姿の老女から「明日、荒川村に引っ越すので、この風景は今日までです。ああ、良いところに来てくれたね」と言われ、この老女のうしろ姿を撮影し、「残り少ない日々」として作品に仕上げ、感動を呼ぶ1コマとなった。

　滝ノ沢地区は急斜面の地形のため車が入って来られない。家族の手で家具を一つひとつ丁寧に運び出している。解体される家も写し出す。屋根に重機の爪が刺さるのを見た子どもが「家がかわいそう」と叫び、それを聞いたおばあさんが泣きだした時は、シャッターを押せなかったという。

6 ├── 補償の精神

　新井は、17年間シャッターを押す喜びと悲しみを味わった。シャッターを押せない苦しみも体験した。この2つの相対するシャッターチャンスに補償の精神が表れているようだ。そこには新井の優しさがレンズを通して凝縮されている。その思いやりは水没者の心情となって、1コマ1コマの写真に捉えられている。水没者の心と一体となっている写真だから人々に感動を与えるのであろう。補償の精神はその優しさと思いやりで十分だ。

7 ├── 滝沢ダム水没地域の総合調査

　水没するということは、土地や家屋もそこで生活してきた全てが消滅につ

ながってくる。幾千年にわたっての大滝村の歴史、文化、生産、生業、遊び、また自然、動物、植物も少なからず消えることになる。

このように消えていくこととなるが、これを記録として残す総合調査が小林茂を団長として、平成2年から4年にわたって多くの調査員と先生方の協力によってなされた。

『秩父滝沢ダム水没地域総合調査報告書（上巻）自然編』（滝沢ダム水没地域総合調査会編H6）は、地形、地質、地理、植物、動物編からなり、『秩父滝沢ダム水没地域総合調査報告書（下巻）人文編』（滝沢ダム水没地域総合調査会編H6）は大滝村の歴史、近世大滝村産出木材の筏流し、大滝村の地名、社会生活、民家、食生活、生産・生業、交通・運輸・通信、信仰、人の一生、年中行事、民俗芸能、口頭伝承等、貴重な調査となった。

これらの調査もまた、補償の精神につながってくるのではなかろうか。それは、やはり消えていくものを何らかの形で後世へ遺すことが大滝村の生きた証となり、その裡には当然に優しさと思いやりの心情が貫かれているからである。

8 ├── ダムも優れた作品

移転者が次第に村を去っていくと、静寂な谷間にダム工事が始まる。

谷間に付替道路が竣工し、ダムサイトの掘削が行われ、ダム本体のコンクリート打設によって滝沢ダムの雄姿が次第に現れてくる。

新井はダム現場で働く人々も捉える。「ダムは俺が造るんだ」とダム職人たちの笑顔をも写し出す。ダムは沢山の人たちの手によって完成する。

〈栃の実を 初めて知りぬ ダムの村〉（吉永貞志）

用地ジャーナル2007年（平成19年）9月号

［参考文献］
『奥秩父──ダムで移転した人びと　新井靖雄写真集』（新井靖雄 H19）埼玉新聞社
「水とともに──水資源開発公団40年の足跡と新世紀への飛翔」（水資源開発公団編 H15）水資源開発公団
『秩父滝沢ダム水没地域総合調査報告書（上巻）自然編』（滝沢ダム水没地域総合調査会編 H6）滝沢ダム水没地域総合調査会
『秩父滝沢ダム水没地域総合調査報告書（下巻）人文編』（滝沢ダム水没地域総合調査会編 H6）滝沢ダム水没地域総合調査会

埼玉県管理の２つのダム

12

用地担当者の手記

（埼玉県）

花とお酒を供えて、般若心経を唱え心からお詫びをいたしました

1 ├──パブリックサーバーとして

　公務員は転勤からは逃れられない。その度にお世話になった方々に転勤の挨拶状を出す。用地補償の仕事に携わると、とにかく目の前の補償解決に没頭せざるを得なくなり、家庭はおきざりになる。単身赴任期間はなおさらのことである。何度かの転勤を重ねるうちにやがて退職の日を迎える。三十数年間従事しながらも退職の日はアッという間に訪れるのが用地担当者ではなかろうか。次のような退職の挨拶状をポストに入れた時、公務員としての補償業務は終わりを告げる。

　「拝啓　春暖の候　皆様にはますますご清栄のこととお慶び申し上げます。

さて私こと

　このたび平成十三年三月三十一日付けをもちまして、川越土木事務所を最後に埼玉県を退職いたしました。

　顧みれば、在職中の三十六年間、そのほとんどを用地交渉と苦情処理に明け暮れてまいりました。特に夜間の苦情処理を七年間担当させていただきましたことは、私の人生にとりまして何にも代え難い貴重な体験となりました。

　お蔭様で、県民の方々に直接対応する機会が多く、パブリックサーバーとしての実感を得ることができました。

　この間、皆様から賜ったご指導とご厚情に対しまして心から感謝申し上げます。

今後とも相変わりませぬご高誼を賜りますようよろしくお願い申し上げます。

　まずは謹んでお礼かたがたご挨拶申し上げます

敬具

市　川　正　三」

　この挨拶状は、『用地現場で30年』（市川H14）の末尾に掲載されている。平成19年4月、私はこの書を所望し、謹呈してもらった。

　市川は、埼玉県飯能の生まれ。埼玉県庁に入り、飯能土木事務所を振り出しに、秩父土木事務所、有間ダム建設事務所、県西部北部の土木部出先機関。平成13年3月、川越土木事務所が最後の職場であった。この書には三十数年用地業務の第一線に立った市川と地権者との喜怒哀楽にかかわる補償交渉のプロセスが描かれており、興味が尽きない。

　ときには、愛憎をも伴うこれらの喜怒哀楽の中に「補償の精神」をみることができる。

2├──金を返すから、土地返せ！

　この書の目次を追ってみると、救世主、役人アレルギー、優秀な新人、鉄砲の名手、無理難題、実印、約束、占い、墓地移転、断念した交渉、伝導師、庭の公園、老人ホームの地権者、アマチュアボウラー、不幸な人、土になれなかった子、孫のコブ、大物県議、見沼の龍神、大きな勲章、と続く。この中からいくつかの補償交渉をみてみたい。

　まず、救世主の項である。

　道路拡張の要望に対する土地価格交渉が始まった。市川が提示せざるを得なかったのは、今までの埼玉県が決定してきた土地価格坪1,000円（1㎡当たり333円）であった。ところが、近くを通る高速道路にかかる土地価格は1㎡当たり5,700円

埼玉県営第1号として昭和61年3月に完成した有間ダム

であったから、地元民は納得しない。

【　体育館の中は怒号の嵐であった。

「金返すから、土地返せ！」

「うまい事言って、人を騙しやがって！」

「ただみていな値段で、人の土地とりあげやがって、詐欺だ、まるっきりの詐欺だ！」

「こんな馬鹿げた事ってあるかい！」

「よくも、おめおめと顔出せたもんだ！」

いつもは、姿を見せない長老も、厳かな顔をして、黙々と私の隣で宙を睨んでいた。

私は、ただ、ひたすら、小さくなってうなだれているばかりでした。

そんな時、あの長老が、また、おもむろに立ちあがったのです。

「きのう、工営所（土木事務所の旧名）の土木課長の曽村さんから電話があったんだ。用地の値段を決めたのは、まもなく、県庁に戻って偉くなる人なんだそうだ、値段を決めるとき、安すぎるとくってかかったのがこの人なんだと！可哀相じゃねいか。さっきから見てるが、足がぶるぶる震えながら説明してるんだ、もう、見ていられねえ。みんなも知ってのとおり、この地区が水害に遭ったとき、忘れもしめい、命懸けで救ってくれたのは、曽村さんだ！あの人がいなけりゃ、この地区は全滅だったんべ。あの人から頼まれたんだ、恩返ししなけりゃなんねえ。この値段に不満があるものは俺に言ってくれ。」

翌朝、曽村課長は、

「市川君、ゆうべは一人で大変だったな。県庁向いて仕事している奴をやる訳にはいかなかったんだ。現場の者はな、特に、土木の技術屋はなあ、県庁のために仕事してんじゃねえんだ、住民の命と生活を守るのが本来の仕事なんだ。そこをはきちがえんようにな」

凄い新人教育をうけました。】

『用地現場で30年』（市川正三 H14）市川正三

3 ├── ヤマメは足で釣る

役人アレルギーの項である。

【「お役人さん！そろそろ勘弁して下さいな」

はっと我に返って、若いご主人を見ると、ひざの上におかれた両手のにぎりこぶしは、ぶるぶるとふるえ、顔は脂汗でびっしょり濡れているではないか、無念無想の形相凄まじく必死に何かに耐えている様子。そこには、ふだんの温和な童顔のおもざしはすっかり消えております。

「そうですね、失礼させていただきます」

ああ！また今日も、世間話で終わるのか。いつもこんなかたちで終わってしまうのでした。実に、十七回も伺っているのに……】

上松は、役人がくるとアレルギーを起こしてしまう。

なかなか交渉にラチがあかない。そこで上松の趣味はなんだろうかと、自治会長に聞くと、ヤマメ釣りであるという。上松と釣り仲間の鈴木と市川の3人でヤマメ釣りに出かけることになった。

【「ヤマメは足で釣る、と言ってな、山歩きが主だな、足が達者じゃあねえとな」

なかなか雄弁です。あの無口な上松さんがこんなにしゃべるとは、驚きでした。

「わたしも飯能生まれで、山っ子なんです。山の手入れで慣れていますよ、登っただけでバテてちゃ仕事になりませんから」

「じゃあ、すぐにいくべえ」と言って歩き始めましたが、その速い事、ついていくのに精一杯でしたが、指導よろしく三尾ものにしました。まあまあの型でとても楽しい一日でした。

上松さんも、四十三センチの大型のヤマメを釣ったので上機嫌でした。

「付き合ってみると、おめい役人らしくねえなあ。普通の人と変わんねえなあ。まったく、普通の人だなあ」と一人感心していたのが印象的でした。】

市川は、それからも、上松を訪ねた時は補償交渉の話はせずに、釣りの話しかしなかった。

ところが、間もなく上松の方から「道路が広がるだんべ、早く決めてしまいてえだが」と切り出され、補償契約がなされた。

4 ├── 金輪際、市のやることには協力しねえ

実印の項である。

【「市長も、牧尾さんの性格を百も承知のくせに、馬鹿な冗談を言ったんだな、市長選の祝賀会でな、それもみんなの前でなあ『牧尾がもう少し真面目にやりゃあ接戦にはならんかった』とのたまったのよ。隅っこのほうで勝利の美酒に酔っていた牧尾さん、見る見る顔面蒼白となり、

『何だと！もう一度言ってみろ、市長と言えども、言っていいことと悪いことがあるんだ！聞き捨てならん』と、怒って帰ったんだ」

「今回は苦戦が予想されたんで、牧尾さんが一番危機感をつのらせたんだな。なんせ真面目な人だからなあ、それに熱心に活動したもんな、それを茶化しちゃあ、頭に来るのは無理もねえよ。市長もすぐ謝りゃいいものを『冗談が通じねえ朴念仁には困ったもんだ』みていなこと言ったんだな、それを後から聞いた牧尾さん『金輪際、市のやることには協力しねえ』とそれっきりよ。なんせ、この辺きっての地所持ちだんべ、市の事業は、どこだって牧尾さんの土地を買わなきゃ始められんのよ。だから、道路も、川も、駅前広場の計画もみーんなストップよ」】

怒ってしまった牧尾の土地契約は、美しい若嫁さんの助言で解決することになる。

牧尾の留守中に「公共事業のことだから実印を押しましょう。義父はとても立派な人なので、協力しても叱らないと思います」と若嫁さんが言ってくれたが、市川は断っている。

【「その嫁さんが『亡くなったおばさん（嫁は女房をこう呼ぶ）は、うちのおとうさんは、骨身を惜しまず公共事業に打ち込んでいて、そんな時のおとうさんは生き生きしていてとっても素敵なんだ、とのろけていらっしゃったわ』と言ったんだよ」

「それで、俺もはっとしたんだな、よく考えてみると、大人げなかったんじゃあねえかと。市長の苦労は誰よりも俺が一番知っているんでなあ。恥ずかしかったが、人を介して市長に詫びを入れたんだ。すると、『牧尾さん、私のほうこそお詫びしなけりゃあなんねえ』と、飛んで来てくれたんだ。もともと、根は良い人なんだ」】

このように、補償は解決。市長と牧尾の仲立ちをしたのが、美しく優しい若嫁さんであった。市川は、「公共のため、という錦の御旗は用地交渉では通用しない」とも言い切っている。

5 ├── 花と酒を供えて、般若心経を唱え

【「三岳さんの墓を朝日工務店のユンボ（掘削機械・油圧ショベル）が掘っちゃったらしい、二、三年前埋葬したお袋さんをユンボで引きずり出したらしい、運転手はびっくりして逃げ帰ったようだ。三岳さん一族がかんかんになって怒っている」と市の職員の方から連絡が入った。（後で聞いた話では、私はこの電話を受けて顔面蒼白となり足がブルブルふるえていたらしい）

「えー、なんてことだ、何故工事に入るんだ！三岳さんとは約束がしてあり、業者が決まったら必ず知らせてほしい、とあれほど頼んでおいたのに」と契約担当にくってかかりました。

この報せ（なんとも驚愕）により、早速、酒、花など取りそろえ、墓地にかけつけました。

墓地の惨状は、目を覆わんばかりでした。重機械のユンボはやや傾いて、まさに、掘削の途中に乗り捨てられた感じで、モコモコと掘られた土が墓地のなかほどでバッタリと止まっておりました。

三岳さん一族の怒りと悲しみが、ユンボの先端にひっかかった棺の板きれに乗り移って、私を上から見下ろしておりました。

花とお酒を供えて、般若心経を唱え、心からお詫びをいたしました。が、あれほど固い約束をしたのにと、無念の気持ちでいっぱいになりました。

「お袋さん！すみません、お袋さん、ごめんなさい」と何度も謝りました。

三岳さんの顔が目の前に浮かび、出るのは深いため息ばかりでした。

「市川君、ともかくも三岳さんの家に謝りに行こう」と一緒に行ってくれた上司が気を取り直すように言ったので、重い足をひきずり三岳さんの家に伺いますと、ひっそりとして家全体が深い海の底に沈んでいるかのようでした。

何度呼びかけても応答がないので、一時間おきに伺いましたが、依然として何の反応もありません。

それから毎日のように謝りに行きましたが、いつも門前払いです。帰りに

は必ずお袋さんの墓前に寄り、深くお詫びをして引き上げるのが日課となりました。

二ヶ月後、やっとお許しが出た。

『県の人が毎日のように墓までやって来て謝られちゃあ、お袋もたまったもんじゃねえだろう。悪気があったんじゃあねえんだから』】

この時の市川さんの教訓である。交渉現場での約束はどんな状況にあっても完遂しなければならない。言い訳は許されないので、絶対に手違いが起きないよう細心の注意をしなければなりません、これを肝に銘ずべきである、と。

6 ├── 私の祖母と母はダムに殺されました

市川と同様に私も三十数年間、用地業務に携わったが、1つだけ、脳裏から消えない悲しい交渉があった。

先輩からの教えであるが、私は必ずお仏壇にお参りして補償協議を始めることにしている。お参りが済むと、乳呑み児を抱えた女性と交渉に入った。ところが開口一番、静かな声で「私の母はダムに殺されました」と。私は最初このことが何を意味するのか理解できなかった。そしてさらに「おばあちゃんもダムに殺されました」と言う。

えっ、私は声も出なくなるほど驚いた。よく聞けば、ダム問題が起こってから、その一家には、親族間の財産争いが数年激しく続いた。おばあちゃんはその財産争いに巻き込まれ、悩み自殺。それから間もなくいくらかの財産を得た母もまた、熾烈な財産争いとおばあちゃんの死の中でノイローゼとなって自殺されたという。

この時ほど、ダム建設の無情さを感じたことはない。私は交渉の度に、お仏壇にお花とろうそくと線香を供えお参りした。

この乳呑み児を抱いた女性は、用地担当者を恨むことなく、何回かの協議を経て補償契約書に判を押してくれた。この補償額は2人の過酷な運命の下に得たものである。

「私の祖母と母はダムに殺されました」という女性との交渉、このことは用地補償業務を離れた今でも忘れることができない。二十数年前のことである。

7 ├── 人間対人間になるのです。

　『用地現場で30年』を読みながら、市川の地権者に対する愛情、それに公共事業を遂行される情熱、その精神力には、頭が下がる。

　繰り返すことになるが、三岳の母親のお墓の問題は、市川にとってはやりきれない気持ちだった。しかし誠実さをもって乗り越えている。

　特に、花と酒を供え、般若心経を唱え毎日のように墓前に参られたことは、「補償の精神」を完全に超越している。用地担当者はお経か般若心経を覚える必要があるようだ。

　市川の教訓である。

　前述のように「公共のため、という錦の御旗は用地交渉では通用しない」。「地権者は公共事業に協力するというより、むしろ交渉に来た人に協力するのである。最初は公共事業という御旗で協力をお願いいたしますが、話がこじれてくると、最後には人間対人間になるのです。誠意がどうのこうのと言っているうちはまだ五合目で、最終的には人間対人間になるのです」。

8 ├── 用地交渉は難しくない

　市川がこの書『用地現場で30年』を著わすことになったきっかけは、用地交渉に悩んだ挙げ句に自殺してしまった若い職員の母親（母一人、息子一人）から、「息子を返して欲しい」と泣かれたからである。

　「つたない経験ですが、二度とこのようなことがないよう何か書きます」と言って1年ばかり後にこの本をそのお母さんに渡しました。時間の経過もあったのですが、息子の名が載せられているのを見てようやく許してくれました、という。

　市川は、「用地交渉は難しくない」と結論づける。若いうちに年寄りと付き合え、年を取ったら若者と付き合え、用地交渉は給料をもらってできる人生修養である、と示唆している。

　〈いのちとは　いつかは果てる　彼岸花〉（吉永貞志）

用地ジャーナル2007年（平成19年）10月号

[参考文献]
『用地現場で30年』（市川正三　H14）市川正三

埼玉県
東京都
神奈川県

13

小河内ダム
（東京都）

帝都の御用水の爲め

1 ├──近代化水道の創設

　日本の近代水道布設の目的の1つは、コレラ菌など伝染病の感染を防ぐことであった。

　明治10年9月長崎に来航したイギリスの商船からコレラ患者が発生、折からの西南の役後の帰還兵から瞬く間に全国に蔓延した。コレラ患者数1万3,710人、そのうち7,969人が死亡した。さらに、明治12年愛媛から発生したコレラ患者数16万2,637人、そのうち10万5,786人が死亡している。

　明治10〜20年の水系伝染病発生の合計患者数82万1,320人（死亡者37万2,262人）で、その内訳はコレラ患者数41万2,577人（死亡者27万3,816人）、赤痢患者数15万7,876人（死亡者3万9,096人）、腸チフス患者数25万867人（死亡者5万9,350人）と悲惨な事態を引き起こした。明治10年の日本の人口の3,587万人に対し、罹患率は非常に高い。のちに判明するが、その原因は汚染された飲み水による水系消化器系伝染病であった。ドイツ人コッホによるコレラ菌の発見は明治16（1883）年のことである。

　このような伝染病に対処するために清浄な水道水が必要であった。日本初の近代化水道の布設は明治20年横浜（計画給水人口7万人）においてイギリス人工兵少将ヘンリー・スペンサー・パーマーの計画、設計、監督によって、水源相模川（取水口津久井町）から野毛山貯水池（横浜市）まで約43kmが施工された。

　皮肉なことであるが、伝染病を防ぐ近代水道布設に尽力したパーマーさえも、明治26年腸チフスにかかり、リューマチを併発、脳卒中を起こし、54歳で東京麻布で逝去した。昭和62年パーマーの胸像が野毛山貯水池の公園内に

首都東京の安定給水を支える国内最大級の水道専用ダム

建立されたが、この建立は、パーマーにより横浜に完成した日本最初の近代
水道の百周年を記念したものである。

　以上、日本の近代化水道の創設については、『水道事業の民営化・公民連
携――その歴史と21世紀の潮流』（斉藤H15）と、『祖父パーマー横浜近代水道
の創設者』（樋口H10）を参考とした。

2 ├── 水道拡張事業

　コレラの大流行を契機として、東京の近代化水道布設は明治21年に調査・
設計が開始され、明治31年玉川上水路を利用し多摩川の水を淀橋浄水場（昭
和40年廃止、現・東京都庁舎を含む新宿副都心）に導き、沈殿、ろ過を行って有圧
鉄管において給水を始めた。第一次水道拡張事業として、大正2年に村山貯
水池、境浄水場の建設に着工、大正13年完成。大正15年金町浄水場、昭和9
年山口貯水池がそれぞれ完成した。

　第二次水道拡張事業として、東京市水道局は、人口600万人の水道用水を
確保するため、昭和6年多摩川上流（東京市西多摩郡小河内村、山梨県北都留郡丹
波山村、同小菅村）地点に小河内ダム建設の計画を発表した。

ところが、昭和7年多摩川下流の神奈川県稲毛・川崎2ヶ領用水組合との間で農業用水における利水上の紛争が生じ、解決に昭和11年まで要し、その約4か年の間、水没村民は塗炭の苦しみを味わった。ある水没村民は家業に手がつかず不安な日々を過ごし、また移転先を物色し、手付金を払ったのに補償金が出ず、手付金が無駄になった者もいた。さらに補償金を目当てに借金したためその利子の支払いで苦しい生活を強いられた者もいた。

　家屋や土地を抵当に入れて借金している者も多く、悪質な金融ブローカーが横行していた。これらの苦境を打開するために水没村民たちは、多摩川を下り、東京市庁へ陳情を行うが途中で警察官に阻止されている。この悲惨な状況下でも、日中戦争のさなか村民の若者たちが出征していった。

3 ├──「帝都の御用水の爲め」

　昭和13年漸く小河内村の補償の合意がなされた。この合意に関し、『湖底のふるさと小河内村報告書』（小河内村役場編S13）の中で、小河内村長小澤市平の苦渋のにじみ出た「補償の精神」を読みとることができる。

　【　千數百年の歴史の地先祖累代の郷土、一朝にして湖底に影も見ざるに至る。實に斷腸の思ひがある。けれども此の斷腸の思ひも、既に、東京市發展のため其の犠牲となることに覺悟したのである。

　我々の考え方が單に土地や家屋の賣買にあったのでは、先祖に對して申譯が無い。帝都の御用水の爲めの池となることは、村民千載一遇の機會として、犠牲奉公の實を全ふするにあつたのである。

　村民が物の賣買觀にのみ終始するものであつたなら、それは先祖への反逆でありかくては、村民は犬死となるものである。（中略）

　顧りみれば、若し、日支事變の問題が起らぬのであつたならば、我等と市との紛争は容易に解決の機運に達しなかったらうと思ふ。

　昭和十二年春、東京市が始めて發表した本村の、土地家屋買収價格其の他の問題は、我々日本國民として信ずる一村犠牲の精神と價値と隔たること頗る遠く、到底承服し得られぬ数字であった。

　本村は、粥を啜つても餓死しても水根澤の死線を守つて、権利の爲めに抗争し、第二の苦難を敢てしやうとした村民であつたが國内摩擦相剋を避けん

小河内ダムパンフレット（東京都
水道局小河内貯水池管理事務所
H19)

とする國民總動員運動の折柄に、我等は此の衝突
こそ事變下に許すべからずとして、急轉して解決
の方針に向つたのである。是れこそ對市問題解決
の動機である。今日圓満な解決を來し當局と提携
事業の進行を見るのは同慶の至りである。】

　水没村民の子どもたちもまた、故郷を去らねば
ならない。その心情を表している本澤貞子（西高二
女）の作文をこの書から引用する。

【　春の山吹やつゝじ、夏の山百合や秋のもみじ、
又幾千年の昔から行はれた車人形、獅子舞など私
達にとつて最も樂しく、何時迄も何時迄も心に残り、
夢となる事でせう。もう留浦で多くの人々は家を
こはした様です。農夫の働く有様を見ても後幾年
も居られないのだ、留浦の方では豊岡へ八王子へ
と行つてしまふのになどと思ひ心細くて耕すのも
いやだと言ふ様な風も見えます。(中略)

東京市民六百萬の為だと考へますれば、しかたがありません。私達は喜
んで懐しい村を後に致しませうさあ皆さん、一緒に今迄御恩になった小河内
へさよならを云ひませう「小河内よさよなら」小河内の諸神様よ新しき村に
行つてから後も、何時迄も何時迄も私達小河内村民をお守りなさつて下さい。
そして立派な國民となれます様に。……】

　このように村長は「帝都の御用水の爲め……犠牲奉公の實を全ふする」と、
また子どもも「東京市民六百萬の為だと考へますれば、しかたがありません」
と言明している。戦争という社会背景で、時代の流れがそのまま「補償の精
神」を貫いている。

　昭和10年にかけて、小河内ダムの問題は、センセーショナルな事件として
マスコミにたびたび取りあげられ、徳富猪一郎、鳩山一郎、大野伴睦等多く
の有識者から水没村民への援助と同情が寄せられた。『日蔭の村』（石川S12)
は、これらの村民、村長、水道関係者の動向を描いた小説である。東海林太
郎が「夕陽は赤し、身は悲し、涙は熱く、頬濡らす、さらば湖底の、わが村

よ、幼き夢の、揺りかごよ」と歌った「湖底の故郷」はなおさら村民の悲哀をかき立てた。物事には必ず光と影が伴う。多摩川上流の水によってますます東京は発展していく。多摩川上流域の村々はその発展の犠牲となる。即ち「日蔭の村」となることを表現している。以後ダム問題は都市と農山村の相剋として如実に現れてくる。

4 ├── 着工から完成へ

昭和13年11月小河内ダムは着工したが、折からの日中戦争、太平洋戦争の進展に伴い、資材の不足のため昭和18年10月にやむなく工事を一時中断した。その時の状況は、取得面積1,023haのうち718ha、家屋移転480戸（戦後に465戸移転される）が進捗していたが、さらなる未補償の村民らの苦しみが続いた。また工事ではダム基礎掘削76%、コンクリート施工設備90%、仮排水路100%、道路49%、仮建物100%と、完了し、すでにダムコンクリートの打設ができるようになっていた。

昭和20年8月戦争が終結した。昭和23年4月都議会の議決を経てダム工事が再開、昭和24年「物件移転料その他補償基準」の覚書締結、昭和28年補償料の値上げが「補償基準の運用方針」により増額、同年ダム定礎式、昭和32年11月に小河内ダムは完成した。この時東京都の人口は740万人に激増している。

ダムの諸元は堤高149m、堤頂長353m、総貯水容量1億8,540万㎥、非越流

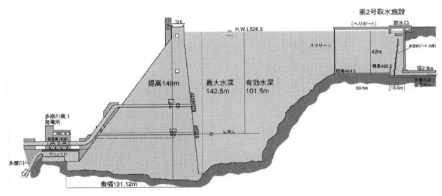

小河内ダム断面図（出典：東京都水道局「小河内ダムの紹介」HP）

型直線重力式コンクリートダムで、施工者は鹿島建設（株）である。小河内ダムは昭和7年の計画発表から戦争を挟んで25年、総事業費約150億7,000万円を要した。ダムに従事した職員の中に看護婦（現・看護師）3名が含まれているが、おそらく工事における病気や外傷の手当てに務められていたのであろう。残念なことに、不測の事故で87名の方々が殉職された。

　945戸の世帯は、東京都では奥多摩町、青梅市、福生市、昭島市、八王子市、さらに埼玉県豊岡町、山梨県八ヶ岳等にそれぞれ移転している。この移転について水没村民の方々の苦労は大変なことであったと推測される。それ故に水没村民の方々への恩を忘れることはできない。

5 ├── 時代の流れに翻弄されたダム補償

　戦前戦後を通じて、小河内貯水池建設事務所の組織では、用地課はなく庶務課に用地係が所属していた。補償交渉にあたっては、まだ統一的な補償基準が制定されておらず、生活再建対策も不十分で、もちろん水源地域対策の発想もないころである。仮住居費、移転先詮索費、木炭生産者休業補償、残地補償、天恵物補償は補償対象となっていないが、感謝料と生活更生資金が支給されている。さまざまな困難を乗り越えて解決された歴代の用地担当者の使命感と責任感には頭がさがる。

　小河内ダムの補償は、戦前「帝都の御用水の爲め」という滅私奉公の「補償の精神」であったものの、昭和23年補償交渉が再開された時は、世の中は民主主義という日本人の価値観が180度変化していく。

　このようなことを考えてみると、小河内ダムの建設は、あまりにも複雑な事情が重なり、社会的変動・経済的変動に伴い、時代の流れに翻弄された混乱期のダム補償であったと言える。

　〈水涸れせる　小河内のダムの　水底に　ひとむら挙げて　沈みしものを〉（昭和天皇）

用地ジャーナル2004年（平成16年）10月号

［参考文献］
『水道事業の民営化・公民連携――その歴史と21世紀の潮流』（斉藤博康 H15）日本水道新聞
『祖父パーマー横浜近代水道の創設者』（樋口次郎 H10）有隣堂
『湖底のふるさと小河内村報告書』（小河内村役場編 S13）小河内村役場
『日蔭の村』（石川達三 S12）新潮社

14

相模ダム
（さがみ）

（神奈川県）

戦争という大義

1 ├── 河水統制事業について

　昭和22年に完成した相模ダム建設にかかわる水没者は136世帯、取得面積は208.4haである。神奈川県津久井郡日連村（現・藤野町）勝瀬地区の115世帯は、昭和15年9月13日、山梨県都留郡島田村（現・上野原町）の21世帯は、同年11月3日をもって最終的に補償調印がなされた。昭和10年頃ダムの話が始まった時、全世帯が水没する勝瀬地区は「河水統制事業絶対反対用地不売同盟」を結成し、寸土も譲らないという誓約書を交わしていた。しかし、やがて戦争という時代の流れのなかで、「河水統制事業勝瀬部落対策委員会」と改め、昭和13年10月末には用地測量を完了し、同年11月4日神奈川県知事に集団移転地等の補償にかかわる申請を行い、補償妥結の方向へ動いていった。

　この河水統制事業とは、現代の河川総合開発事業のことであって、河川にダムを築造し、開発（貯水）した水を導水施設等によって、農業用水、水道用水、工業用水、発電用水として多目的に利用する流域開発である。

　河水統制事業について、関東学院大学教授宮本忠『相模川物語』（H2）に、次のような文章がある。

　【ダムをつかって河川の流量の調整を行い、有効利用を図ろうとする発想は19世紀中頃のフランスで芽生えた。ナポレオン三世（1803〜73）は、その全盛時代に各国の権威者を集めて、ダム式によるフランスの四大河川の開発計画を調査させた。この大構想は、ナポレオンの失脚によって実現しなかったが、19世紀末期にこのフランスの河川開発調査研究に参加していた効果をいち早く発揮したのはドイツである。ライン川支川のルール川に11のダムを

つくり、オーデル川には16のダムを建設した。

　その後、ナポレオン構想を最も大規模に採用して大きな成果をあげたのは、アメリカである。15年間にわたる論議を経て1933（昭和8）年5月連邦議会は、TVA（テネシー総合開発機構）創立の法案を通過させた。ミシシッピ川支川のテネシー川に連続したダム群をつくり、水資源開発、水力発電、洪水調節、船の通航を含む総合開発事業を展開した。】

　このような河川総合開発事業の原点がナポレオン三世の発想だったことには驚く。

　大正15年、わが国でダム式調節方法による河川総合開発事業を唱えたのは、東京帝国大学教授物部長穂と内務技師萩原俊一の両氏である。この事業は産業の発展に伴い河川が治水と利水との調整を図り、その目的を果たすことにあった。

　この河水統制事業の特徴は、①既設の強い農業水利権に抗する一手段として意図されたことと②河川開発を水系一環の思想をもって提唱したことにあるといわれている。まだこの頃は、河川環境の保全の考え方は芽生えていなかったようだ。

初期河川総合開発事業は戦争によって翻弄された

2 ├── 相模川の河水統制事業

　昭和9年12月、神奈川県議会は、相模川の総合利用の研究のための調査を認め、後の相模川河水統制事業のスタートとなった。昭和13年日中戦争が起こった翌年であるが、県議会において、相模原開田開発に端を発した相模川の水は、上水道、農業用水、工業用水、水力発電、そして下流域の洪水調節として、相模川の治水、利水計画を集結した一大事業として着手することになった。

　即ち、相模川河水統制事業は「神奈川県与瀬町（現・相模湖町）に相模ダムを造り、ダムによって生じた落差により、発電（相模発電所）を行い、相模発電所でピーク発電を行うので、下流の水量を安定させるためのダム（沼本ダム）を築造して調整池を設ける。その沼本ダムからの流れを城山町久保沢に導引し、横浜市水道、川崎市水道及び相模原開田開発に分水し、残水を本流に還元する際に生ずる落差により再び発電（津久井発電所）する」ものであった。（『相模川事典』平塚市博物館編 H6）。

3 ├── 相模ダムの補償

　前述したように、昭和15年11月、136全世帯は、補償調印を終えているが、このとき神奈川県は補償単価を発表していない。個人の補償額を計算して、関係者に送付している。「補償単価を発表しないのは、補償物件の数量につき、あらかじめ関係者の確認を経ること及び関係者相互間の比較関係より生ずる感情問題を考慮することによった」と、その理由をあげている。（『津久井町ダム史』津久井町編 S61）。

　この補償状況について、『相模川』（神奈川新聞社編S33）に、次のように描かれている。

　【 補償決定には、県は個人別の補償種目と補償金額を記入した協議書を個人的に郵送するという方法をとった。だが、協議書の内容は一括記載であったため、家屋移転費がいくらなのか、宅地買収費がいくらなのか、慰謝料分がいくらなのか皆目わからなかった。補償費について県はそれぞれ綿密なソロバンをはじき、できる限りの誠意を示したというけれども個人あての交渉には小役人的な狡猾さが感じられてならない。これは一面では個人間の利害

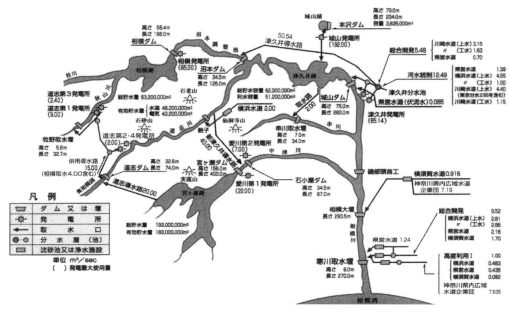

相模川水系利水状況概要図（神奈川県企業庁相模川水系ダム管理事務所相模ダム管理所「相模ダム　相模川河水統制事業」パンフレット　H29.4.1現在）

葛藤を防ぐのに役立ったかもしれないが、補償を受ける人々にはいつまでも割り切れないものを残した。】

　結局、水没者の人々が同意をしたのは、時代への流れであり、戦争であったという。この書に「それが端的に現れたのは陸海軍将星の相模川べりのデモである。勝瀬の人々の間には、なお強い反対の空気が濃かったころである。与瀬町に集まった将軍たち─荒木貞夫、杉山元、小磯国昭といった飛ぶ鳥おとす陸軍の将星に加え、海軍も加わり、勝瀬地区を中心に陸海合同の観兵式をあげたわけであるから人々のきもをつぶす示威であった」とある。このように水没者には、強権的ともいえる軍の圧力がひしひしと胸に堪えたことであろう。それは「戦争のため、国家のため」という大義名分を自ずと醸成せざるを得なかった。

4 ├── 補償の精神

　昭和初期の時代を振り返ってみると、昭和6年満州事変、7年上海事変、11

年2・26事件、12年盧溝橋事件、日中戦争、14年ノモンハン事件、第2次世界大戦、そして昭和16年12月太平洋戦争が始まった。一方、戦時体制のなかで京浜地帯では、重化学工業が軍需の増大で飛躍的に発展し、内陸部の相模原では軍都の建設が進み、大量の水と電力を必要とした。このように戦争へ突入した非常時において、勝利のためにあらゆる犠牲が強いられ、相模ダムの水没者にかかわる補償の精神は、「戦争という大義」によって貫かれていく。

特に、昭和13年「国家総動員法」の成立、15年「大政翼賛会」の創立と、戦争への挙国一致体制が整い、ダム建設における個人的な補償要求は一刻も早く解決せざるを得なくなった。「大義とは、人の踏み行うべき重大な道義、特に主君や国に対して臣民のなすべき道」とあるが、水没者は、「戦争という大義」に拠る「補償の精神」のもとに、止むなく契約同意せざるを得なかった。戦争という時代の流れには逆らえなかった。

前掲パンフレット表紙

5 ├── 相模ダムの完成

昭和15年11月、相模ダムの起工式は行われたが、物資不足に悩まされ、一方労力は、横浜商工、平塚農業、愛甲農高校などの学徒動員、地元動員、350名の朝鮮の人、287名の中国の人も就労、このダム工事には360万人が投下された。相模湖畔の供養塔に56名にのぼる工事殉職者の名が刻まれている。

昭和18年2月、津久井発電所が一部運転を開始、20年6月、工事を中止した。戦後昭和21年、工事を再開し、22年6月、相模ダムは完成し、昭和天皇、皇后両陛下は、ダムをご視察されている。24年、横浜、川崎の水道専用トンネルが竣工し、通水を始めた。東京都の小河内ダム（昭和32年完成）建設と同様に戦争の影響を受けた相模ダムであった。しかしながら、戦後の経済復興には大きな役割を果たすこととなった。

なお、現在の相模ダムの諸元は、堤高58.4m、堤頂長196m、総貯水容量6,320万㎥、重力式コンクリートダムである。起業者は神奈川県、施工者は（株）熊谷組である。

　繰り返すことになるが、補償の精神が「戦争という大義」を貫いたことは確かであり、戦争という時代の流れを改めて感じる。それ故に、136世帯の水没者の労苦を決して忘れてはならない。と同時にこの相模ダムに携わった多くの方々の尽力も心に刻んでおく必要がある。

　もう1つ忘れてならないことは、アメリカにおけるTVAによって開発されたダムは、電力エネルギーを生み出し、その電力の大半は、爆薬、爆撃機用のアルミニウム、さらには原子爆弾に、その他さまざまな軍需用品に製造されたことである。昭和20年8月、広島、長崎に投下された原子爆弾はこのTVAのダムによって製造されたものである。

　今年（平成17年）は戦後60周年を迎えた。世界における河川開発ダムプロジェクトは、軍需産業、平和産業の基盤とも成りうるが、すべて平和産業に利用されてもらいたいものだ。

　〈去りがたし 相模のダムや 小鳥来る〉（山下春夫）

用地ジャーナル2005年（平成17年）5月号

［参考文献］
『相模川物語』（宮本忠 H2）神奈川新聞社
『相模川事典』（平塚市博物館編 H6）平塚市博物館
『津久井町ダム史』（津久井町編 S61）津久井町
『相模川』（神奈川新聞社編 S33）神奈川新聞社

城山ダム
<ruby>城<rt>しろ</rt></ruby><ruby>山<rt>やま</rt></ruby>ダム
（神奈川県）

あんた 100 回位通いなさいよ
そのうち何とかなるでしょう

1 ├── 101 回目のプロポーズ

　現在わが国の人口は約1億2,000万人で、平均寿命は女性は85歳、男性77歳となっており、90歳以上の高齢者は100万人を超えるという。数年後から人口の減少化が始まり、少子高齢化が一段と加速してくる。この少子化の要因として、未婚女性の増加と晩婚化による出生率の低下が挙げられる。最近、30代未婚女性の心理状況を鋭く描いた『負け犬の遠吠え』（酒井H15）を読んだ。30代以上の未婚女性を負け犬、既婚女性を勝ち犬と称している。

　負け犬となった女性に共通することは、高学歴、高収入、仕事の面白さなどが挙げられる。性格的には、何事にも好奇心が強く「世の中を楽しまなくちゃ」の心意気でトライするため、男性との付き合いも多い。まだまだ素晴らしい男性が現れてくるだろうと過ごしているうちに、30歳近くとなり、そして30歳過ぎると、結婚の話、見合いの話も極端に少なくなってくる。結婚願望は大いにあるものの「まあ、いいや結婚なんて」と変化していく。仕事、マンション購入、外国旅行、稽古事などに精を出すことになってしまうという。まわりの仲間たちもまた次第に負け犬の女性が増えてくる。

　この本を読み終えて、これほど未婚女性の心理を分析していることに感心したが、わが国の将来はどうなってくるのだろうかと一抹の不安を覚える。ますます老人が増え、日本の経済、社会、生活に活気がなくなり、さらには年金制度にも影響を及ぼすことになるからである。

相模ダム同様相模川水系に属し、津久井湖を有する

　負け犬の女性の前に、ホワイト・ナイトが現れないかと、ふとこんなことを思ったりする。それは野暮ったい胴長短足の俳優武田鉄矢のような男性であるが。TVドラマ『101回目のプロポーズ』は武田鉄矢が浅野温子に一途な想いを馳せ、求婚を続ける。純情無垢な男性の姿が人気を呼んだ。この『101回目のプロポーズ』をリメークした中韓合作ドラマ『第101次求婚』も好評である。こちらは男性を台湾の人気俳優孫興が、女性を韓国の女優チェ・ジウが演じる。このような男性の101回ものプロポーズは女性の心理にどのような影響を及ぼすことになるのだろう。

　補償交渉もまた、嫁さんをもらうこととよく似ていると言われることがある。「あんた100回位通いなさいよ、そのうち何とかなるでしょう」との水没者の要請に、実際100回以上も交渉を重ねた補償担当者がいる。それは神奈川県の城山ダム建設時のことである。

2 ├── 城山ダムの建設

　昭和34年神奈川県は「土地及び水資源に関する総合計画」をまとめ、将来

の増大する水需要予測を行った。この水源対策として、昭和35年12月県議会によって「相模川総合開発事業共同基本計画」が議決され、城山ダム（津久井湖）が正式に建設されることとなった。

　ダム完成までその経過について、『城山ダム建設工事誌』（神奈川県企業庁総合開発局編S42）から追ってみたい。

▼ 城山ダム建設経緯（昭和32〜40年）

32年　内山岩太郎神奈川県知事が地元3町（相模湖町、津久井町、城山町）にダムの必要性を力説、協力要請

33年　『城山ダム建設反対期成同盟連合会』の発足
　　　県は相模原市二本松地区に代替地約27万坪を取得

35年　反対期成同盟会、補償物件調査同意

36年　知事、水没者全員に対し、協力要請の"お願い状"を発信
　　　知事、水没全12地区を訪ね、協力要請
　　　県は、生活再建補償にかかわる総合施策要綱を発表
　　　損失補償単価協定の成立
　　　知事は調印後、水没地区を訪ね、感謝の意を表す
　　　個人補償契約始まる
　　　建設工事の着手

37年　『城山ダム絶対反対不津倉同志会』の27世帯補償契約完了

38年　定礎式。水没者285世帯全員補償契約完了

40年　完工式

　内山知事の地元への協力要請から8年間の歳月が流れたが、城山ダムは紆余曲折を経て、右岸神奈川県津久井町大字太井字発、左岸同県城山町川尻字水源地点に完成した。この経過から、内山知事は自ら先頭に立って奮闘していることがよく分かる。

　城山ダムの目的は、洪水の調節、水道及び工業用水16.0㎥/sを供給し、さらに城山発電所では、本沢ダム（城山湖）を上流調整池、城山ダムを下部調整池として最大出力25万kWの発電を行う。一方、これらの用水確保のために、相模川の自然流量のほかに支川串川（津久井町根小屋）に取水堰を造り、串川導水路を建設し、この導水路によって最大2.0㎥/sを城山ダムへ流域変更を

行っている。各用水の取水方法は、津久井分水池から相模原地区、川崎市の水道に分水し、城山ダム下流30mの寒川取水堰（寒川町）から取水し、県営湘南地区、横浜市、横須賀市へ水道用水をそれぞれ送水する。

　このダムの諸元は、堤高75.0m、堤頂長260m、堤体積36万2,000㎡、総貯水容量6,230万㎥、有効貯水容量4,820万㎥、直線越流型重力コンクリートダムで、事業費は68億3,000万円、起業者は神奈川県、施工者は（株）熊谷組である。なお、用地取得面積230ha、水没世帯は285世帯となっている。

3 ├── 補償の精神

　この城山ダム建設に関し、前掲書『城山ダム建設工事誌』には、相模川総合開発建設事務所次長朝見清を司会者として、ダムに携わった人たちの座談会（「建設うら話し」）が掲載されている。

　当時揚水発電所にかかわるアロケーションの計算方式が確立されておらず、どのように各事業者にアロケートするか困難をきたしたこと、工事では仮排水路トンネルの落盤事故、ケーブルクレーンのメインワイヤーの上層部のはがれ、ケーブルクレーン走行路の掘削中に2万㎡の地滑り事故、骨材の砂利獲得に奔走、ダム本体の掘削から打設時点での破砕帯の処理に苦労されたこと等が述べられている。残念ながら工事によって6人の尊い犠牲者が出た。

　一方、補償交渉について次のように引用するが、ここに「補償の精神」を読みとることができる。

　【司会　補償交渉はすべて忍耐が必要である。我慢して相手に当たれと、知事から「忍耐」と書いた額が工事現場に寄贈されまして、城山ダムが完成した後では、それが城山ダムのみやげ品にまでなっているということで、この交渉がいかに難航したかを物語っております。】

　また、高橋惠二（当時相模川総合開発建設事務所次長）はＳとの交渉の苦労について語っている。

　【私がきた時分には中沢、三井、沼本の各地区は絶対反対ということでありました。広い区域ですから、地域の代表のかたがたと話合いを進めるのが一番よいのではないかということで各地区の委員長の考え方を打診したり骨を折って見たのですが、どうもやっぱりうまく行かなくて、1年かかってもな

かなか話合いがつかない。今でも記憶に残るのはF地区のSさんのところに行った時のことですが、まあ簡単にいうと、自分の家に娘がいて、どうしてもあんたの娘を貰いたいとこられても、親とすれば気に入らないような人が貰いにきたということで、正面切ってはなかなか簡単にはいかない。「あんた100回位通いなさいよ、そのうち何とかなるでしょう」というような話になってしまう。口では100回といっても毎日毎日通うわけには行かない。それでもとにかくやらなければならない仕事ですから、補償課の連中と何回でも通ってみようということになった。確か、37年までに、この家に百何十回か通ったかな、それで最後にいよいよ交渉に応じましょうということで、妥結したのは37年3月でした。とにかく、相手に体当たりで当たって行くことですね。根がなかったらこの仕事はできないということ。相手の私有財産を何とか頂戴したいというんですから、難しい話で、われながら後になって考えてみるとよくまあ、ずうずうしく、そこまで通ったものだという気がしますよ。】

　Sの同意を得るために百何十回と通って、調印したときの心境を思う時、喜びと同時にさわやかな笑みと安堵感が湧いてきたのではなかろうか。武田鉄矢の演ずるような男性の誠意がようやくSの心に届いた。内山知事の言葉に「忍耐をもって相手方に対処すること」を実行された結果であるが、この100回以上、お百度を踏むような交渉が「補償の精神」を貫いている。補償交渉と嫁さんをもらうための仲人の行動と、まさしく同一視されるゆえんがここにみられる。

4 ├──内山知事の補償の精神

　前述のように、ダム建設促進について、内山知事が先頭に立ち率先してリードした。驚くことには、昭和35年4月知事は脳血栓で倒れ、5か月間療養生活を送ったが、回復後ただちに9月県議会において「城山ダム建設の促進」の議決を図った。

　当時水没者協議会は、いくつにも分かれ、膠着状態が続いていた。この打開のために残暑の厳しいおりに、病後の重い足を引いて、水没者の協議会を個別訪問、説得を行っている。この知事の行動は、一日も早く補償の解決を図らねばならないという補償担当者に勇気と活力を与えたと言える。今日で

は知事が先頭に立って水没関係者に直接交渉に当たることは稀なことであるが、この内山知事の行動も「補償の精神」として捉えることができる。

神奈川県のダム建設と人口の動向をみると、昭和22年相模ダム完成時222万人（100％）、40年城山ダム完成時443万人（200％）と急増しており、もし、城山ダム建設が遅れれば恐らく、深刻な水不足が生じていたであろう。その後の人口は53年三保ダム完成時670万人（303％）、平成12年宮ヶ瀬ダム完成時849万人（384％）、平成17年3月現在874万人（393％）と増加している。

このように、神奈川県当局は人口増加や産業の発展に伴う水の需要に対し、ダム等水資源開発施設の建設によってその都度対応してきたことがよく分かる。

5 ├── 移転先の歓迎碑

城山ダムの生活再建措置として、①集団移住地、②希望代替地、③公営住宅優先入居、④建設相談、⑤就職の斡旋、⑥職業訓練、⑦商工業相談、⑧資金融資、⑨不動産取得税の減免、⑩転校斡旋、⑪県立高校無試験、⑫相談所の開設、⑬移転者の共済制度が行われた。

城山ダムの水没者285世帯（1,435人）は、相模原市二本松地区、城山町川尻地区などにそれぞれ移転した。『津久井湖誕生』（神奈川新聞社編 S40）は、城山ダムの完成まで特集記事を連載していたものをまとめた書である。その中に【相模原市二本松など県が同意した数か所の移転代替地に落ち着いて新しい人生の基盤を固めている。すっかり一画の町の体裁を整えた二本松には歓迎碑の立つ遊園地で子どもたちが何もなかったように明るい声をあげ遊んでいる。】とある。

内山知事の行動や100回以上お百度を踏んだ忍耐強い交渉、即ちこれらの「補償の精神」が二本松地区の「歓迎碑」に凝縮されているようだ。

〈だれかれと 語りかけたし 夏のダム〉（東寺三郎）

用地ジャーナル2005年（平成17年）7月号

［参考文献］
『負け犬の遠吠え』（酒井順子 H15）講談社
『城山ダム建設工事誌』（神奈川県企業庁総合開発局編 S42）神奈川県企業庁総合開発局
『津久井湖誕生』（神奈川新聞社編 S40）神奈川新聞社

中　部

大河津分水
（新潟県）

新潟県　福島県

われわれ土木屋は民衆のふところに
飛び込むことができなければならない

1 ├── 大河津分水とは

　良寛さんは子どもたちに親しまれた僧として知られているが、越後出雲崎の出身である。かつて越後平野は、毎年のように信濃川の洪水で被害を受けてきた。その昔、越後平野は海であった。それが信濃川の運ぶ土砂によって、沼地のような低い土地が形成され、やがて田畑の耕作が始まった。しかし、ひとたび洪水ともなれば家屋や田畑の流失、しかも人々の命まで奪った。大河津近くの国上山の中腹、五合庵に30年間住んでいた良寛さんも水害には何度も遭遇し、水害に苦しむ農民や子どもの惨状に心を痛めている。

　この越後平野を水害から防禦するために、信濃川が日本海に一番近い大河津地点（新潟県西蒲原郡分水町大字大川津）に堰を設け、それから寺泊の日本海までの約10kmを掘削し造られたのが人工河川大河津分水である。明治42年分水工事が始まり、13年を経て漸く大正11年に自在堰が完成した。世紀の大工事と呼ばれ、川幅730m（分水口）、180m（出口）、掘削土量2,880万㎥、延べ1,000万人（そのうち死者84人）の人手、工事費2,350万円を要し、用地関係は家屋移転218戸、土地取得面積464haであった。工事中には3回もの大規模な地すべりが発生し、工事は難航した末に完成した。だが、通水5年後の昭和2年6月24日、分水路の川底が掘られ、自在堰が陥没した。

　このために信濃川の水がほとんど分水路に流れ込み、下流の新潟方面に流れなくなり、信濃川下流域の農業用水、生活用水、舟運などに重大な影響を

陥没後幾度もの補修工事や改修工事を経て現在の姿に

及ぼした。この時、越後平野は田植え期であったため流域の農民たちは激怒
し、農業用水の奪い合いが始まり、大混乱に陥った。内務省は、その復旧工
事として可動堰、第二床固、床留4基を造り、これらの補修工事は昭和6年に
完成した。後述するが、この工事の陣頭指揮を執ったのは37歳の青年技師宮
本武之輔信濃川補修事務所主任（所長）であった。

2 ├── 大河津分水の仕組みと役割

　大河津分水における水の仕組みとその役割をみてみたい。

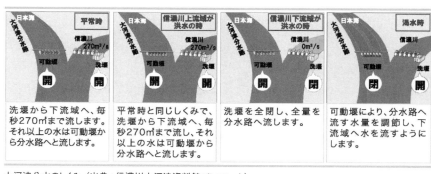

大河津分水のしくみ（出典：信濃川大河津資料館パンフレット）

　大河津分水は、

①通常時及び上流のみの洪水の時には、新洗堰から信濃川下流へ流し、その水は灌漑用水、生活用水、工業用水などに必要な水量270㎥/sで、それ以上の水は可動堰から分水路を通り日本海へ流す。

②信濃川下流が洪水の時は、新洗堰を閉じ全量を分水路から日本海へ流す。

③渇水の時は、可動堰を閉じ全量（魚道を除く）を新洗堰から信濃川下流へ流す。

　このように大河津分水は、信濃川の治水と利水にかかわる重要な役割を持っており、新潟県の政治、経済、文化の基盤となっている。

3 ├── 大河津分水の経済効果

　大河津分水の稼動は、新潟県に次のような多大な経済効果を生み出した。

①越後平野の洪水被害の軽減

　明治29年の「横田切れ」洪水の水位を上回る洪水が相次いで発生したが、大河津分水が通水した大正11年以降信濃川の水害は減少した。

②湿田の乾田化により越後平野が穀倉地帯へ

　越後平野は分水路が通水する以前は、腰が浸かるような湿田であったが分水路によって水位が下がり、さらに土地改良事業が進み、乾田と変わり穀物の生産も増大し、穀倉地帯に生まれ変わった。

③湿地帯が減少し、交通網の整備の進展

　分水路の通水により洪水の氾濫がなくなり、近年では上越新幹線、北陸自動車道などが越後平野の中心を通過するようになり、地域の発展に貢献して

いる。

④信濃川の一部埋め立てによる街の発展

　分水路の通水後、信濃川の河川敷の一部分が埋め立てられ有効利用がなされるようになり、東西新潟の一体化が進み、新潟市街地の発展に寄与している。

4 ├── 大河津分水建設の経過

　このように大河津分水は、新潟県に大きく貢献している。その建設の歩みについて、「大河津分水のパンフレット」によりまとめてみた。

▼ 大河津分水建設経緯 （享保年間〜平成14年）

享保年間	寺泊の本間屋数右衛門らが大河津分水工事を江戸幕府に請願 その後200年余り繰り返し請願が続く
天保13年	幕府は分水計画の調査を実施
明治元年	大洪水発生
2年	田沢与左衛門が大河津分水工事を越後府に請願 分水工事を行うことが決定
5年	渡辺梯輔らによる分水工事反対などを掲げた騒動が起こる
8年	分水工事を中止
9年	信濃川河身改修事業に着手
14年	田沢与一郎、田沢実入らが白根町に信濃川治水会社を設立 大河津分水工事のための運動が盛んになり、このころから新潟県議会は毎年のように政府に大河津分水工事を再開するように働きかけた
29年	大洪水「横田切れ」が発生
42年	大河津分水工事再開
大正11年	大河津分水に初めて通水
昭和2年	自在堰が壊れ、大きな被害を受ける 補修工事に着手
6年	可動域、2基の床固、4基の床留が完成

前掲パンフレット表紙

48年　第二床固副堰堤完成

57年　大河津で観測史上最高水位を記録。洗堰漏水

平成　4年　洗堰改築事業に着手

　　　8年　新洗堰本体工事着手

　　12年　新洗堰が完成（通水）

　　14年　大河津分水洗堰事業竣工

　　　　　洗堰が国の登録有形文化財に登録される

　　　　　可動堰改築事業に着手

　この大河津分水の歴史の中で一番の難関に遭遇したのは、恐らく昭和2年の自在堰の陥没の時ではなかろうか。その当時、東洋一の堰を誇り、巨額の資金を投じた分水路事業であったにもかかわらず、8連のうち3連が無惨にも陥没し、自在堰の放水量の調節が不可能となり、世の批判にさらされたからだ。だが、この世論に立ち向かい見事に可動堰の築造を成し遂げたのは、宮本武之輔であった。

5 ├──宮本武之輔の農民対応

　『評伝工人宮本武之輔の生涯──われ民衆と共にことを行わん』（高崎H10）から、宮本武之輔の技術者としての情熱を追ってみたい。

　昭和5年7月、可動堰の建設中に洪水が襲った。この時に宮本は、完成していた仮締め切りを神に祈る気持ちで切った。辞表覚悟であった。今度の大水害もすさまじかった。そこに上流の農民たち70人が内務省は堤防が切れた責任を取れと言って、鎌を持ち事務所を取り囲んだ。

　「今度の大水害は自在堰がぶっこわれたために起きた人災だ」「水田が全滅だ。内務省が責任をもって補償しろ」「責任逃れは許さないぞ」。暴動寸前だった。宮本は事務所入り口に立って無言のまま罵詈雑言に耐えた。「お前みたいな若造の主任ではどうせ判断ができまい。内務大臣をここに呼んでこい。今すぐ出せ！」。農民の中からこれに応じるように嘲笑がドッとあがった。宮本は直立の姿勢のまま正面を見て屈辱に絶えた。

　宮本は罵声を両手で制して声を張り上げた。「大河津分水の修復は来年春には必ず完成させます。私は皆さんのような農家の方々が好きです。働く人

が好きなのです。そんな考えを
持つ私が、皆さんを水害の犠
牲として見殺しにするなどとい
うことがあり得ましょうか。切
れた堤防は今日から直ちに修復
にかかります。ご安心ください。
またどんな苦情も言って来てく
ださい。私のドアは皆さんのた
めにいつも開いています」……。

農民たちは納得した表情で
三々五々引き上げていった。

宮本は彼らの後ろ姿を見送り
ながら、青ざめた顔の後輩技師
大塩ら部下に伝えた。

「われわれ土木屋は民衆のふ
ところに飛び込むことができな
ければならない。もし今日警察

大河津自在堰の陥没復旧に尽力した宮本武之輔（昭和8年／
画像提供：土木学会附属土木図書館）

を呼んだり、私服を潜らせたりしてそれが発覚したら、取り返しのつかない
事態となっていたろう。“民を信じ、民を愛す”、これが私の信条だよ。大河
津分水自在堰の事故の責任は内務省にある。農民にはない。私は殴られるこ
とを覚悟してここに立ったのだ」

6 ├──宮本武之輔の補償の精神

公共事業における補償の精神とは、いったいどのようなことを指すのであ
ろうか。大河津分水事業における改修工事を考えると、それは、一刻も早く
堰等を竣工させて信濃川の流量調整を回復させ、地域の人々の信頼を取り戻
すことであった。

それは「大河津分水の修復は来年春には必ず完成させます。私は皆さんの
ような農家の方々が好きです。働く人が好きなのです」と言い切ったことだ。

37歳の青年技師宮本武之輔は、それから悪戦苦闘のうえ、見事にやり遂げ

た。「われわれ土木屋は民衆のふところに飛び込むことができなければならない」と表現しているように、そこには宮本が座右の箴言としたラテン語－PRO BONO PUBLICO（民衆を益するために）の信条が貫かれている。

ここに民を信じ、民を愛する補償の精神が貫徹している。

7 ├── 通水開始に男泣き

昭和6年4月22日、新可動堰が通水を開始した。事業費440万円、120万人を要した。宮本武之輔は祝賀会の宴会後、同僚や若手の部下たちと3次会までつき合い、深夜、旅館にたどり着くが酔いつぶれても泣いていたという。大河津分水の完成は越後平野を一大穀倉地帯に変えただけでなく、その当時の人身売買の悪習を一掃するだろうと言われた。正しく大河津分水の事業は、宮本の信条である民衆を益することとなったのだ。

宮本武之輔は、その後東京高等工業土木科長、東京帝国大学工学部教授、興亜院技術部長、企画院次長等を歴任。昭和16年12月、肺炎のため急逝した。49歳であった。

用地ジャーナル2008年（平成20年）11月号

［参考文献］
「大河津分水のパンフレット」信濃川河川事務所発行
『評伝工人宮本武之輔の生涯──われ民衆と共にことを行わん』（高崎哲郎 H10）ダイヤモンド社
『大河津分水と信濃川下流域の土地改良』（五百川清編著 H19）北陸建設弘済会
『郷土の史──信濃川大河津分水にまつわる話』（渡部武男 S57）北陸建設弘済会
『久遠の人宮本武之輔写真集──「民衆とともに」を高く掲げた土木技術者』（高崎哲郎監修 H10）北陸建設弘済会
『信濃川大河津分水誌第1集〜第2集』（長岡工事事務所 S43〜44）長岡工事事務所
『信濃川治水日記抄──信濃紀行』（五百川清編著 H16）北陸建設弘済会
『信濃川補修工事』（五百川清編著 H18）北陸建設弘済会
『CD 大河津洗堰改築事業誌』（国土交通省北陸地方整備局信濃川河川事務所 H17）国土交通省北陸地方整備局信濃川河川事務所
『第一次工事・信濃川築堤工事・第二次工事』（五百川清編著 H17）北陸建設弘済会
『治水運動家・技術者群像』（北陸建設弘済会・企画、五百川清編著 H17）北陸建設弘済会
『横田切れ』（五百川清編著 H13）北陸建設弘済会

富山県

長野県

17

黒四ダム

（くろ　よん）

（富山県）

尊きみはしらに捧ぐ

---

1 ├── 黒四ダムの犠牲者

　残念なことだが、ダム建設には犠牲者が出ることがある。壮大な挑戦といわれる世紀の大工事黒四ダム（黒部川第四発電所）には、昭和31年7月〜昭和38年5月完成までの約7年間で、延べ労働者1,000万人が従事した。7年として1日平均3,900人となる。そのダム現場は急峻な地形、しかも積雪、吹雪、雪崩など厳しい冬期の中で、ダム建設の殉職者は171人に上った。その内訳は転落事故60人、落盤事故49人、車両事故31人、発破事故15人、物体落下事故6人、雪崩2人、その他8人である。

　黒四ダムの建設基地であった扇沢からトロリーバスに乗り、工事の命運をかけた破砕帯、悪戦苦闘の末突破した関電（大町）トンネルを過ぎると、黒部トンネル駅に着く。夏でも寒い駅構内を通ってダムサイト右岸側に出ると、ツルハシとノミを持った「六体の人物像」に出会う。「尊きみはしらに捧ぐ」とあり、171人の名が刻まれている。殉職者慰霊碑は彫塑家松田尚之の作であり、この碑の前に立つと、自然に額づく。

　〈黒四の　慰霊碑にぬぐ　登山帽〉　（田口晶子）

2 ├── シネマ「黒部の太陽」

　黒四ダム建設の生命線といわれた関電（大町）トンネルで破砕帯にぶつかり、技術者たちは、この破砕帯突破に悪戦苦闘を続けた。黒部川第四発電所次長芳賀公介の「破砕帯」メモによると、「昭和32年5月1日三工区より電話あり、二号トンネル切羽崩壊の心配あり、人夫退避とのこと、水抜き杭2条掘進、

殉職者慰霊碑

切羽地区コンクリート巻立て、切羽の補強とりあえず施工する」(『クロヨン』)とある。この関電トンネル難工事を小説化したのが『黒部の太陽』(木本S42)である。さらに、この小説をもとに、昭和43年熊井啓監督による同名「黒部の太陽」(三船プロ・石原プロ＝日活)が映画化され、三船敏郎は芳賀公介を、石原裕次郎は(株)熊谷組笹島班の岩岡技師の役を演じた。

　映画化に当たって、「五社(松竹・東宝・大映・東映・日活)協定」の厚い壁がたちはだかった。まるで関電トンネルの破砕帯にぶつかったようで、完成まで苦難の道を辿る。"ミフネ"は東宝の、裕次郎は日活の専属契約者で、当時、他社の映画への出演は認められていなかった。東宝、日活双方から熊井啓、ミフネ、裕次郎に対し、圧力がかかった。だが、ミフネ、裕次郎はともに「何がなんでもつくろう」「われわれの力で不可能を可能にしてみよう」と決意した。その映画人の執念の強さは印象的である。破砕帯ともいえる「五社協定」の壁を乗り越え、昭和42年6月28日「黒部の太陽制作記念パーティ」の時、ミフネ47歳、裕次郎32歳、熊井啓36歳であった。

　関電トンネルにおける破砕帯の大出水シーンは、愛知県豊川市熊谷組工場内に設営した「関電トンネル」撮影用セットで行われた。大出水は生死を分かつシーンで、このとき裕次郎は気を失っている。【この出水シーンの撮影事故で気を失い、何分か何秒かはわからないけど、その間、僕は確実に死んでいた。ケガで一番ひどかったのはキャプタイヤという撮影用コードが、僕の身体に蛇みたいに絡まったことだ。絡まった瞬間、気絶して、水をだいぶ飲んでしまった。病院に担ぎこまれて、ストレッチャーの手術台に乗せられたとき、『先生、煙草を吸わせてくれ』と言って、砂利だらけの軍手を取り、

観光放流の際は毎秒約10トンの放水が行われる

　煙草を指で挟んで吸おうとしたら、右手の親指がなかった。後ろ側に折れ曲がっていたんだ。トンネルで流されながら必死でレールの枕木につかまろうとして押し流され、失神した。親指は、たぶんその時に折れたんだろう。】
（『口伝　わが人生の辞』石原H15）

　このシーンは過酷なトンネル内の労働を再現させたもので、恐怖を感じる。「黒部の太陽」は観客動員733万人を集め、大ヒットとなった。三船敏郎は「求めて苦労しようとは思わぬ。しかし、人間は求めてでも苦労しなければならないときもある。この映画をプロデュースするに際して、私はそのような厳しさをひしひしと味わった」。さらに、「日本人のタマシィー、勤勉、勇気、根性、人間愛といった日本人の素晴らしさを描きたかった」と語っている。

　なお、平成21年3月21日、22日フジテレビで、香取慎吾、小林薫出演の「黒部の太陽」が放映された。

3 ┣── 黒四ダムの建設

　黒四ダムは、富山県中新川郡立山町大字芦峅寺地点に、食糧もエネルギー
も不足していた昭和31年に着工し、昭和38年に完成した。ダムの諸元は堤高
186m、堤頂長492m、堤体積158万2,000㎥、流域面積184.5㎢、総貯水容量1
億9,928万5,000㎥、有効貯水容量1億4,884万3,000㎥、型式はアーチダムであ
る。目的は、最大出力33万5,000kWの発電を行うことであった。起業者は関
西電力(株)、施工者は(株)間組で、総工事費513億円を要した。

　昭和26年日本発送電(株)が解体し、電気事業再編成によって、国家電力管
理体制から九電力体制が敷かれた。九電力体制の特徴は①民営、②発送配電
一貫経営、③地域九分割、④独占と位置付けられる。この九電力体制によっ
て電力業は、私企業としての活動性に満ち溢れ、自律性を発揮することにな
る。時代は正しく高度経済成長へ移行する時であった。このような時代を背
景として黒四ダムの建設は、関西電力(株)が命運をかけたダム事業であった。

　太田垣士郎社長は「経営者が十割の自信をもってとりかかる事業、そんな
ものは仕事に入らない。七割成功の見通しがあったら勇断をもって実行する。
それでなければ本当の事業はやれるものじゃない」と述べている。

　黒四ダムの建設経過について、昭和21年〜昭和40年までを追ってみた。

▼黒四ダムの建設経緯 (昭和21 〜 40年)

21年　黒薙第二発電所の工事再開

23年　黒薙第二発電所運転開始 (7,000kW)

24年　日本発送電(株)、黒四ダム地点の調査再開

25年　新愛本発電所の完成

26年　日本発送電(株)、電力再編成により解体、九電力体制となる
　　　関西電力(株)の設立
　　　黒部川筋の発電変電設備及び水利権は関西電力(株)に移る
　　　黒四ダム、地質調査開始

30年　日本自然保護協会、黒四発電に関する反対陳情を行う

31年　黒四ダム建設着手
　　　ブルドーザ立山越え
　　　黒四ダム地点に作廊谷事務所設置

ダム地点、越冬

32年　大町ルート道路完成

関電（大町）トンネル破砕帯にぶつかる（5月）

破砕帯を突破（12月）

33年　関電（大町）トンネル貫通

大町北停車場の完成

関電（大町）トンネル開通

世界銀行と借款契約3,700万ドル（133億2,000万円）

34年　黒部ルート開通

黒四ダム地点台風7号襲う

黒四ダムの定礎式

黒四ダム地点伊勢湾台風襲う

流砂補償、冷水害補償妥結

南フランス、マルパッセ・アーチダム、大洪水のため崩壊

35年　黒四ダム湛水開始

黒四発電所の完成

36年　扇沢地区大雪崩発生

記録映画「大いなる黒部」完成

世界銀行技術顧問団一行視察

北美濃地震、ケーブルクレーンなどに被害

37年　黒四発電所運転開始

38年　黒四建設、朝日賞（文化部門）受賞

黒四ダム完成

新黒三発電所運転開始

大黒部幹線（第1期）営業運転開始

39年　太田垣士郎関西電力(株)会長逝去

40年　黒四建設工事殉職者慰霊祭

4 ├──黒部建設の危機

　世紀の大工事黒四ダム建設は、さまざまな難題に遭遇するものの、土木技

術者たちの英智と勇気を結集して、その3つの危機を乗り越えた。

①前述したように、昭和32年5月1日、資材を運ぶ黒四ダムの生命線となる関電（大町）トンネル工事において、破砕帯84mにぶつかった。映画「黒部の太陽」のクライマックスシーンである。

②昭和34年7月11日、台風7号が襲い、ダム地点を押し流し、宿舎を破壊した。技術者たちは重機械を高所に移動させることに忙殺され、衣類、財布、カメラを失くしてしまった。さらにダム地点は上流からの土砂で埋まった。だが、この災害に挫（くじ）けることなく、ダム建設にとりかかり、9月18日渓谷に「祝世界大アーチダム定礎式」の幟（のぼり）を掲げた。

③昭和34年9月、ダムコンクリート打設開始後、12月2日南フランスのマルパッセ・アーチダムが大洪水で崩壊し、死者・行方不明者500人に及んだ。

関電トンネル破砕帯水抜き杭

黒部トンネル貫通直前（出典：2点とも関西電力「くろよん」パンフレット）

黒四ダムの設計は、イタリアのアーチダムの権威者セメンツ博士と関西電力（株）との共同で行われていたが、資金提供者の世界銀行は黒四ダムの現場に調査団を派遣し、ダムの高さを下げることを勧告した。

このため、岩盤が予想外に悪かったこともあって、アーチの両端にウィングダムをつけることになる。このとき、セメンツ博士は黒四ダム設計変更に尽力したが、完成を待たずに昭和36年10月に亡くなった。黒四ダムは鳥が翼を広げたような形をとり、用・強・美を誇るダムとなった。

5 ├── 黒四ダム建設の意義

　『ダムをつくる──黒四・佐久間・御母衣・丸山』（大沢・伊東H3）は、黒四ダム建設の意義について、次の3点を挙げている。

①黒四工事は、ダム竣工の翌年開催された東京オリンピックや新幹線などとともに、わが国発展の先駆をなすシンボルであった。

②土木工事史的に、大型化重機類を完全に使いこなし、本格的な重機化工法を定着させた。このことは国産の重機製造の呼び水となり、技術レベルを一気に引き上げた。

③ダム及び取水口など一部を除き、発電所や導水路等全部の施設が地下に設置された。こうしなければ、自然公園法の建設許可が得られなかったとはいえ、このことは黒部の景観保全につながった。このように施設を地下化することは、雪崩の害から守ることも一要因であった。

　その後の立山黒部アルペンルートの開発を振り返ると、景観保全の思想が踏襲され、技術者たちのさまざまな施工工夫によって、大自然の美が守られてきたことは確かだ。また、黒四ダムを中心としたアルペンルートの開設は、多くの観光客を呼び寄せている。黒四ダムが一大観光地を作り上げ、この意味では、新たなダム湖の誕生は観光文化を形成したといえる。

6 ├── 黒四ダムの用地補償

　前述のように黒四ダムは、シネマ「黒部の太陽」に見られるように、関電トンネルの破砕帯のことが、大きくクローズアップされすぎた感があるが、ダム掘削、黒部ルート、水路トンネル、インクラインの掘削などもまた難工事であった。そして、そのダム建設に必要な土地取得及び補償はほとんど注目されなかった。その補償交渉について、『黒部川第四発電所建設史』（黒四建設記録編集委員会編S40）には、次のように記してある。

①大町市内での用地と補償

　【「大町市内では、建設所・クラブハウス・社員宿舎・コンクリート試験場・器械修理場などが、日向山に設置される計画であったほか、黒四建設用機材の一大集積場である北大町専用停車場、およびそれを起点として、市内を経由し、ダム地点に通ずる関電ルートの道路敷があり、また、高瀬川河畔

には、ダム建設用骨材を採取並びに製造する骨材プラントも計画されていた。これらに必要な用地は、それぞれの工事計画に基づき、買収しなければならなかったが、その大部分は民有地であった。大町市当局はこの建設工事に対し全面的な協力は惜しまないとの意向を表明していたが、地主個々の意向はまた別で、買収交渉ははなはだ難航した。」

「特に大町ルート道路敷のうち、専用停車場から鹿島川を横断して上原に至る間の8.5kmは、全く新設であって、買収所要面積が4万坪（13.2ha）近くもあり、その地主の数も160人に及んだので、その交渉に当たった数名の職員は昼夜を分かたぬ折衝に忙殺された。】

その他の用地は、骨材採取場、骨材プラントに要する土地約9万5,000坪（31.35ha）、日向山の建設事務所その他に約1万3,000坪（4.29ha）、専用停車場に2万坪（6.6ha）、上原～ヨセ沢間の市道拡幅に5,500坪（1.815ha）など、大町付近で要した土地総面積は約18万坪（59.4ha）に達し、300人の地主を相手に、昭和31年ごろから交渉を開始し、その完了まで2年を要したという。さらに、取得した土地で工事するに当たっては、灌漑用水路、下水路あるいは道路の付替えが必要なために金銭補償及び補償工事を行っている。

②国有林野の使用と取得

【黒四建設工事は、その広大な工事区域のほとんどが、国有林野であり、同時に中部山岳国立公園特別域内であることが、特異な点であった。国有林および国立公園は、大町ルートの中央部ヨセ沢から以西に広く拡がり、ダム地点・発電所地点などすべてその中に包含していた。したがって、この区域内での土地利用等については、国有林野法および自然公園法による許可を必要としたことはもちろんである。そのうえ、国有林は、同時に保安林に指定されていたため、森林法による制約もあった。また、ダム地点から発電所地点にかけての一帯は、名勝天然記念物の指定区域であったほか、鳥獣保護区域内でもあったため、文化財保護法および狩猟法によって規制されていた。

このような数多くの法令の制約下にあって、建設工事実施に当たっては、一つの工作物の設置についても、最小限3ないし4の許可が必要であり、しかもそれらの主務官庁が異なっていることが多く、それぞれ主観を異にする場合もあって、処理ははなはだ煩雑であった。

また、ダムの敷地およびその上流側にできる湛水池の敷地は、全てが河川敷と国有林であって、その買収の交渉については、たいした問題はなかったが、買収した面積は、102万8,000坪（339.24ha）という膨大なものであった。】

③流砂と冷水害の補償

　黒部川下流地方の農家からの、工事による流砂と冷水害に対する苦情が出された。

　【黒部川は、流域が高山地帯であり、急流のため水が暖まる暇がない。水温がきわめて低いことが特徴である。そのうえに、黒四、新黒三、新黒二など、一連の発電所の新設により、水流は長い区間ト

黒部川ダム流域図（出典：国土交通省北陸地方整備局黒部河川事務所HP）

ンネルをくぐり、日照にさらされる時間が減少するので、いっそう水温の低下をきたし、農作に悪影響を及ぼす。さらに、もともと黒部川流域は、大部分が険しい山岳地帯である。耕作地にとぼしく、最下流の扇状地において、水田、野菜畑などが開かれているに過ぎない。その扇状地は長い年代にわたり、黒部川の激しい氾濫によって押し流された、荒い土砂をもって形成されており、土質はきわめて粗荒で水を浸透しやすく、水田に不適であった。砂質土を好む西瓜の栽培で、古来黒部下流地方の名が高いのは、こうした事由からである。

　このような事情であったため、この地方では、従来から水田対策に腐心し、流水客土法の実施などによって、収穫量の増大を図ってきた。黒四建設工事は、これらの努力を無駄にするとの見解をもって、この地方の農家が中心と

なり、反対をとなえたのである。】

　この2つの補償問題については、富山県知事が仲介者となり、数度の折衝の結果、昭和34年8月22日に妥結している。即ち、流砂補償は地元市町村に対する補償金のほか、富山県がこの地方において流水客土計画の工事を一部負担すること、一方、冷水害補償として、地元に補償金を支払ったうえ、ダムの取水口に貯水池の表面から取水できるような装置を設置することで解決をみた。

7 ├── 慰霊碑の前で

　黒四ダムは難航を重ね重ねて昭和38年6月5日に完成した。破砕帯に遭遇した関電トンネル工事が大きくクローズアップされるが、ダム本体を含めたダム掘削、黒部ルート・水路トンネルインクラインの設置もまた難工事であった。雪また雪、雨また雨などの悪条件の中、道なき道を一歩ずつ、力を合わせた結果であった。おそらく工事担当者は7年の間、緊張の連続であったろう。その中での用地担当者もまた言い尽くせぬほどの苦労があったであろう。そこには世界に誇るアーチダムを造り、日本の新たな建設に挑む精神が貫かれていた。ここに「補償の精神」が現れていることは確かだ。

　平成21年5月現在、黒四ダム完成から既に半世紀の歳月が過ぎ、今夏もまた多くの観光客で賑わうことであろうが、171人の慰霊碑の前で哀悼し、ダム建設の足跡を追ってもらいたいものだ。

用地ジャーナル2009年（平成21年）7月号

〔参考文献〕
『黒部の太陽』（木本正次 S42）講談社
『口伝　わが人生の辞』（石原裕次郎 H15）主婦と生活社
『ダムをつくる──黒四・佐久間・御母衣・丸山』（大沢伸生・伊東孝 H3）日本評論社
『黒部川第四発電所建設史』（黒四建設記録編集委員会編 S40）関西電力（株）
『黒部』（栗田貞多男 H21）信濃毎日新聞社
「黒部ダム・アルペンルート」（くろよん観光（株）編 S58）くろよん観光（株）
『黒部ダム物語』（前川康雄 S51）あかね書房
『黒部の太陽（新装版）』（木本正次 H21）新潮社
『黒部の太陽──ミフネと裕次郎』（熊井啓 H17）新潮社
『クロヨン』（梅棹忠夫ほか S38）実業之日本社
『厳冬黒四に挑む』（NHKプロジェクトX制作班・影丸護也作画 H15）宙出版
『電源開発物語』（水野清 H17）時評社

笹生川ダム・雲川ダム
（福井県）

七十五万人県民のためとして
調印を承諾されたのである

1 ├── 真名川総合開発

　福井県内を流れる九頭竜川は、岐阜県境の油坂峠にその源を発し、真名川、日野川、足羽川など145河川を合流し、日本海に注ぐ。その流域面積は2,930km²、幹川流路延長116kmである。真名川は九頭竜川の重要な支流の1つで、大野市南部の越美山地の北面の水を集め、上流端は大野市西谷上秋生で、小沢川、雲川、堂動川、内川、清滝川などを併合し、大野盆地を流れ下り、大野市土布子において九頭竜川に合流する流路延長45.5kmの河川である。笹生川と雲川の合流地点から下流が真名川と呼ばれている。

　福井県は昭和20年7月の福井大空襲、昭和23年6月の福井大地震、そして同年7月の九頭竜川の大水害と短い間に三度の壊滅的な被害を受けた。これらの被害からの復興のためにも、治水、利水を目的とした真名川総合開発は必然性を持っていたといえる。

　福井県の復興のために、真名川の総合開発が必要だとして、小幡治和福井県知事（在任期間：昭和22年4月〜30年2月）は、『真名川総合開発』（福井県電気局編S35）で、「創業の想い出」として、次のように述べている。

【 ○治水

　大九頭竜の流水は洋々として流れています。古、継体天皇はこの河の支流を改修して福井の邑をつくり、近くは明治の御代、杉田鶉山翁はこの河の大改修を断行して坂井郡の沃野をつくりました。爾来数十年、風吹けば川は溢

真名川水系に属する笹生川ダム

れ、雨降れば堤は潰え、その都度の局部復旧は行われましたが大改修に至らず、遂にかの大地震直後における大決壊は、福井市、足羽、吉田、坂井三郡の大半を水の下にしてしまったのであります。

　私は復興既に成った大福井市の街並みを、また坂井郡一帯の稲穂豊かなるを眺めたとき、一つこの大九頭竜の根源に遡って之を迎え、百年の安泰を勝ち取らねばならぬと淡々と思いました。それにはダムを造ることであります。大九頭竜の最上流に一大湖水をつくって、水をそこに喰いとめてしまう外に道はありません。之即ち治水です。

○利水

　そうすればそれが他面には用水になります。一大用水池が出来上がる勘定であります。

　私は知事公選第一回の公約に農地乾田化政策を提唱致しました。農地乾田化という言葉は私がその時発明した言葉でありますが、それが今は農林省の政策の言葉となっております。爾来数年、乾田化の実は着々と上がってきましたが、それには根本的に排水と用水の二大系統の大土地改良事業の断行が肝要であります。越前平野を貫いて流れるこの大九頭竜こそ、越前五万農民

の生命の水であります。何千万立方米もの池をつくって貯めるのであります。即ちダムの建設であり、之即ち利水というものであります。

○発電

　福井県は嶺南地方の一部を除き北陸電力の管下に在るわけでありますが、北陸三県の中で一番ビリ、県全体で北陸電力総量の16パーセントしか使っておりません。否使わせてくれないのです。福井県では何を計画しても「電気がありません」で凡てが今迄頓挫してきた苦い経験を私も県下産業人と共に何度も味わわされて来たのであります。

　産業の多角経営をするのに、只電力が無いだけで福井県が取り残されておるのなら、自分の県で自分の電気をつくる以外に道は無いと思いました。私はダムと電気を結びつけたのです。】

2 ├── 真名川総合開発計画の内容

　昭和25年6月に「国土総合開発法」が施行され、それに伴い福井県においても九頭竜川流域の開発が計画された。昭和26年大野市で九頭竜川と合流する真名川で「真名川総合開発事業」が着手。真名川本川に治水、利水を目的とする笹生川ダム、その支川の雲川に砂防と発電を目的とする雲川ダムが計画された。笹生川ダムは昭和25年から建設が開始され、昭和32年雲川ダムと同時に完成した。

①治水計画

　真名川洪水調節改修計画洪水量1,200㎥/sに対し、330㎥/s、九頭竜川洪水調節改修計画洪水量4,170㎥/sに対し、200㎥/sを調節し、雲川においては、上流の山地の流出土砂が累積して、谷を埋め、既設砂防ダムはいずれも飽和状態にあるため、年間平均流出土砂約13万㎥を対象として、砂防ダムを造り、10か年間の流出土砂量130万9,000㎥を貯砂して、下流の土砂流失による被害を軽減し、合わせて堰止められた水を発電に利用する。なお、現在ではほぼ満杯の土砂が堆積している。

②農業用水補給計画

　笹生川ダムより、真名川沿川農地受益面積2,047ha、九頭竜川下流沿岸農地受益面積1万542ha、合計1万2,589haへ用水2,550万㎥をもって補給する。こ

雲川ダムも笹生川ダム同様真名川水系に属する

れによって真名川沿川地区の干害を除去するとともに、九頭竜川下流沿岸地区における約1万haの乾田化に起因する灌漑用水の絶対不足を補給するものである。

③発電計画

笹生川水路は、笹生川ダムによる有効容量4,870万㎥を利用して、下流既設発電所の不足水量の補給と、最大年間3,300万㎥の下流灌漑用水の補給を行うとともに、新たに発電するものであり、雲川水路は砂防ダムを利用し、延長約5kmの隧道により中島発電所に導水し、発電後はこの全量を放水路により五条方発電所取水ダムの湛水池に放流するものである。

3 ├── 真名川総合開発事業の経過

真名川総合開発事業の経過について、前掲書『真名川総合開発』により、次のように追ってみた。

▼ 真名川総合開発事業経緯 (昭和25 〜 32年)

25年 6月　福井県は、真名川総合開発の計画策定を進める

26年 9月　笹生川ダムの地形測量、地質調査を実施

27年 2月　水没予定地の上秋生、下秋生、小沢3地区では、区民総会を開催

　　 3月　真名川総合開発調査事務所を開設、本格的な調査を開始

　　 4月　知事、現地を視察、水没予定地区民と懇談会を開催
　　　　　県は、水没移転地として、大野郡の木ノ本原開拓地を採りあげ調査を実施

	6月	水没者、「笹生川ダム建設による移転対策協議会」を結成
	10月	水没者の受け入れ対策として、「大野郡木ノ本原総合開拓協議会」の設置
	12月	水没者、県に対し、6項目の陳情書を提出
28年	3月	水没者、県に対し、31項目の陳情書を提出
	5月	西谷村中島に「真名川開発建設事務所」を設置
	8月	日本共産党工作隊員3名、水没地区に入り、開発事業反対の宣伝ビラを各戸に配布
		地元総会において、住宅等建物を除き物件調査を容認
	9月	移転地、木ノ本原開拓地の土地価格（県が地主よりの買上げ価格）が決定
		県、移住地後の営農計画を各地区に説明
		日本共産党工作隊員、新聞「真名川ニュース」を水没各地区に配布
29年	2月	第一回真名川総合開発補償委員会を開催
	4月	中島地区では、区民総会を開き補償対策協議会を結成
		水没予定地内における「河川予定地制限令」の適用が告示
		補償項目並びに補償単価算出基準を地元に提示
	11月	雲川ダム仮締切及び仮排水路が完成し、通水を開始
	12月	土地収用法による事業認定の告示
30年	1月	補償基準妥結調印
	3月	西谷村漁業組合と漁業補償妥結調印
	5月	学校、農協など公共補償妥結調印
	6月	雲川ダム関係、巣原、温見地区との補償問題妥結し、着工承諾書を受領
	9月	笹生川ダム仮排水路完成、通水の開始
		建設省河川局長より、補償基準書承認通知
	10月	雲川ダム定礎式
		真名川総合開発の起工式
31年	2月	中島発電所建設工事に着手
	4月	笹生川ダムコンクリート打設開始

　　　　　笹生川ダム定礎式
　　5月　　上秋生地区水没記念碑入魂式
　　12月　　雲川ダム湛水開始
32年2月　　九頭竜下流三漁協と河川汚濁による補償妥結調印
　　7月　　笹生川ダム湛水開始
　　8月　　中島発電所竣工式
　　11月　　真名川総合開発建設工事竣工式

　このようにみてみると、真名川総合開発事業は、笹生川ダムと雲川ダム建設を基幹工事として、昭和25年の計画策定から昭和32年の竣工式を迎えるまで、7年を要しているが、福井県民の総合力の結果完成したといえる。

4 ├── 笹生川ダムの建設

　笹生川ダムは、洪水調節・不特定用水・上水道・発電を持った多目的ダムで、真名川上流の福井県大野市本土に位置する。その諸元は、堤高76.0m、堤頂長209.80m、堤体積22万5,000㎥、流域面積70.7㎢、湛水面積234.0ha、総貯水容量5,880万600㎥、有効貯水容量5,222万4,000㎥、型式は溢流型直線重力コンクリートダムである。発電所名は中島発電所、起業者は福井県、施工者は（株）熊谷組、電気事業者は北陸電力（株）であって、事業費は48億6,920万円を要した。

　主なる補償は、水没面積243ha、水没戸数110戸、漁業補償、学校などの公共補償であった。

　洪水調節計画は、ダムサイト地点の計画高水流量470㎥/s（1/50年超過確率）のうち330㎥/sを調節するものであるが、昭和32年ダム完成後、数回計画高水流量を上回る洪水が記録され、特に昭和40年9月の奥越豪雨では、これを大幅に上回る1,002.3㎥/sという想定以上の洪水が発生し、余水吐機能・ダム本体が重大な危機に直面した。

　よって、昭和47年度より昭和52年度まで、総事業費24億円にて、余水吐放流能力を増大させるため、ダム右岸側にトンネル余水吐を新設するとともに、通信設備、各種観測設備等の改良補填を併せて行い、現在のダム設計基準、管理施設基準等に対応し、よりダムの安全管理を図るために堰堤改良事

業を実施した。

　笹生川ダムの現在の目的は、次のとおりである。

①洪水調節

　笹生川ダム地点における計画高水流量470㎥/sのうち、330㎥/sの洪水調節を行い、下流の真名川・九頭竜川本川沿岸の洪水防除を図る。

②不特定用水

　真名川及び九頭竜川沿岸の既得用水の補給など正常な河川の維持と増進を図る。

③発電

　中島発電所において、笹生川ダム・雲川ダムの貯水最大16.0㎥/s（常時7.59㎥/s）を利用して、最大出力1万8,000kW（常時7,100kW）の発電を行う。

　なお、型式はダム水路式で、内径2.8m、導水路延長約5.0km、有効落差最大136.03m（常時115.98m）により、発電を行う。

④水道用水

　福井市の水道用水として、取水1.0㎥/sを可能とする。

5 ├── 補償交渉の困難性

　ダム建設にかかわる補償問題が解決しない限り、工事に着手できないことは、自明なことである。地元代表者は「これが電力会社等営利機関の要求なら、金を山ほど積まれても絶対に相手にならないが、県は県民と親子の間柄だから納得のいく補償がもらえるなら相談に乗る」と総会で話した。味なことを言って、知事をはじめ関係者を喜ばせたという。県は県で自分勝手に解釈して多少の無理があっても大抵な線で話がつくだろうと思った。一方、地元では親は子が可愛いのだから補償は日本一奮発してくれるはずだと算用した。このように双方で食い違った考えのまま交渉に入ったのだから、実に始末が悪い。最初のボタンのかけ違いが補償交渉の困難性となってしまった。

　その交渉の困難性について、次の主なる要因を挙げてみる。

①水没者とそれを代表する委員との間に相当の駆け引きがあったこと。

②水没者側の委員と補償課との間にも、初めから正直一途での話し合いが進められなかったこと。

③県の方にも、他の事例や予算に捉われて当初多少の駆け引き的気分のあったこと。

④水没地の委員が全権委員でなく代弁機関にすぎなかったので、すべてのOKの決定を全員の総会にかけねばならず、交渉が順調に進まなかったこと。

⑤水没各戸の家庭内事情で転出、転業がまとまらず、代替補償が認められず、すべてが金銭補償となり、また、木ノ本原移住が予定数の半ば以下となって当初計画を幾度も変更しなければならなかったこと。

⑥佐久間ダム、只見川ダム、全国ダム町村連盟等外部からの刺激が強かったこと。

⑦ダム設計の最終決定が遅れ、ダムの高さが未確定のため水際線の測量調査に影響を来したこと。

⑧水没者の生活レベルは低いものでなく、かつ木炭価格が値上がりの年が続いたこと。

⑨下流の農業水利や電源水利の受益者の関心が一向に高まらなかったこと。

6 ├── 真名川総合開発補償委員会・幹旋委員会の設置

補償交渉の困難性から、県知事の諮問機関として、昭和28年10月、第三者的な補償委員会を設置した。補償委員会の長期の慎重かつ精密な調査と、公正を期した補償額をもって、誠意を尽くして地元側と交渉を重ねたがどうしても解決に至らなかった。さらに、地元側との協議の結果、幹旋委員会で解決を図ることとなった。寺田儀一を中心に4人が選出され、これら4委員の熱意と献身的な努力によって、困難を極めた補償交渉がめでたく解決となった。

その茨の道をたどってみる。

①昭和27年4月

時の小幡治和知事は県議会総務、総合開発両委員長等とともに下秋生地区を訪れ、水没者との懇談会を開いた。

②昭和28年1月

折からの猛吹雪を蹴って漸く中島に到着し、さらにスキー服、スキー帽に身を固めて全身が没する大雪の中を下秋生地区の現地会談に臨んだ羽根副知事は、かねて地元側陳情6原則と31項目にわたる要望事項の問題で、県には

誠意がない、役人は嘘をいう、水没地を無視している等ときめつけられ、県側の説明も聞いてもらえず、ケンもホロロの状態で地元側よりボイコットされ、仲介に入った宮下村長や、山崎地元県議の折角の取り成しにもかかわらず、引き上げを余儀なくされた。

③昭和28年3月

　小幡知事が再度同地を訪れ、これまでの膠着した状態をほぐすため、地区民総会を開いてしばしば懇談に努めた結果、漸くその拘束された門を開くことができた。5月に現地の開発調査事務所から建設事務所に切り替え、補償課を設置して要員を配置し、いよいよ本格的な補償に関する基礎調査と補償交渉に入った。補償課員と地元協議会との団体交渉はもめにもめ、波乱は波乱を重ね、地元は強硬な態度であった。

　補償課員は、地区民との仕事の都合上、昼夜の別なく、とにかく休日を返上して地元との交渉を続けたので、心身ともに疲れ果て、静養を申し出る者も出た。

④昭和29年6月

　事務折衝の一段落を終え、県、地元双方より補償額を提示し合うことに話が進んだ。漸くにして本格的な補償交渉に取り組むキッカケとなった。それからの折衝がまた一層困難を極めた。何分地元の要求額10億5,000万円に対し、県側は2億8,000万円で開きが余りにも大きい。地元側は早くから全国各地の補償事例を調査して各項目とも最高単価を拾い上げて積算した都合のよい案を作った。さらに、そこに電源開発（株）の佐久間ダムや只見川ダムがそれを遥かに上回る高価な単価を打ち出したのに勢いを得て、態度はさらに硬化し、その後の交渉を一層困難にした。

⑤昭和29年10月

　しかし、幸いにも地元、県両者の補償額提示を契機として、補償委員会が活動を開始した。10月20日になって、補償委員会より知事に対し答申を行い、同時に地元側代表に対してもその内容を発表し、説明がなされた。しかし、地元側はその答申額を不満とし、またこの補償額は単に補償委員会の案であって県の正式決定額にあらずとしてこれを一蹴し、県より正式に妥当な金額を示すまでは今後県との一切の交渉を打ち切るとの態度に出て遂に年末

を迎えた。

⑥昭和29年12月

　補償交渉の最終段階に及んだ時期がまことに悪く、奥越特有の冬将軍を目前に控えてこのまま放置するのは、折角ここまで積み上げた成果が中絶し、問題解決がさらに長引くこととなるので、是非とも年内解決への目途の下に、交渉場を暮れの29日に芦原町に移し、新年の暁まで必死となって折衝に取り組んだ。

⑦昭和30年1月

　斡旋委員会の奔走努力を得て、遂に円満解決の運びとなり、17日深夜、知事室において感激の調印を行った。

7 ├── 補償の精神

①寺田儀一・元水没補償斡旋委員

　【当時全国各県においてトップを切って補償問題解決を見て、建設省からも好感を持たれる結果になったのであるが、今このことを回顧するとき、実に感慨無量である。解決最終の日、繊維会館を会場として、朝七時地元民と私達が入ったままで昼食もとらず夕食も忘れて地元民が色々最後相談され、私達も別室で何れも同様成り行きを案じて黙して語らず実に悲壮な話し合いが続けられ、午後十一時過ぎに遂に忍びがたきを忍んで地元代表は無条件委任を了承されて七十五万人県民のためとして調印を承諾されたのである。斯うして互いに涙のなかに固い握手をかわした思いは私の終生の想い出である。】

②補償課員の回想

　【補償交渉は、通常の売り手と買い手の取引関係というような簡単なものではない。非常に困難な相手のあることで、その時期、時間などは多分に相手方の都合を考えなければならない。特に山の仕事は春先が一番書き入れ時であり、冬は丈余りの雪に埋まって地区への交通は途絶する。この期間3か月は完全に交渉が出来ない。こんなわけで、交渉の時期、時間が極度に制約される。勢い夏や晩秋の時期にしわ寄せされ、夜間にまで持ち込まれる。晩秋の深夜ガタガタふるえながらジープに揺られて十数キロの山路を突っ走ら

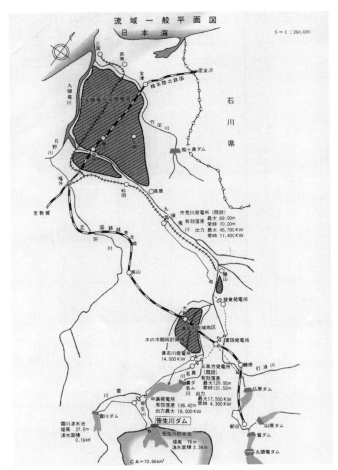

真名川流域一般平面図（出典：福井県土木部河川課笹生川ダム管理事務所「真名川総合開発事業　笹生川ダム」パンフレット）

なければならない。一寸した事務連絡、捺印一つの問題でもわざわざ夜間めがけて出かけなければならないありさまである。夜間折衝で困ることは、地区自営の貧弱な自家発電の点灯下、書面の文字さえ満足に見えない。神経はますます消耗する。こんなことで、長時間論議しておるとだんだん殺気だってくる。喧嘩にならぬよう、激論のあとは酒でおさめなければならない。こんなことで課員の心身は極度に疲労する。根気強く体力に優れた者でなければ勤まらぬ。】

真名川総合開発におけるダム補償の精神を貫いているのは、やはり、ダム関係者一人ひとりに、福井県民75万人のための発展と幸福と福祉を追求することが根底にあったものと思われる。

8 ─── ああ笹生川ダムはわれらのダム

　このように、真名川総合開発事業の完成まで、知事等をはじめ、予算の獲得、ダム計画、補償交渉、ダム工事等それぞれの関係者は苦労の連続であった。その完成までの原動力の根幹を流れている思想は、福井県における大空襲、大地震、大水害からの復興を福井県民が心より真摯に受け止め、願ったからである。

　おわりに、『ダムと水の歌102曲集──ダム湖碑を訪ねて』（服部S62）より、服部勇次作詞・作曲「笹生川ダムの歌」を掲げる。

> 1　緑の山々　重なって
> 　　光る堰堤　朝日受け
> 　　流れる水は　堂々と
> 　　田園都市に　流れ込む
> 　　ああ笹生川ダムは　われらのダム
> 2　若生子秋生の　盆歌は
> 　　扇踊りの　品の良さ
> 　　歌い伝えた　徳山も
> 　　共に湖底に　沈みゆく
> 　　ああ笹生川ダムに　歌は沈む
> 3　産業文化　発展し
> 　　躍進めざす　わが大野
> 　　郷土芸能　数多く
> 　　歌い伝えよう　いつまでも
> 　　ああ笹生川ダムに　歌は流る

用地ジャーナル2011年（平成23年）11月号

［参考文献］
『真名川総合開発』（福井県電気局編 S35）福井県電気局
『ダムと水の歌102曲集──ダム湖碑を訪ねて』（服部勇次 S62）服部勇次音楽研究所

長野県
埼玉県
山梨県

荒川ダム
<ruby>荒<rt>あら</rt></ruby><ruby>川<rt>かわ</rt></ruby>ダム

（山梨県）

400年の歴史があったんだから

1 ├── 甲斐の国・果樹王国

　山梨県の俳人飯田龍太は〈水澄みて　四方に関ある　甲斐の国〉と詠んだ。国名の「甲斐」は山により挟まれた地、挟間を意味する「挟（かい）」に由来するという。山梨県の地形は北東部には秩父多摩山地、西部に南アルプス（赤石山脈）、南部に富士山を中心とした標高2,000〜3,000m級の山々が連なる。

　これらの山々を源とする水は、釜無川、笛吹川、富士川、桂川（相模川）、多摩川を流れ下るが、古くからこれらの河川を利用した疏水が開削されてきた。

　村山六ヶ村堰、差出堰の疏水をはじめとして、徳嶋堰、朝穂堰、藤井堰、楯無堰、陳馬堰、大俉堰など多くの堰が造られており、江戸時代には、ブドウ、リンゴ、ザクロなど「甲斐八珍果」として広められ、今日でも山梨県は果樹王国を誇っている。

　東京方面から中央線に乗って笹子トンネルを抜けると、甲府盆地に入るが、ブドウ畑やモモ畑が一面に広がっている。春訪れると梅やモモや桜が満開で、まるで桃源郷のようだ。果樹王国の理由は自然条件に恵まれているからであろう。特に果実の成熟する時期に高温、乾燥、日照時間が長く、強風が吹かず、そして水はけの良い砂礫層土地であることが挙げられる。平成16年山梨県の果物生産量はブドウ5万3,400t、モモ5万3,400t、スモモ9,200tとなっており、おのおの日本一である。

2 ├── 山梨県のダム

　果樹王国といえども、急峻な山々に囲まれた甲府盆地は、常に富士川の水

山梨県のダム（山梨県「山梨県のダム」HPをもとに作図）

害に悩まされてきた。かつて、戦国武将・武田信玄が、信玄堤、万力林、雁堤を築き、富士川の洪水の減災を図ってきたことは余りにも有名である。しかしながら、富士川水系における水害は続いた。特に明治40年の大雨は8月22～26日まで降り続き、石和町の480mmをはじめとして、県内一円に記録的な雨量をもたらし、県内のほとんどの河川が氾濫し、死者223人、破壊及び流失家屋約1万2,000戸、浸水家屋1万5,000戸、流失田畑宅地約760haの被害を及ぼした。さらに明治40年の災害の復旧中、明治43年8月の集中豪雨により荒川、相川等が決壊し、甲府市内3分の1が浸水した。その後も大正期、昭和期と水害が続いた。

　山梨県は北東部の秩父多摩山系を源とする富士川水系等の水害を防ぐために、昭和中期から平成期にかけて近代的なダムが造られた。昭和49年広瀬ダム（笛吹川）、同61年荒川ダム（荒川）、同62年大門ダム（大門川）、平成10年塩川ダム（塩川）、同16年深城ダム（葛川）の完成である。平成20年には琴川ダム（琴川）も竣工する。これらの全てのダムは治水を目的とした多目的ダムであり、山梨県の地域の発展に寄与している。

3 ├── 荒川ダム（能泉湖）の建設

　荒川は国師ヶ岳（標高2,592m）に源を発し、山岳地帯を経て南西に流下し、渓谷美を誇る御岳昇仙峡を経て、流れを南に変え亀沢川を合流し、甲府盆地を北西部より南東部に向けて貫流し貢川、相川を合わせ笛吹川に合流する流域面積182.3㎢、流路延長48kmの河川である。甲府盆地を縦断しており、天井川を形成しているため、古くから洪水が発生し、その反面沿岸一帯の農業用水と甲府市上水道の重要な水源地となっている。

　荒川ダム（能泉湖）は、山梨県甲府市川窪町、高町地先に昭和60年多目的ダムとして完成した。

　このダムの建設記録、「荒川ダム」（山梨県土木部荒川ダム建設事務所編S61）によると、ダムは4つの目的を持っている。

①ダム地点の計画高水流量670㎥/sのうち、490㎥/sの洪水調節を行い、180㎥/sを下流へ流す。金石橋地点下流の水害を防除する。

②既得用水の補給（灌漑面積766ha）と河川維持用水として二川橋地点では維持流量0.5㎥/sを確保する。

③甲府市上水道の高区、中区に対し、平瀬地点において上水道用水として最大10万㎥/日（1.157㎥/s）を供給する。

④ダム管理費削減等、合理化を図るため、利水放流を利用し、管理用発電出力490kWを行う。

　ダムの諸元は堤高88m、堤頂長320m、堤体積301万㎥、総貯水容量1,080万㎥、型式は中央遮水壁型ロックフィルダムである。起業者は山梨県、施工者は鹿島建設（株）・（株）間組共同企業体、事業費は356億円を要した。なお、補償関係は取得面積80.64ha、移転家屋30戸、特殊補償として漁業補償などであった。

4 ├── 能泉地区民激励大会

　昭和53年3月27日、補償協定書が調印されているが、昭和54〜55年にかけて、水没者の生活、送別会、家屋解体、能泉中学校の閉校、激励会を撮った『湖底に沈む町・川窪』（伊藤・斎藤S56）がある。

　昭和54年4月25日、「荒川ダム建設に伴う能泉地区民激励大会」において、

望月幸明知事は水没者と1人ずつ握手して会場を回っている様子が印象的であった。望月知事は昭和54年2月3日、保革連合により前・田辺国男知事を僅差で破り当選したばかりであった。

　この写真集から激励大会の描写を次のように追ってみた。

【昭和54年4月25日

〇激励会

「荒川ダム建設に伴う能泉地区民激励大会」は山を降りた川窪住民を残された能泉地区民が励ますのが目的である。移住者代表の高野一行さんのあいさつを身をのりだして聞いている人がいた。周囲の人達とは対象的に一語一句にうなずいている。寂しさが深いのか他の物が目にはいっている様子はなかった。

〇激励会より—握手—

窪田清春さんは酔っていた。望月知事があいさつしている時、酒の勢いでヤジがとんだ。知事も知っているだろう。住民の本当の気持ちを。一人ずつ握手して会場を回った時、清春じいさんは手を離そうとはしなかった。「400年の歴史があったんだから。先祖伝来の土地を離れたわれわれの気持ちがわかりますか」誰もとめようとする人はいなかった。

〇激励会より—記念撮影—

我々カメラマンの中に混じって撮影している人がいた。千野睦雄さんは激励会の様子を記録しておこうとシャッターを切った。昭和40年消防団をやめた時にもらった退職金で買ったカメラで、沈む川窪を撮り続けてきた。しばし休めた手、頭の中に川窪の一コマ一コマが浮かんでは消えていったことだろう。

〇激励会より—お開き—

それぞれの感慨を胸に会は閉じられた。口では強がってみても足はフラフラだ。カメラを向けたとたん、「撮らないでくれ！」と言われた。人には見せたくないのだろう。しかし、胸につかえているものは誰しも同じで何も恥ずべきことではない。むしろ純粋な人間らしさであると思う。】

5 ├── 望月知事の握手

　繰り返すことになるが、次のシーンほど水没者の人々の心境を切実に現したものはない。

　「窪田清春さんは酔っていた。望月知事が一人ずつ握手して会場を回った時、清春さんは手を離そうとしなかった。『400年の歴史があったんだから。先祖伝来の土地を離れたわれわれの気持ちがわかりますか』誰もとめようとする人はいなかった。」

　川窪町能泉地区30戸の人たち、400年の歴史や文化が全て荒川ダムの建設によって消失していく。一瞬のうちに無くなる。荒川下流地区の灌漑用水・上水道の供給のため、そして治水のためである。山梨県民の発展のためである。

　清春さんの無念さが「知事さんは、故郷を離れるわれわれの気持ちがわか

戦国時代から水害に悩まされてきた地域に昭和61年3月に完成した

りますか」と問うている。ここでは、望月知事の言葉は何も記されていない。心中はどうであったろうか。恐らく、知事は「十分わかっているよ」と、心で呟き、「県は水没者の生活再建について責任を持ってやっているから」と。このことが知事の「補償の精神」であったろう。水没者との知事の握手にはこのような「補償の精神」が貫かれていたのであろう。

　さらに、伊藤七六は、

　「一枚の写真が語りかける言葉は時として人の生きざまと深い関わりを持つことがある。それをきっかけに忘れかけていた人間本来のやさしさをよび起こさせたり、過ぎたものを貴んだり惜しんだり、又郷愁の念を抱いたりする。さらには社会に対して働きかけ、いいにつけ悪いにつけ問題を提起する。その結果としてどんな方法がとられようともそれ自体がノンフィクションであり、誰も押しやることはできない」という。

　能泉地区民激励大会における望月知事と窪田の握手シーンはまさしく、そのノンフィクションを如実に物語っている。荒川ダムの完成以来20数年が過ぎた。

6 ├── 荒川ダムの桜

　平成18年3月20日、私は甲府駅前から昇仙峡行のバスに乗った。甲信越地方に寒波が襲来した日であった。昇仙峡から荒川ダムまで歩いた。閉鎖された荒川ダム記念館の前を過ぎ、金桜神社方向の手前で右へ曲がると、坂道の沿道にはオオヤマザクラの苗木が植えてある。1本1本に植栽者の名札が付いている。右手に風格のある中央遮水壁型ロックフィルダムが見えてきた。天端道には両サイトにコンクリート壁はなく、低い岩石が敷きつめられ、荒川ダムの全容が眺められる。静かな湖面には30戸の水没家屋や400年の歴史を誇った能泉地区の面影は残っていなかったが、やがてダム湖には華やかな桜が咲くであろう。ゆっくりと昇仙峡まで戻ると春の雪が舞い始めた。

　〈ダム囲む　花千本の　明かりかな〉（尾曲文子）

用地ジャーナル2007年（平成19年）11月号

［参考文献］
「荒川ダム」（山梨県土木部荒川ダム建設事務所編 S61）山梨県土木部荒川ダム建設事務所
『湖底に沈む町・川窪』（伊藤七六・写真、斎藤典男・文 S56）自費出版

岐阜県

長野県

20

味噌川ダム
（長野県）

木の見返りに米をあたえる

1 ├── 森と川と海

　宮崎駿監督作品「千と千尋の神隠し」は、米アカデミー賞・長編アニメーション賞、独ベルリン映画祭金熊賞を受賞し、2,340万人を魅了した。あれから3年、今秋「ハウルの動く城」が人気を呼んでいる。平成10年に上映された「もののけ姫」もまた、その当時話題を投げかけたシネマである。

　この「もののけ姫」は室町時代の屋久島を舞台としている。森林を破壊しながらタタラ工場で武器をつくるエボシ。山犬に育てられた少女サンが森林を守るためにエボシと闘う。そのサンを優しく見守り、たすけるアシタカの活躍を描く。

　古代から人間は自然を開発することによって暮らさざるを得なかった。このシネマは、森林を開発する側と開発される側との拮抗物語であり、自然界と人間界とが対峙する永遠のテーマでもある。

　しかしながら、今日では、市民や漁師たちが山に木を植え森林との共生が図られる時代となってきた。

　よく、森林は水を育てると言われる。雪や雨が降ると、森林の腐葉土を通した豊富なミネラル分を含んだ水が川に流れだし、やがて海へ注ぎ、汽水域では魚介類を育む。汽水域では植物プランクトンの大量発生により、漁獲量が増える。森は海の恋人と呼ばれ、その仲立ちを行うのが川であり、まさしく森と川と海は密接につながっていることがわかる。

　宮城県船形山のブナ原生林の水がおいしい良質な米をつくり、岩手県室根村の森林水が大川を流れて気仙沼湾の牡蛎、帆立貝、昆布を育てる。そのた

めに漁業関係者は市民と協力しながら、室根山に木を植え続けている。また昔から富山湾の漁師が「ブナ一本、ブリ千匹」と言っているように、富山県立山連峰の雪が寒ブリを育てる。

このような森と川と海の関係について、『木を植えて魚を殖やす』（柳沼H5）、『森が消えれば海も死ぬ』（松永H5）、『日本〈汽水〉紀行』（畠山H15）に論じられている。

昭和48年、日本でも有数な森林地帯である木曽川水系木曽川の長野県木曽郡木祖村小木曽地点に味噌川ダムが建設されることになった。堤高140m、堤頂長446.9m、堤体積890万㎥、総貯水容量6,100万㎥の中央土質遮水型ロックフィルダムで、起業者は水資源開発公団（現・（独）水資源機構）である。補償の概要は取得面積276.8ha、水没家屋はなく、公共補償、漁業補償である。取得面積のうち91.4%が山林で、253haの山林は国有林、組合林、村有林で占められ、当時の用地担当者は国有林等の補償、ダム掘削土による土捨場用地にかかわる補償、地域振興対策等に苦労されている。

2 ├── 木の見返りに米

この当時木祖村の村長であった日野の書いた『源流村長』（H元）には、味噌川ダム建設にかかわる村の真摯な対応が綴られている。この書に、昭和55年4月21日の中日新聞記事「古文書生き返る、あるダム補償　尾張方式で援助」が転載されており、ここに日野の「補償の精神」を読みとることができる。

【五十三年二月のことである。木曽最上流部の「味噌川（みそがわ）ダム」＝長野県木曽郡木祖村の実地調査をしていた水資源開発公団に、地元・木祖村の日野文平村長が、たまりにたまったうっぷんをぶちまけた。

〈村長の一言で愛知県動く〉

「水をもらう愛知県は、地主にあいさつもせんで大工を送り込むのか」

怒りを伝え聞いて愛知県の幹部が、初めて現地にすっ飛んできた。体育館の落成の日でもあったが、村長はモーニングに威儀を正して（？）愛知県との初交渉に臨んだ。

「名古屋の衆は、木曽の水を持ってって水洗便所を使う。しかし、木曽に水洗便所はほとんどないんですぞ」「昔、尾張藩は、木曽のヒノキを守る私らに

総貯水容量はほぼ諏訪湖の水量に匹敵する6,100万㎥

年間一万石の米をくれていたことを知ってなさるか」

　ダム建設に伴う上流部と下流部の宿命的な利害の対立は、数え切れない。が、きわめて複雑な状況といわれた味噌川ダムの場合は、この村長の一言から劇的な展開を繰り広げていった。

　木祖村の中心・藪原から、山道をジープで30分。村の名前の通り「木曽の祖」ともいえる木曽川の源流点近くがダム建設の現場である。周辺の民有林、村有林約150haが湖底に沈む計画を知らされた当初、村人たちの心には複雑なキ裂が走った。

　まず、補償の実態を調べていた関係者は、現行法規をみてガク然とした。水源地域対策特別措置法では「水没農家三十戸以上または水没農地三十ha以上」が補償の基準で、家屋も農地もない味噌川ダムは適用外だったのである。

　法の基準に達しない地域を救う「水源基金制度」（東海三県と名古屋市で設置）でも、長野県が加盟していないため、木祖村への補償・援助はダメ。「そんなバカな」「先祖代々守り育ててきた森林を、むざむざ沈められてたまるか」——。

　が、どんなに調べても、公団からの直接補償以外、木祖村への見返りは制度的に何もないのが実情だった。愛知県が「地主にあいさつもせんで大工を送り込んだ」のはまさにこの理由からだったが、村の人たちからは当然のよ

木曽川流域図（出典：(独)水資源機構味噌川ダム管理「味噌川ダムものしり事典」パンフレット 2020.4）

うに不満がわき上がった。「こんな状態で名古屋がそんなに水がほしけりゃ、濃尾平野に池を掘れ」とまで言い切ってうやむやな法や制度に率先して挑みかかったのは、元陸軍少尉の熱血漢、日野村長自身だった。

〈木の見返りに米をあたえる〉

郷土史を調べる――。信州・木曽地方は江戸時代、ずーっと尾張藩に属した。明治になっても一時、名古屋県の所管になっている。

なぜか。理由は木である。御岳のすそ野に広がる広大なヒノキの天然材は、木曽川を下って熱田・白鳥（名古屋市）の貯木場に集められ、江戸城、名古屋城とその城下町、伊勢神宮など中世・近世日本の重要な拠点を造り続けてきたのだ。

尾張藩はここを直轄地とし「木一本、首ひとつ」の過酷な林政をしいた。が、古文書はまた、その見返りとして尾張が木曽に年一万石の米を与えていたことも示していた。その米の一部は尾張藩の命で伊那地方から送り込まれたとか。だから伊那節の中にも "木曽へ木曽へとくり出す米は伊那や高遠のなみだ米（余り米ともいう）" とある。

「これだ！」。こぶしを握りしめた村長は、冒頭に紹介した愛知県との最初の交渉から、この歴史的事実をぶつけていった。

「三百年も昔に、上流と下流はギブ・アンド・テイクの関係を持っていたんですぞ」「木が水に代わっただけ。法や制度を乗り越えてこそ、真の交流が出来るんじゃないか」

村長が提出した木と水の膨大な古文書は、愛知県の仲谷知事の手元に届き、

難航していたダム問題は一気に解決の糸口を見いだした。昨年五月、同県は木祖村への制度外援助を歴史的事実に基づいて了承、仲谷知事と西沢長野県知事とのトップ会談で最終的合意に達した。】

3 ├── 尾張藩方式

　このように藩政期から木曽川源流域の人々は木曽の森林を育成し、このことが現代では下流域に良質な都市用水を供給するかたちとなっている。山奥での過酷な労働の対価として尾張藩の「木の見返りに米をあたえてきた」という史実は、上下流域の人々との共存共栄の補償の精神につながるものである。日野村長はこの補償の精神を強く主張され、仲谷愛知県知事の心を動かし、実際にダム建設促進の起爆剤となった。この地域振興対策は尾張藩方式と呼ばれており、その方式について、『味噌川ダム工事誌』（味噌川ダム建設所H8）から追ってみる。昭和52年9月（財）木曽三川水源地域対策基金が設置され、昭和57年12月味噌川ダムに対する基金事業が議決された。これを受けて、味噌川ダム対策基金46億円のうち木祖村分として基金対象額23億円となり、ほとんどの額を愛知県が負担した。

　昭和57年度以降、林道、農道、灌漑排水事業が施行され、木祖村小学校の改築、簡易水道、消防施設、保健センターが建設された。さらに、スポーツ、レクリエーション施設として、野外緑地広場、テニスコート、体育館が設置されている。

　これらの設置はすべて村民のための公共施設であり、山間地木祖村（面積140㎢、人口3,600人）にとっては、村の発展につながる社会資本基盤の充実が図られた。また村は日本一のキャンバス枠の画材の生産を誇り、デザイン室も設け、「日曜画家の村」として著名であり、絵を描く人たちにとっては理想の村である。

　なお、味噌川ダムの主なる経過は、昭和

前掲「味噌川ダムものしり事典」パンフレット

46年6月予備計画調査を開始、49年6月から用地調査に着手し、55年12月に調査を完了。56年3月一般補償基準妥結、同4月公共補償妥結、57年4月漁業補償が妥結した。57年9月ダム本体着工、62年8月ダム定礎式、平成5年6月堤体盛立完了、8年8月湛水試験を終了し、竣工式を行った。26年の歳月と1,610億円を要した。施工者は（株）間組、飛島建設（株）、不動建設（株）である。

4 ├── 森・川・海の共生

　完成後8年を経過した今では、味噌川ダムはダム地点の計画高水流量650㎥/sのうち、550㎥/sの洪水調節を行い、流水の正常な機能の維持を図り、都市用水として、愛知県、名古屋市、岐阜県に対して、合計4.30㎥/sの供給を可能にし、下流域における都市の発展に寄与している。さらにダムの放流水を利用し、長野県は最大4,800kWの発電を行い、その効果を十分に発揮している。

　おわりに、繰り返すことになるが、日野文平村長の「木の見返りに米をあたえる」の発想から「水の見返りに木祖村の発展を」という補償の精神は、まさしく森と川と海が一体であることを物語っている。味噌川ダムは、水源地域対策特別措置法の指定がなく、その代わりに木曽三川水源地域対策基金が大きな役割を果たした。この基金を受けて、日野村長の補償の精神が生かされ、木曽川上流域と下流域の人々の共生と言える共存共栄がなされた。日野村長の「補償の精神」とは共生の信条であったと言える。

　海の幸が山からの授かり物であることを認識させるスルメやコンブが、木曽の山々の神社や祠に奉納されている。このことは日本全国の山々でみられる光景であるが、その根底には森の恵みに感謝し、森と川と海との共生が図られていることの実証を表している。

　〈森は海を　海は森を　恋いながら　悠久よりの　愛紡ぎゆく〉　（熊谷龍子）

用地ジャーナル2004年（平成16年）12月号

［参考文献］
『木を植えて魚を殖やす』（柳沼武彦 H5）家の光協会
『森が消えれば海も死ぬ』（松永勝彦 H5）講談社
『日本〈汽水〉紀行』（畠山重篤 H15）文藝春秋
『源流村史』（日野文平 H元）銀河書房
『味噌川ダム工事誌』（味噌川ダム建設所編 H8）味噌川ダム建設所

福井県

岐阜県

21

徳山ダム
（岐阜県）

誰も大事な大事な故郷が
なくなることを喜ぶ者はいない

1 ├── ダムは嫌いや

　青いタオルを首に巻き、「徳山村の記録を残さないかん」と言いながら、30
年近くにわたって、笑顔でシャッターを押していた増山たづ子が心筋梗塞で
亡くなった。平成18年3月7日のことで、88歳であった。晩年、ガンと闘い
ながらも、ダムに沈みゆく故郷の姿を撮り続けた。10万枚を超える写真を収
めたアルバムに埋まる岐阜市の自宅で、静かに息をひきとった。

　この悲しい知らせを受けたある用地担当者は一瞬呆然として、涙があふれ
てきたという。

　担当者に、気軽に「ヤットカメでな（久し振りや）、あんたらも難儀でな」
「私はダムは嫌いやが、あんたらは好きや」「体、気をつけでな、また会うま
でマメ（元気）でな」と、よく声をかけてくれた。増山たづ子は、岐阜県揖斐
郡徳山村（現・揖斐川町）に建設中の徳山ダムの水没者の1人である。

2 ├── 徳山ダムの諸元・目的

　徳山ダムは、（独）水資源機構（旧・水資源開発公団）によって、木曽三川揖斐
川の上流、河口から90km地点に建設されている。

　このダムの諸元は、堤高161m、堤頂長427.1m、堤頂標高406m、堤体積
1,370万㎥、有効貯水量約3億8,040万㎥、総貯水容量約6億6,000万㎥、型式は
中央遮水壁型ロックフィルダムである。完成すれば、総貯水容量は奥只見ダ

濃尾平野の度重なる水害を「揖斐の防人」徳山ダムが救った

ムの6億100万㎡を抜いて日本一を誇り、有効貯水量では奥只見ダムの4億5,800万㎡に次いで2位、高さでは黒部ダムの186m、高瀬ダムの176mに続き第3位となる。

ダムの目的は、①ダム地点の計画高水流量1,920㎡/sの全量の洪水調節を行い、下流の横山ダムと合わせて洪水被害の軽減を図る。

②沿川の既得用水を安定して取水できるようにするとともに、河川環境の維持を図る。

③新規利水として岐阜県、愛知県及び名古屋市の水道用水最大4.5㎡/s、岐阜県及び名古屋市の工業用水最大2.1㎡/sを取水できるようにする。

④発電として、電源開発（株）が建設する徳山ダム発電所において、15万3,000kWの発電を行う。

この4つの目的を持って、平成20年春の完成に向けて建設が進んでいる。

3 ├── 徳山ダムの建設経過

徳山ダムの建設経過について、徳山ダム事業パンフレットにより、次のように追ってみた。

▼ 徳山ダム建設経緯（昭和32年〜平成20年）

昭和32年　揖斐川上流域を電源開発促進法に基づく調査区域に指定

46年　実施計画調査の開始

51年　事業実施計画の認可

　　　水資源開発公団（現・水資源機構）に事業承継

52年　水源地域対策特別措置法に基づく指定ダムに指定

53年　一般補償基準の提示

55年　付替道路工事に着手

58年　一般補償基準妥結調印

59年　水特法に基づき徳山村、藤橋村水源地域に指定

61年　公共補償協定の締結

62年　徳山村、藤橋村と合併（徳山村開村）

平成元年　466世帯の移転契約完了

　5年　土捨場、場内工事用工事等に着手

　7年　仮排水路トンネルの完成

　　　　徳山建設事業審議委員会の設置

　9年　徳山建設事業審議委員会の意見（早期完成について）発表

10年　土地収用法に基づく事業認定告示

11年　「徳山ダム周辺の自然環境」公表

　　　　上流仮締切工事に着手、転流

12年　徳山ダム建設工事起工式

　　　　付替一般国道417号（徳山ダム区間）開通式

　　　　「徳山ダム周辺の希少猛禽類とその保全」公表

14年　洪水吐きコンクリート打設開始

　　　　ロック材の本格盛立開始

　　　　コア・フィルタ材盛立開始

17年　揖斐川町発足（揖斐川町、谷汲村、春日村、久瀬村、藤橋村、坂内村が合併）

　　　　「徳山ダム上流域の公有地化事業に関する基本協定書」の締結

　　　　堤体盛立完了

18年　試験湛水開始（秋の予定）

20年　徳山ダム管理開始（春の予定）

　　徳山ダムは、昭和46年実施計画調査の開始以来、37年を経て完成する。

4 ├── 全世帯が水没

　　徳山ダム建設によって、徳山村、全村民1,500名、8地区466世帯が移転

せざるを得なかった。その内訳は、下開田地区46世帯、上開田地区47世帯、徳山地区147世帯、戸入地区62世帯、門入地区34世帯、山手地区40世帯、櫨原地区59世帯、塚地区31世帯である。

補償経過を追ってみると、紆余曲折を経て、昭和58年11月21日一般補償基準妥結調印、昭和61年公共補償協定の妥結がなされ、そして、平成元年3月466世帯全ての移転契約が完了した。本巣市などへ集団移転331世帯、岐阜市などへ個人移転135世帯となっている。

『ふるさとの転居通知』（増山S60）には、

【個人補償の袋をもらっても中身をみずに仏壇に供えて泣いた。「本当に申し訳ありません。ご先祖様、イラ（私）にはどうすることもできなんで」と涙が流れて止まらなかった。】と述べられている。

大正6年徳山村で生まれ、昭和11年に村内の増山徳治郎と結婚、ご主人は昭和20年5月のインパール作戦で行方不明となる。農業の傍ら民宿を営み、2人の子どもを育て、ご先祖様を守ってきた。補償契約時における涙は、増山たづ子の戦争とダムにかかわってきた人生と重なってくる。故郷を失う無念

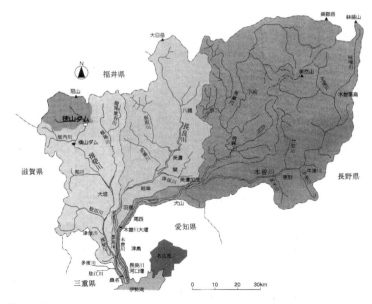

木曽三川流域図（出典：水資源開発公団徳山ダム建設所「自然と共生したダムづくり」H11.11)

さ、「国はやるといったらダムも戦争もやるでな」と怒りと哀しみの涙であったと言える。

　60歳、ダム建設が再燃化した時、ピッカリコニカを手に、村内の自然と人とその暮らしを撮り始める。消えゆく徳山村の記録を残すことと、ご主人が帰ってきた時に、徳山村の変化を見せるためであった。

　昭和60年6月、住み慣れた故郷戸入地区を離れ、岐阜市上西郷2丁目に移った。高圧線が横を走る。68歳のときである。

　「わが庵は　高圧線の　下にあり　上を見ずして　下で明るく」

　と転居通知にそう書いた。戦争でご主人を亡くし、ダムで故郷を失くしたカメラばあちゃんは、転居後も積極的に、前向きに生き、青いタオルを首に巻き徳山村を写し続けた。

　徳山村は、昭和62年3月31日をもって廃村となり、4月1日藤橋村に合併されるが、さらに、平成17年1月31日藤橋村は町村合併により揖斐川町に編入された。

5 ├── 補償の精神── 故郷喪失

　55歳のとき、増山たづ子はダム反対を止めた。

　【もうだめじゃ、いくら抵抗してもダムはできてしまう。いくら反対しても前進なしだぞ。そう覚悟を決めたなら、今度はぜんぜん別な力が湧いてきただな。残せるものは残そうとな】（前掲書『ふるさとの転居通知』）

　それからは、民謡、民話、焼き畑の話、夜なべの話、夜ばいの話などを記録し、埋蔵文化財発掘調査に協力する。

　前述のように、60歳の時、俄然として写真を撮り始めた。親がを子ども慈しむような心で、村人の笑顔、分校の子、運動会、卒業式、元服式、床屋、そして家を焼き離村する人たちも写す。写真は今日を写すが、明日ともなれば過去となる。被写体はその記憶をとどめ、記録からさらに歴史へと変わっていく。昭和57年、これらの写真の功績によって、アメリカの化粧品会社からエイボン賞を受賞。エイボン賞は女性に贈られる最高に名誉な賞である。

　昭和62年影書房から『ありがとう徳山村──増山たづ子写真集』が出版された。

さらに『徳山村写真全記録』（増山 H9）が刊行される。この書には、昭和62年3月27日徳山中学校にて、徳山村開村式が行われた時の記念写真が掲載されている。

【 村長の齋藤一松さんが「大昔からつづいた故郷がお国のためとはいえ消えてしまうことはご先祖様に申し訳ない」と挨拶した。誰も大事な大事な故郷がなくなることを喜ぶ者はいない 】と書き添えてある。

徳山村は「徳の山」である。マイタケ、ワラビ、ゼンマイ、ウド、ワサビ、栃の実、アマゴ、アジメドジョウ、ウサギ、タヌキ、クマ、マムシも捕れたため、村人の共同生活を支えてきた。「大事な大事な故郷がなくなることを喜ぶ者はいない」という言葉ほど胸にしみるものはない。この言葉は「補償の精神」の次元をはるかに越えている。

現代は故郷喪失の時代かもしれない。少子化で母校が消え、合併による市町村名の変更、また学業、就職、結婚によって故郷をあとにする人が多い。しかも、ダムによる水没は絶対に帰郷できない無情性を持っている。

〈ダム無情 地図から村の 名が消える〉（古池岩美）

6 ── 青いタオル、青い鳥

『おばあちゃん泣いて笑ってシャッターをきる』（楠山忠之著／増山たづ子写真協力 H7）ポプラ社

『おばあちゃん泣いて笑ってシャッターをきる』（楠山 H7）は児童書である。その表紙には、コニカを持ち、白髪姿の首にタオルを巻いた増山たづ子が写し出されている。青いタオルについて、前掲書『ふるさとの転居通知』に次のように述べている。

【 水色はな、「孤独に打ち勝つ色だ」って聞いたでな。自分のことは自分で管理しないと思っているから。イラ（私）にはぴったりの色だな、と思ったで。もともとイラは青い色が好きなんだな。青い色は空の色でもあるし、水の色である。またきれいな心みた

いに澄んで美しいだろ。暑いときも首に巻いてほどかない。汗をふき、悲し
いときは涙をふくな。便利だよ。そんでまたしばるのでな、がんばろうと思
うんだよな。】

　このように、青いタオルにこだわる心情とその効用について語っている。

　私の勝手な推測に過ぎないが、「青いタオル」はメーテルリンクの童話劇
『青い鳥』にちなんだのではなかろうか。チルチルとミチルの兄妹が幸福を
象徴する「青い鳥」を探す物語である。増山たづ子は、戦争に征かれたご主
人がいつかは帰ってくると信じて「青い鳥」を追っていたのではなかろうか。
幸福を求める心が「青いタオル」に込められていたのではなかろうか……と。

7 ├── 徳山村は徳の山

　平成18年5月13日雨が降る中を、私は、揖斐川町出身、木曽三川研究家久
保田稔（元・大同工業大学河川工学部）の案内で徳山ダムを訪れた。

　徳山ダムはすでに堤体盛立が終わり、天端の工事、付替道路工事、管理所
の建設が進められている。揖斐川は、平成18年豪雪による雪解け水が転流工
から滔々（とうとう）と流れ下っていた。水没地内に足を向けると、1,500人の村民が生活
をともにした面影は見当たらず、工事車両が行き交うだけである。上流冠山
の方向にうっすらと霧がかかっていた。

　増山たづ子の最後の言葉は、見舞いに訪れた娘さんに「月がきれいやで、
拝んどけや」であったという。月を拝むと幸せになると言われている。「徳
山村は徳の山」「ふるさとにまさるふるさとはなし」「みんな仲よく幸せにな」
が口ぐせであった。

　増山たづ子がこよなく愛した徳山村は、平成18年秋からダムの湛水が始ま
る。やがて日本一のダムが誕生する。そのときダム湖は、造られた人たちと
造った人たち、各々のさまざまな思いを交錯させながら迎えられる。

　〈父母眠る　湖底の村に　続く道〉（前川元巳）

用地ジャーナル2006年（平成18年）7月号

［参考文献］
『ふるさとの転居通知』（増山たづ子 S60）情報センター出版局
『ありがとう徳山村──増山たづ子写真集』（増山たづ子 S62）影書房
『徳山村写真全記録』（増山たづ子 H9）影書房
『おばちゃん泣いて笑ってシャッターをきる』（楠山忠之著／増山たづ子写真協力 H7）ポプラ社

御母衣ダム

（岐阜県）

貴殿方が現在以上に幸福と考える
方策を我社は責任を以て樹立し

1 ├── 庄川の流れ

　岐阜から長良川沿い上流に向かって国道156号線を遡ると、関、美濃、郡上八幡、白鳥と過ぎ、約90kmで郡上市高鷲町蛭ヶ野峠に辿りつく。この峠（875.95m）は、大日獄の山腹を縫って下る清流が、永久に袂を分かち、南は長良川の源流となり太平洋に注ぎ、片や北は庄川となって日本海へ注ぐ分水嶺である。

　庄川は美濃と飛騨を分ける烏帽子岳と鷲子岳もまた源流をなしている。

　上流域は岐阜県荘川村（現・高山市）と白川村にまたがる御母衣ダム（昭和36年完成）を経て、世界文化遺産合掌造りの集落白川郷を流れ、富山県上平村五箇山に至る。五箇山は赤尾谷、上梨谷、下梨谷、小谷、利賀谷の5つの谷間の総称である。

　さらに庄川は国道156号線沿いに北流し、平村に入り、右支川の利賀川を合流し、庄川町で祖山ダム、小牧ダム（昭和5年完成）に入り、庄川合ロダムでは、屋敷林散居村の風景が拡がる栃波平野を灌漑し、扇状地を形成し、高岡市と新湊市との境界を流れ富山湾に入る。総延長115km、流域面積1,120kmの一級河川である。

　庄川は水量が豊かなうえ、急勾配のため、古くから飛騨・五箇山地方から切り出された木材輸送の川の道であった。また水力発電にも適し、多くのダムが造られた。昭和初期庄川町の祖山ダム、小牧ダムの建設を巡って伐採木

を流す木材会社と電力会社との争いが起こった。いわゆる「庄川流木事件」である。

2├──ああ御母衣ダムよ

　庄川水系では、昭和初期から平成17年まで、御母衣ダムなど17基のダムが建設された。庄川沿いの地域は雪が深く、38豪雪、56豪雪、59豪雪と度々豪雪災害に見舞われ、いくつかの集落はその豪雪とまたダム建設によって離村を余儀なくされた。

　電源開発（株）による御母衣ダムの建設では500人ほどの村人が離村することとなる。次のような、ふるさとを偲ぶ「ああ御母衣ダムよ」の歌がみられる（『ダムと水の歌102曲集──ダム湖碑を訪ねて』服部S62）。

堤高・堤体積・総貯水量すべての面で日本有数の規模を誇る

【　ああ御母衣ダムよ（作詞・作曲　服部勇次）

　　1.　庄川堤の　雪とけて
　　　　湖水に遊ぶ　人の声
　　　　ダムサイトの　石ぶみを
　　　　読んで語って　伝えてよ
　　　　ああ御母衣ダムは　わがふるさとよ

　　2.　桜の花が　咲く頃に
　　　　ひと目見たさに　庄川へ
　　　　湖面にうつる　家のあと
　　　　涙を流し　手を合わす
　　　　ああ御母衣ダムは　わがふるさとよ

　　3.　ダムに追われた　人々は
　　　　大和　名古屋市　岐阜市へと
　　　　夢に見るのは　ふるさとの
　　　　荘川桜と　四季の色
　　　　ああ御母衣ダムは　わがふるさとよ】

3├──電源開発（株）の発足、初代総裁高碕達之助

　昭和20年8月我が国は日中、太平洋戦争に破れ、戦後の経済復興が最大課題であり、その原動力の1つが電力エネルギーの確保にあった。しかしながら、GHQにより日本発送電（株）は分割を指示され、東京電力（株）など全国9電力会社に再編された。それぞれ独自の電源開発を行うには、再編間もない9電力会社では経営基盤が脆弱であった。そのため昭和27年「電源開発促進法」「電源開発株式会社法」の制定に基づき、電源開発（株）が設立された。その目的は、

①大規模または実施困難な電源開発を引き受ける。

②国土の総合的な開発、利用、保全との関連において計画、立案する。

③地域的な電力需要を調整するなどのため必要な電源の開発を速やかに行い、電力の安定供給に貢献する。

　ことであった。

初代総裁に高碕達之助、副総裁に進藤武左エ門が就任した。高碕総裁の就任は、吉田茂首相の意を受けて白洲次郎が高碕の承諾をとって決まったという。高碕総裁は初訓辞を次のように行った。

　【　私の考えていることは8,000万人もいる日本人の中で、この電発に集まって、同じ目的で、同じ仕事をする事は何かの縁であると思います。総裁とか、副総裁とかその他色々な役職がありますが、仕事の上では共同責任で皆んなボートを漕ぐのと同じです。ボートに乗っている人々は共同責任なのです。日本は国の建て直しに当たっては資源は殆ど有りません。ただ、さいわいに持っているのは多くの優秀な人材と雨量です。日本経済の自立の為には水力電気利用を大いに考えなくてはなりません。】（『電源開発物語』水野 H17）

　昭和27年9月16日電源開発（株）発足により、糖平ダム（音更川）、佐久間ダム（天竜川）、そして御母衣ダム（庄川）などの建設をスタートした。御母衣ダムは関西電力（株）から引き継いだ。

4 ├── 御母衣ダムの諸元

　御母衣ダムは水力発電を目的として庄川本川、岐阜県大野郡白川村平瀬地点に昭和36年に完成した。このダム直下約210mへの御母衣発電所の設置により21万5,000 kWの電力が関西方面へ供給されている。

　ダムの諸元は堤高131m、堤頂長405m、堤体積795万㎥、流域面積395.7㎢、湛水面積880ha、総貯水容量3億7,000万㎥、型式ロックフィルダムで、事業費415億2,600万円を要し、施工者は（株）間組である。その水没地は白川村、荘川村に及ぶが、その6割が荘川村で中野地区、海上地区等であった。

　主なる補償は、土地面積700ha、移転世帯240戸、公立学校3、営林署貯木場2、郵便局1、農協支所1、神社5、寺院3、重要文化財2、天然記念物2、となっている。これらの補償解決まで8年の歳月を要した。

5 ├── 御母衣ダム建設反対──死守会の行動

　水没地荘川村中野地区等は、豊かな文化と経済と地域連帯感を誇っていた。突然のダム建設の発表に、驚き、戸惑いながらも、直ちに「御母衣ダム絶対反対期成同盟死守会」（会長　建石福蔵）が結成された。『山村民とその居住

地（ふるさと）の問題』（小寺編S61）の書がある。この書に、ダム反対運動について、死守会書記長若山芳枝『ふるさとはダムの底に』（S43）も掲載されており、その行動を追ってみた。

▼御母衣ダム反対運動経緯（昭和27〜36年）

27年10月　政府が御母衣発電所建設を公表

28年 1月　「御母衣ダム絶対反対期成同盟死守会」（会長 建石福蔵）の結成（17世帯）

　　　　　個々人勝手に売らないことの委任状を全員からとる

　　 3月　賛成派「新荘白川村建設同盟会」の結成（約30人）

　　　　　電源開発（株）、協力派に移転準備金20万円を支払う

　　 4月　死守会、ダム代替案として中野地区等が水没しない支流案を提示

　　 5月　死守会、電発本社にダム反対と準備金支払い中止を直訴

　　　　　進藤副総裁ら現地視察

　　10月　死守会、ダム反対大陳情団上京、高碕総裁と会見

　　11月　死守会、サベージ博士（アメリカから招聘された電発の技術顧問）に支流案を提示

　　12月　高碕総裁、「御母衣ダム建設工事一時延期」を発表

　　　　　この間ダムサイト地質調査等続行

29年 4月　死守会、地質学者ニッケルに支流案を提示

　　 7月　電発、御母衣ダム堰堤の型式はロックフィルに内定

　　　　　小坂順造、電発総裁に就任

　　10月　電発、御母衣発電所工事の近況を発表

　　　　　死守会、世界銀行ピッカリ総裁に陳情

　　11月　荘川村のダム対策協議会は賛成へ動き出す

30年 5月　電発、岐阜県に土地立入許可申請書を提出

　　 6月　木村議員、参議院予算委員会で国会質問

31年 1月　死守会、ダム反対陳情書を政界、官界、学会等に提出

　　　　　小坂総裁、死守会全員に「移転先に支障をきたさないように」との挨拶状を提出

　　　　　死守会、連名で、ダム反対の返信を出す

	3月	藤井副総裁、死守会を突然訪問
	5月	藤井副総裁、死守会を再度訪問
		藤井副総裁、死守会会長に「幸福の覚書」を提出
		死守会、補償交渉に軟化の態度あらわれる
	8月	電発、中野地区に「庄川補償本部」を設置、補償交渉始まる
	11月	死守会、総会において、残地所有農家グループ、商工グループ、半農半労グループ、労働グループ、尾神地区の交渉グループをつくり、役員を決定
32年	3月	死守会、60項目にのぼる要望書を提出
	5月	尾神地区交渉妥結
	7月	労働グループ、岩瀬地区、商工グループ、補償妥結
34年	7月	海上地区、補償妥結
	11月	死守会の解散式
35年	11月	御母衣ダム湛水開始
	12月	荘川桜2本移植
36年	1月	御母衣ダム完成、発電所運転開始

6 ├── 補償の精神──幸福の覚書

　わが故郷を守るためにダムを造らせまいとする死守会と、わが国の電力エネルギーの確保のために、どうしてもダムを造らねばならない電源開発（株）とは本来、対立関係にあった。だが、お互いに対立しながらも、長い年月を重ねるうちに、あるきっかけによって歩み寄ることもある。

　御母衣ダムの交渉においては、高碕総裁、小坂総裁、藤井副総裁らの電源開発（株）首脳陣の熱意が、死守会の人たちの心を和らげ、補償交渉妥結の道へと進ませたのではなかろうか。

　藤井副総裁からの、いわゆる「幸福の覚書」がそれを物語っているといえよう。

【　覚　書

　御母衣ダム建設によって立退きの余儀ない状況に相成ったときは、貴殿方が現在以上に幸福と考えられる方策を、我社は責任を以って樹立し、之を実

御母衣ダムパンフレット表紙（電源開発（株）
中部支店）

行するものであることを約束する。

　　昭和31年5月8日

　　　　電源開発株式会社副総裁　藤井崇治

　　　御母衣ダム絶対反対死守会会長　建石福
蔵殿】

　この覚書は、学校の便箋に書かれたもの
であった。恐らく、最初から用意された文
書ではなかったのであろう。死守会は、覚
書の確認によって、その後、紆余曲折はあ
るもののダム絶対反対の声は消え、60項
目の要望を提出し、補償条件闘争に変化し
ていく。藤井副総裁は「貴殿方が現在以上
に幸福と考えられる方策を、我社は責任を
以って樹立し、之を実行する」と断言した。ここに「補償の精神」をみるこ
とができる。

　補償の精神とは、あくまでも対立する両者が歩み寄るきっかけとなる行動
のことをいう。それはお互いに心の琴線に触れ、握手へのプロセスを辿る精
神的支柱となるものである。

　死守会は、ダム絶対反対の旗を下ろしたが、【死守会は決して敗北したので
はない。幾多の困難にもめげず、また大きな壁にぶつかりながら、終始一貫
目的達成に向かって努力してきたが、最後には大局的な立場に立ってダム建
設に自ら協力したのだ】（前掲書『ふるさとはダムの底に』）と公表し、昭和34年
11月12日高碕達之助らを招き解散式を行った。8年間の長い闘いを終え、水
没者は東京都、名古屋市、岐阜市、美濃市、飛騨地区へと移転していった。

7 ├──湖底の桜──古きが故に尊い

　高碕達之助は、死守会解散式の日、集落を訪れ、光輪寺の老桜の巨木を目
にした。その時のことを「文藝春秋」（S37・8月号）に「湖底の桜」として述
べている。

　【水没予定地をゆっくりまわってみたが、湖底に近い学校の隣にある光輪

樹齢約450年の老桜「荘川桜」は今も毎年見事な花を咲かせる

寺という古刹のかたわらまで来た時、私はふと歩をとめた。境内の片隅に幹
周一丈数尺はあろうと思われる桜の古木がそびえていた。葉はすっかり落ち
ていたが、それはヒガン桜に違いなかった。私の脳裏にはこの巨木が水を
満々とたたえた青い湖底にさみしく揺らいでいる姿がはっきりみえた。この
桜を救いたいという気持ちが胸の奥の方から湧き上がってくるのを私は抑え
られなかった。】

　高碕の桜を救いたいという優しさは、まさしく藤井副総裁の「幸福の覚書」
と同様に「補償の精神」につながっているといえる。さらに、

　【 進歩の名のもとに古き姿は次第にうしなわれていく、だが、人力で救え
るかぎりのものはなんとか残していきたい。古きものは古きが故に尊い。】

　と、古きものへの価値観を語る。

　この巨木桜の移植については、『ふるさとのさくら』(神戸・清水 S52)、『荘川

桜』（電源開発（株）編 H13）、『名金線に夢を追う——佐藤良二写真集』（佐藤 H14）の書がある。

8 ├──「幸福の覚書」荘川桜

　桜巨木2本（後に荘川桜と命名）は、移植のため広く張った枝を切り、樹幹や枝が巻かれ、100mも張っていた根も切られ、直径5mの根土も含まれたものにされた。500人が動員され、1本40tもある巨桜がクレーン車、鋼鉄のソリ、ブルドーザーによって、湖畔中野展望台に移植された。雪が舞う昭和35年12月24日のことであった。（前掲書『荘川桜』）。

　移植から50年を迎えようとしている。私は平成18年6月5日御母衣ダムを訪れた。満水であった。巨桜はすでに葉桜であったが、朝日を受けて、実に緑が美しく輝き、近づくと7本ほどほどの柱によって、しっかりと支えられている。これらの一本一本の支柱が、高碕達之助、水没者、樹医らの多くの温かい手のように思われてならなかった。毎春荘川桜は豪華絢爛な花を咲かせ、御母衣のふるさとを蘇らせる。それは「幸福の覚書」の指標として、笑顔を以って水没者とその子孫に永遠に継承されるであろう。

　〈ふるさとは 湖底となりつ うつし来し この老桜咲け とこしへに〉（高碕達之助）

用地ジャーナル2006年（平成18年）8月号

［参考文献］
『ダムと水の歌102曲集——ダム湖碑を訪ねて』（服部勇次 S62）服部勇次音楽研究所
『電源開発物語』（水野清 H17）時評社
『山村民とその居住地（ふるさと）の問題』（小寺康吉編 S61）かとう印刷社
『ふるさとはダムの底に』（若山芳枝 S43）電力新報社
「文藝春秋」（昭和37年8月号）
『ふるさとのさくら』（神戸淳吉著／清水勝絵 S52）岩崎書店
『荘川桜』（電源開発（株）編 H13）電源開発（株）
『名金線に夢を追う——佐藤良二写真集』（佐藤良二 H14）岐阜新聞社

23

佐久間ダム
（静岡県・愛知県）

生きている人間を相手に
一片のペーパープラン通りにいくか

1 ├── 佐久間ダムの歌

　昭和31年10月15日佐久間ダムの竣工式が、天竜の峡谷佐久間発電所の広場で行われた。戦後最初の大規模プロジェクトであり、世紀の大工事の完成である。この佐久間ダムの発電力最大35万kWの供給は、その後の日本経済成長の発展と生活の利便性を日々享受する牽引力となってくる。

　次のような服部勇次作詩・作曲「佐久間ダムの歌」（『ダムと水の歌102曲集──ダム湖碑を訪ねて』服部S62）がみられる。

　　一．天を突くような　高いダム

　　　　流れる水に　虹が立つ

　　　　不眠不休の　難工事

　　　　今でも語り　継がれる

　　　　ああ待ちに待った　佐久間ダム

　　二．ダムの話しに　悩まされ

　　　　仕事手つかづ　三十年

　　　　あの日の暮らし　忘れない

　　　　共にすごした　人いづこ

　　　　ああまた見に来た　佐久間ダム

　　三．天竜川の　流れ止め

　　　　水力発電　日本一

資源の乏しい　わが国に

光を放つ　ダム完成

ああ待ちに待った　佐久間ダム

　天竜川本川のダムをみてみると、上流から泰阜ダム（昭和10年）、平岡ダム
（昭和27年）、佐久間ダム（昭和31年）、秋葉ダム（昭和33年）、船明ダム（昭和51
年）が各々建設され、その主な目的は水力発電である。

2 ├── 佐久間ダムの建設

　佐久間ダムは左岸静岡県磐田郡佐久間町大字佐久間、右岸愛知県北設楽
郡豊根村大字真立に位置する。長野県天龍村から静岡県佐久間町の間の落差
138mを利用して最大出力35万kWを発電し、50ヘルツと60ヘルツの両用の
発電機により、東京・名古屋方面に送電するものである。上流の平岡ダムに
至る約33kmに及ぶ人造湖が出現した。貯水池面積7.15km²は諏訪湖の面積の5
倍強に及ぶ。発電の他、昭和43年に完成した豊川用水に佐久間ダムから宇蓮
川に導水し、取水の安定が図られている。

　佐久間ダムの諸元は、堤高155.5m、堤頂長293.5m、総貯水容量3億2,684
万m²、発電最大出力35万kW、型式は直線重力式コンクリートダムで、起業
者は電源開発（株）、施工者はダム本体が（株）間組、発電所建設が（株）熊谷
組で、工費385億円を要した。

　佐久間ダムの建設は「戦後土木技術の原点」「日本の復興を世界に示した金字
塔」と讃えられ、次の点で当時日本一を誇った（『ダムをつくる』大沢・伊東H3）。

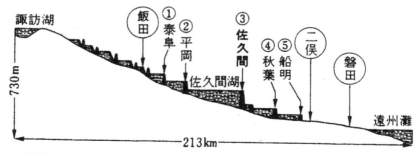

階段状の一貫開発を進めた天竜川本流断面略図
（出典：三浦基弘・岡本義喬編『日本土木史総合年表』（東京堂出版 H16）

ダムの高さ155.5mは、それまで日本一であった木曽川における丸山ダム（昭和29年完成）の88.5mをはるかに超えた。現在の日本一は黒部ダムの186mである。

① 発電力の最大量35万kW（常時9万7,000kW）は、東京電力の信濃川発電所最大17万7,000kWの約2倍にあたる。現在の日本一は新高瀬川発電所の128万kWである。

② コンクリート打設5,180㎥は世界記録を樹立した。

③ ダム工事は、大型の土木機械をアメリカから中古品を輸入し、この機械を駆使して、10年かかるところを3年で完成させた。

　この短期間の工期は、逆に用地担当者にとっては、佐久間ダム建設工事請負契約（昭和28年4月）締結以降、種々の工事に追われるという一面も生じ、また一方では地権者が長野、愛知、静岡の3県にまたがるという日本一困難な補償交渉が続く。主なる用地補償は家屋移転296世帯、用地取得面積145万7,000坪、国鉄飯田線一部付替工事、豊根発電所水没補償、筏業者等の補償である。なお、代替農地として豊橋市郊外の開拓地を斡旋し、41戸が移転した。

3 ├── 佐久間ダム建設の経過

　経緯は以下の通りである。

▼ 佐久間ダムの建設経緯（昭和25〜32年）

25年　6月　朝鮮戦争勃発（〜28年休戦）

26年　5月　電力会社の9電力会社再編成

27年　7月　「電源開発促進法」の施行

　　　　9月　電源開発（株）の発足

　　　11月　高碕総裁ら米国技術導入のため渡米

28年　1月　「佐久間補償推進本部」の設置

　　　　4月　佐久間ダム建設工事請負契約締結

　　　　　　（株）間組（ダム）、（株）熊谷組（発電所）の2社、米国アトキンソン社と技術援助契約

　　　　　　「電源開発に伴う水没その他による損失補償要綱」の制定

　　　　5月　ダム建設機材購入のためバンク・オブ・アメリカより700万ドル

借款契約締結

　12月　　佐久間建設所開設

　　　　　国鉄飯田線付替工事着工

　　　　　補償基準書の作成終わる

29年 1月　　被補償者との交渉始まる

　　3月　　天竜川仮締り完了（バイパストンネル2本）

　　5月　　仮排水路トンネル1号、2号竣工

　　8月　　全断面掘削開始

　　　　　台風5号襲来

　　9月　　台風12号、14号襲来

　11月　　富山村（141世帯）補償妥結

30年 1月　　コンクリート打設開始

　11月　　飯田線中部天竜～大嵐間18km付替工事完了

31年10月　佐久間ダム（発電所）竣工式

32年10月　天皇皇后両陛下、佐久間ダム御臨行

4 ├── 補償の困難性

　時間に余裕があるからといって補償交渉はスムーズにいくとは限らないが、ダム工事発注後、背中をつつかれ、被補償者に見透かされて行うような交渉ほどつらいものはない。『佐久間ダム──その歴史的記録』（長谷部S31）に、【工事は穴を掘ればいい、コンクリートを打てばいい、いわば自然を相手の仕事なのだ。だがもう一つ、佐久間には人間を相手の仕事があった。これは水没する人や物、及び工事に必要な土地などの補償問題だ。岩が固ければ爆薬を多くつめればいいが、人間相手ではそうはいかない。土木工事に劣らない苦心があった。人によっては「とても工事より苦しいもんだった」】とある。

　昭和28年1月「佐久間補償推進本部」が設けられ、平島敏夫本部長、木村武らは、血の小便が出るという苦しさを味わうこととなる。

　ある山持ちの交渉で、「ダムを設ける地点は天竜川広しといえどもあそこだけだ。それならば銀座4丁目の角並の価格があるんだから、銀座並の価格で買え、いやならば他の場所へ造れ」と言われる。平島本部長は「理由のつく

ものは何でも補償します」などの発言もあったという。被補償者を甘やかし
すぎると平島の温情主義が批判される。

　(株) 熊谷組が工事現場に乗り込んできたが、補償が未解決のため作業員を
一時帰したこともあった。

　また水利権許可にからんで、長野、愛知、静岡県の3県は電源開発 (株) に
好意的ではなかったという。電源開発 (株) は四面楚歌のなかで、関係11町村
に交渉経費を支払っている。

　昭和28年4月「電源開発に伴う水没その他による損失補償要綱」いわゆる
「電源要綱」が制定された。平島本部長たちは、地権者と折衝しながら、土地、
物件調査を行った。ようやく「補償基準」をつくり終えたのが年末で、通商
産業省 (現・経済産業省) の了解を得て、昭和29年1月から補償交渉に入って
いる。紆余曲折を経て、この年の11月富山村141世帯が妥結した。これを境
として急速にその他の補償の解決を見出していった。

戦後最初の大規模プロジェクトであった佐久間ダム建設はわずか3年4か月の工期で完成した

5 ├── 補償の精神

前掲書『佐久間ダム』に、次のように記されており、ここに「補償の精神」をみることができる。

【「佐久間は他地点に比べて高すぎる」

「あんなべらぼうな値段なら誰だって交渉できる」

「佐久間があんな高く決めるから他に影響して困る」

等々の非難が鋭かった。

「生きている人間を相手に、一片のペーパープランの通りに行くか」と、開発会社はこの批判を強引に押し切った。】

戦後電力不足は続いており、一刻も早い電力の供給が至上命令であったことは、昭和30年の財政投融資計画からみてわかる。

電源開発（株）269億円、国鉄240億円、電信電話公社75億円、帝都交通営団、郵政事業特別会計、日本航空（株）がともに10億円となっており、この融資額はその後数年も続く（『電源開発物語』水野H17）。

このように電力開発が最優先されていた国策であった。故に、用地担当者は「生きている人間を相手に一片のペーパープラン通りに行くか」という「補償の精神」を貫いたと推測される。補償交渉とは、感情と勘定との心理戦かもしれない。この2つの「カンジョウ」が幾度となく衝突を繰り返し、やがて一致点がみえてくる。その一致点を見出すまで、なにはともあれ、用地担当者がこの「一片のペーパープラン通りにいくか」という「補償の精神」を持って、交渉していたことだけは確かだ。そうでなければ、到底日本一苦しい交渉に耐えることはできなかったであろう。一方、水没者等被補償者も同様に苦難の連続であったことは否定できない。

6 ├── 人のいしぶみ

昭和31年完成した佐久間ダムは既に50年が経過したが、水没者296世帯の人たちのことと、さらに工事において殉職された94人の方々を忘れてならない。

昭和32年10月28日天皇皇后両陛下は佐久間ダムに御臨行された。そのとき天皇陛下は、〈たふれたる　人のいしぶみ　見てぞ思ふ　たぐひまれなる　そのいたつきを〉と詠まれている。皇后陛下は、〈いまさらに　人の力のたふときを

思ひつつ見る 天竜のダム〉と、詠まれた。いたつきは、「労き」と書き、心労、ほねおり、功労の意味である。

ダム建設には用地担当者の「いたつき」も存するが、それはみえてこない。

平成17年11月16日佐久間ダムを訪れた。この時見学者もなく、木漏れ日が静かな湖面に光っていた。ダムサイトを渡って右岸の長い長いトンネルを過ぎて上流に進むと、土砂を採取す

景観の素晴らしい佐久間湖は天竜奥三河国定公園に指定されている

る浚渫船がみえてきた。半世紀の間、天竜川の土砂が佐久間ダム等で塞ぎ止められ、土砂の供給がほとんどなくなった。そのため天竜川河口遠州灘の中田島砂丘では松枯れと海岸侵食が進んでいる。天竜川の治水、利水に関するダム開発は、日本の経済成長と私たちの生活向上に大いに寄与してきた。しかし、その反面自然環境の悪化を招いている。この中田島砂丘の侵食は、この地域の安全性にかかわってくるものであるから、一刻も早く叡知を結集して解決策を講じなければならない。そこには自然再生事業という新たな公共事業が成されるべきである。

用地ジャーナル2006年（平成18年）3月号

［参考文献］
『ダムと水の歌102曲集——ダム湖碑を訪ねて』（服部勇次 S62）服部勇次音楽研究所
『日本土木史総合年表』（三浦基弘・岡本義喬 H16）東京堂出版
『ダムをつくる』（大沢伸生・伊東孝 H3）日本経済評論社
『佐久間ダム——その歴史的記録』（長谷部成美 S31）東洋書館
『電源開発物語』（水野清 H17）時評社

牧尾ダムと愛知用水
（長野県・愛知・岐阜県）

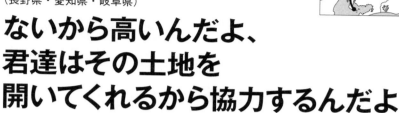

ないから高いんだよ、
君達はその土地を
開いてくれるから協力するんだよ

1├──明治用水の開削

　人の生活に欠かせないものを3つ挙げるとすれば、食糧とエネルギーと水であろう。ご飯を炊くにしても、そのために火力というエネルギーと水は欠かせない。世界の国々では、これらの資源の安定供給のために日々努力を重ねている。また、米を主とする食糧の生産には、土地と太陽エネルギーと水の3要素は絶対必要であるが、その中でも水の確保は一番難問ではなかろうか。

　明治政府は、ヨーロッパ列強に対し、日本の主権を維持するために、「富国強兵」「殖産興業」の政策を進めた。農業においては、士族授産、輸出振興策に伴い、養蚕、製茶などの農産物の奨励を図った。北海道開拓をはじめ、那須野ヶ原、安積原野、碧海原野などを開墾したが、どの地域でも「水さえあれば」「水さえ引ければ」との願いは強く、水を求めた先人たちの苦難が甦る。殖産興業の一環として、明治の三大用水事業といわれる那須疏水、安積疏水、明治用水が開削されている。このうちの明治用水をみてみたい。

　明治用水は、愛知県豊田市水源町にて矢作川から取水し、安城市、豊田市、岡崎市、西尾市、高浜市、刈谷市、知立市に対し、農業用水、都市用水を供給している。明治13年4月に通水した。その計画は江戸期に始まり、碧海郡の豪農都築弥厚によって、文化5年碧海台地に矢作川の水を引き開墾を行う計画で測量が行われたが、水害などを招くとした農民たちの反対に遭った。そこでやむなく夜間に密かに測量が行われたという。天保4年、2万5,000両

余の借財を残して、弥厚は69歳で病没。この導水計画は挫折した。

その後明治となり、愛知県令に対し、伊豫田与八郎、岡本兵松らは、「用水路掘削溜池不毛地開拓再願書」を提出し、受領され、明治12年に本流の工事が始まった。明治13年4月18日新水路の完成を祝って松方正義内務卿らを迎えて、用水路完工式が盛大に行われた。明治用水頭首工は、明治34年人造石の発明家服部長七によって造られた。その後老朽化に伴い、昭和33年現頭首工が完成している。明治用水は本流、東井筋、中井筋、西井筋、鹿乗井筋の幹線と支線からなり、幹線は88km、支線342kmによって約8,000haの農地に灌漑用水が送られている。これによって安城市を中心に「日本のデンマーク」と呼ばれる農業先進地に発展した。しかしながら現在では混住化地域へと変容し、兼業農家がほとんどである。なお明治18年に創建された明治川神社は、毎年4月18日に開削者の遺徳を偲び大祭が行われており、祭神として都築弥厚ら7柱が祀られている。

2 ├── 知多半島農民の悲願

このように、知多半島から境川、衣浦湾を隔てた三河地方では、明治初期に明治用水が導水されて、豊かな地域に変遷した。これを見た冨貴村長・森田萬右衛門は、明治用水が矢作川から水を引いたように、知多半島にも木曽川から水を引き、用水路を造り農業を根本的に改良すべきであると機会あるごとに青年男女に説いていた。明治のころの知多半島における水不足の状況について、『愛知用水と不老会』（浜島編著S17）に次のように述べている。

【　日本の真中、伊勢湾に突出した知多半島は、温暖な気候に恵まれ、また名古屋に近くて、交通の便もよく、その上、人々は勤勉で古くからこの地を愛し農業に励んできた。しかし、夏の雨が少なく、降っても雨は馬の背を分けるかのように海に流れてしまって、大きな川もなく、毎年のように旱魃に悩まされてきた。そのため長い間、大小様々の溜池を谷間谷間に灌漑につとめてきた。その数は尾張東部から知多半島にかけて一万三千余個があたかも豆をばら撒いたように造られてきた。これは千数百年前、日本の国に稲作が伝わって以来の地域住民の汗と涙の結晶であった。その溜池にも年によって秋から春にかけての雨が少ない年には、満水せず、田植え水にも困った。ま

『愛知用水と不老会』（浜島辰雄編著 S17）
（財）不老会

た、無事田植えができても、夏の雨が少なければ、せっかく植えた稲も青立ちとなり、稔らなかった。】

　このような知多半島の惨状を打開するために、木曽川から水を引くという森田萬右衛門の説は夢物語のようであったが、水汲みの苦労に明け暮れていた久野庄太郎青年は、何時の日か、そんな夢を実現したいと心に誓っていたという。戦後、愛知用水建設の中心人物となる。もう1人、久野同様に木曽川からの導水を考えていたのは、安芸農林学校教員・浜島辰雄であった。2人は木曽川からの導水に関して意気投合し、早速用水路の実地踏査を始める。そして、木曽川の上流に愛知用水の水源となるダム（最終的には牧尾ダムに決定）を計画し、さらに「愛知用水概要図」を昭和23年8月10日に作成し、それを携帯、掲示に便利なように軸装にした。

　この愛知用水の計画概要図を持って、昭和23年7月23日から農村同士会が中心となって各学区ごとに説明会を開催した。その時の事項は①市町村に強力に働きかける　②知多郡外、愛知、東西春日井郡、三河郡にも働きかける　③水源地の現地見学会を実施する　④市町村内各学区ごとの説明会を開催する　⑤浪曲師三門博を呼んで「都築弥厚の明治用水の苦心談」で人を集める、ことになった。浪曲師の件は、三門博のギャラが高すぎることから、その弟子の梅が枝鴬に代わったという。

3 ├──愛知用水計画の反響

　ところが、愛知用水の計画が報道されると、木曽下流において取水する木津、宮田、羽島、佐屋川、筏川用水などの関係者から猛烈な反対陳情が愛知県農地部、農林省京都農地事務局名古屋建設部に出されてきた。その反対について、前掲書『愛知用水と不老会』によりみてみたい。

　【「われわれは尾張徳川様の昔から木曽川について、『山川御拝領』といっ

て、木曽山、木曽川の水は尾張様からいただいたという、御墨付を持っている。いま水が欲しいといっても、木曽川から一滴の水を取ることは許されない。」

「昔から木曽川の水で農業を営む皆様方にご迷惑をかけていけないことは、同じ百姓の立場でよくわかっております。そこで、木曽川の上流にダムを建設して、雨水を貯水して利用する計画であります。」

「そんなことはわかりきったことだ、これから用水を造ろうとする若造が何をいうか。自分勝手な、鳶が油揚げをさらうようなことを考えずに、自分たちが人に迷惑を与えないことを考えろ。」】

愛知用水位置図（出典：(独)水資源機構愛知用水総合管理所HP）

罵声を浴びながらも、久野庄太郎らは、梅が枝鴬の浪曲「都築弥厚の生涯」を掲げ、各地区に愛知用水の計画の説明に回った。「浪曲がクライマックスに達し、都築弥厚翁が地域住民の反対する中で、夜、提灯の明かりで測量するあたりになって、高岡村の太田一男が男泣きに、おいおい泣き始めた。みんな純な人ばかり、弥厚さんの苦心談に久野庄太郎さんの苦心を思いやり、みんな泣いた。」

4 ├── 吉田茂首相の協力

だが、愛知用水計画に対し、反対者ばかりではなかった。強力な協力者が現れた。それは当時の首相吉田茂であった。さらに、前掲書『愛知用水と不老会』には、昭和23年12月23日愛知用水第一回東京陳情について、次のように記してある。

愛知用水建設期成会は、農林省開拓局に対する陳情が終わり、翌朝巣鴨か

ら釈放された元商工大臣岸信介を弟の佐藤栄作内閣官房長官の家に訪ね、陳
情している。「私は巣鴨から出てきた翌日に、こういう国家的大事業の話を聞
くのは、まことに幸せである。この話は私が聞くより、弟に話して下さい。」
佐藤官房長官は「このことは私が聞くよりも総理に聞かしてください。明朝
10時に全員で総理官邸に来て下さい。」と吉田総理に取り次ぐこととなった。
同年12月25日の首相官邸での様子である。

　【　佐藤官房長官は片手を挙げて、『5分、5分、首相が待っております』と
言って、われわれを中に入れてくれた。大きな部屋の真中に大きな机が置い
てあり、その正面に小さな人が腰をかけ、『ここに地図を拡げろ』と言ってい
る。『あっ、吉田総理だ』と、早速地図を拡げて説明を始めた。久野さんは
人が変わったように落ち着いて、自信に満ちた顔で説明を始めた。首相から
は『食糧の増産量は？　人夫はどれだけ使うか？』と次から次へと質問が出
た。一応は地図に注書してあるので答えたが、久野さんはじめ、緋田工、三
浦青一など、世慣れた人がうまく答えてくれた。最後になって、吉田首相が
大きな声で『食糧増産、失業対策、よいではないか』と言われ、ほっとした。
この陳情があって、農林省も昭和24年からの調査予算をつけるのにも自信を
もって予算要求することが出来たと喜ばれた。】

　もう1つ、愛知用水に関する吉田茂首相のエピソードが掲載されている。
それは年末御鏡餅を奏呈するために、大磯の吉田首相邸に揃ってお礼に伺っ
たときのことである。

　【　海岸の見える大部屋に案内されて、サンドイッチを御馳走になり、部屋
に飾られた白熊の毛皮や、絵、彫刻などの美術品をいちいち説明いただいて、
『時に君達は農業者だが、日本の国は土地の値段が高いのはどういうわけかわ
かるかね？』と聞かれた。

　一行は山本孝平、榊原文秀、石田季幸など、どこへ出しても引けを取ら
ない一騎当千のものばかりであったが、改まって聞かれると即答ができない。
お互いに顔を見あわせて、目をパチクリしているばかり。そのうち吉田さん
は『ないから高いんだよ、君達はその土地を開いてくれるから、協力するん
だよ』と言って、笑われた。みんな唖然とするばかり。国の政治も、ズバリ
これだなと感心して、すがすがしい気持ちになって、元気付けられてきた。】

愛知用水の水源、牧尾ダム

5 ├── 補償の精神

　戦後の日本は、あらゆる物資が不足していた。特に食糧はアメリカの余剰
農産物が国民の胃袋を満たしていた。こういう背景のもとに食糧増産を図る
愛知用水事業は、ときの総理である吉田首相の政策とまさに一致したといえ
る。そこには失業対策も同時に対処が可能と考えられたからである。吉田首
相は『食糧増産、失業対策、よいではないか』と諸手を挙げて賛成した。さ
らに日本の土地の値段の高さについて、国土が狭いから高騰することを挙げ、
愛知用水事業によって、土地が開かれ、有効に使用できるからこの事業に協
力するんだよと、説いている。この事業の進捗には吉田首相の協力が大きい。

また、愛知用水事業費に対し、世界銀行からの借り入れにも協力をしている。事業の進捗に協力が大であったということで、凝縮するとすれば、ここに吉田首相による補償の精神が浮かび上がってくるようだ。

6 ├── 牧尾ダムと愛知用水の建設

　『愛知用水史』（愛知用水公団・愛知県編S43）、愛知用水のパンフレットより、愛知用水事業について、次のようにまとめてみた。

　前述したように、愛知用水事業は、戦前から早魃で、農業用水、飲料水の不足に悩まされてきた愛知県知多半島の人々のため、昭和23年久野庄太郎らが中心となって愛知用水運動を興し、木曽川の上流に水源となる牧尾ダムが建設され、岐阜県から愛知県の尾張東部の平野及びこれに続く知多半島一帯に農業用水、水道用水、工業用水を供給するというものである。起業者は愛知用水公団（現・水資源機構）で、昭和30年から昭和36年にかけて施行された。愛知用水の水源施設である牧尾ダムは、昭和36年木曽川水系王滝川の長野県木曽郡王滝村、三岳村に完成した。

　牧尾ダムで開発された愛知用水の水は、岐阜県八百津町の兼山取水口で、最大水量30㎥/sが取水され、幹線水路延長約112.1kmでもって、知多半島に送られ、なおその沖にある日間賀島、篠島、野島までも海底トンネルで送水されている。その途中には、松野池、愛知池、三好池、佐布里池、前山池、美浜調整池が設けられ、さらに、支線水路延長1,063kmが張り巡らされており、農業用水として農地約1万5,000haを潤している。

　牧尾ダム（御岳湖）の諸元をみてみると、堤高105m、堤頂長264m、堤体積261万5,000㎥、総貯水容量7,500万㎥、有効貯水容量6,800万㎥、型式はロックフィルダムである。

　昭和36年わが国有数のロックフィルダムが誕生した。牧尾ダム湖の誕生には、水没者の協力があったことを忘れてはならない。この協力が愛知用水事業を完成に導いた。この協力こそが、吉田首相と同様、補償の精神を貫いているといえる。ダム補償について、記してみたい。

　水没した地域は、長野県三岳村の和田、黒瀬の2地区で42戸、206人、王滝村の淀地、崩越、田島、三沢の4地区で198戸、797人、総計240戸、1,003

人が移転を余儀なくされた。水没者は村内、村外では豊橋市、愛知県三好町、岐阜県中津川市、長野県松本市、東京都などへ移っている。土地取得面積は235haに及んだ。

7 ├── 百年の夢をうつつに濃尾の野をうるほす

都築弥厚が始めた三河碧海台地へ水を引くという信念は、明治13年4月明治用水として竣工し、その後平成21年現在まで130数年間、導水を続けている。今では農業用水だけでなく、都市用水としても大きな役割を持ち、三河地域の発展に貢献している。

明治用水に遅れること81年後、昭和36年3月久野庄太郎の信念であった知多半島へ水を引く、愛知用水とその水源となる牧尾ダムが完成した。

昭和36年当時を振り返ってみると、吉田首相の愛弟子池田勇人が首相であり、国民所得倍増計画が発表され、高度成長時代の幕開けであった。この頃の流行語は「わかっちゃいるけどやめられない」「不快指数」「六本木族」で、流行歌は「銀座の恋の物語」「スーダラ節」「君恋し」「上を向いて歩こう」などが流れていた。物価は、かけそば40円、ラーメン50円、公務員初任給1万4,200円で、今では随分と時代も変化してしまった。

愛知用水の取水口上の高台に、濱口雄彦愛知用水公団総裁による『この木曽の水は百年の夢をうつつに愛知用水として濃尾の野をうるほすゆくてに幸多かれ』の碑が建立されている。中部圏の文化、政治、経済の発展に寄与してきた愛知用水は、平成23年9月30日通水50周年を迎える。ゆくてに幸多かれと祈りたい。

用地ジャーナル2009年（平成21年）11月号

［参考文献］
『愛知用水と不老会』（浜島辰雄編著 S17）（財）不老会
『愛知用水史』（愛知用水公団・愛知県編 S43）愛知用水公団

豊川用水
とよ がわ よう すい

（愛知県）

鳳来寺山にため池を造り
渥美半島の先まで水を引けばいい

1 ├── 豊川の流れ

　豊川は、その源を愛知県北設楽郡設楽町の段戸山（標高1,152m）に発し、当貝津川、巴川、海老川を合流しながら南設楽郡鳳来町長篠地先で宇連川を合流し大島川を合わせ、東三河平野部に出て、野田川、宇利川、間川、神田川、朝倉川等を合流しながら大きく蛇行し、豊川市行明において、昭和40年7月に完成した豊川放水路を分派し、三河湾に注ぐ。流域面積724㎢、幹川延長77kmである。

　上流部は、大部分が良好な森林に覆われ、年平均降水量は上流域で2,000～2,500mm、下流域では1,500～2,000mmであり、良好な原木の産地であるとともに、豊かな水資源の供給源となっている。流域は愛知県の東部に位置し、豊橋市、豊川市、新城市、宝飯郡、南設楽郡、北設楽郡の3市3郡にまたがる愛知県下有数の重要な一級河川である。

　一方、堤防は豊島より下流で形をなしているが、5か所に霞堤があり洪水時には浸水し遊水効果を発揮しているが、土地の高度利用の妨げとなっている。また、豊川水系は東三河地域の中心部にあたり、中でも愛知県下第2位の都市である豊橋市及び豊川市は臨海部とともに内陸工業化・住宅地化が進み、地域開発とともに東三河地方における産業交通の中心地として、経済、文化の基盤をなしている。

2 ├── 豊川放水路の建設

豊川の水害は、今までに幾たびも起こり、沿川流域に人的、物的な被害を及ぼしてきた。その水害の減災を図るため、江戸期から中流部には多くの霞堤が築造されている。この霞堤を築造したのが豊川の特徴の1つといえるだろう。豊川の右岸側には霞堤より堤内地に流入した水は、遊水地の控堤を乗り越し（乗越堤）、旧江川沿いに流下して海に直接注ぎ、元の豊川に戻らないようなシステムを形成している。豊橋市大村町宮井戸には乗越堤があり、豊川の水が7合に達すると越流するようになっていた。これは吉田城下側の堤防と吉田大橋の安全を図ることを目的として造られたものである。

昭和13年、霞堤を連続堤防にするため、豊川市行明町から豊橋市前芝町に放水路を開削する放水路計画が16年の継続事業として総事業費750万円で着手された。昭和15年度には用地取得を開始し、昭和19年度までに大部分を取得する。昭和18年度には放水路工事に本格的に着手したが、戦争のためにほとんど進捗しなかった。昭和25〜28年度には上流分派点までの離作問題の解決に年月を要したが、昭和29年度にこの問題は解決した。

昭和28年度総体計画が立案実施され、放水路工事も軌道に乗り出し、昭和32年度には上流部の工事に着手した。昭和35年度には治水特別会計の設定により、放水路は5か年計画で、昭和39年度までに概成することになった。昭和40年7月13日着工以来、27年目にして完成し、通水式が行われた。豊川下流部の約5,000haを洪水から守るため、豊川市行明町から河口部の豊橋市前芝町までの延長6.6km、川幅120〜160mを開削した放水路である。総事業費47億8,600万円を要した。豊川放水路は、広島県の太田川放水路、静岡県の狩野川放水路とともに、戦後における三大放水路と呼ばれている。

完成直後の昭和40年9月17日、台風24号による出水があったが、放水路の完成によって豊川本川の被害は免れた。なお、放水路工事に関連し、大村霞堤をはじめとし、右岸側の当古、三上、二葉の霞堤の締切りは昭和39年度から昭和41年度にわたって施工を完了した。東上の霞堤は支川の改修に関連して平成9年度に締め切られた。残りの左岸側牛川、下条、賀茂、江島の霞堤についても順次堤防整備が図られている。以上、豊川放水路については、『母なる豊川——流れの軌跡』（建設省豊橋工事事務所他編S63）に拠った。

3 ├── 豊川用水事業の構想

　豊川は、水害も起こるが、渇水時には水不足が生じ、稲作等に影響を及ぼしてきた。大正10年、「鳳来寺山にため池を造り、渥美半島の先まで水を引けばいい」、このことが実現すれば、東三河地域における水不足の解消が可能となる壮大な構想を持った男がいた。その男は、赤羽根町大字高松出身の愛知県会議員近藤寿市郎（のちの豊橋市長）であった。彼は、この年、東南アジアを視察し、ジャワ島のバジャルガロ、バンドンなどで行われている水利事業を見て、この構想を思いついたという。愛知県知事らにこの構想を働きかけたが、大規模な計画であったために、「理想としては至極結構なものの、討議することではない」「近藤の大風呂敷」「世紀の大ボラ吹き」と一笑に付されてしまった。

　近藤寿市郎の構想については、『豊川用水──水の流れとともに25年』（豊川用水通水25周年祭実行委員会編H4）、『流れ悠々 40年──豊川用水』（豊橋市広報広聴課H20）に述べられている。だが、実際には、近藤の大風呂敷と言われたこの構想は、戦後になって漸く実現することになり、東三河地域の大発展につながることになる。地域への補償精神が貫徹され、経済と文化の進展には水が絶対に欠かせないことを証明してくれる。

　昭和2年、農林省（現・農林水産省）は窮迫する農村を救援するため、各県知事あてに、「一団地500町歩以上の集団的開墾見込地があれば、申し出でよ」という通達を出した。昭和5年、愛知県は開墾面積5,700町歩、事業費1,700万円の「愛知県渥美八名二郡大規模開墾土地利用計画書」を発表した。近藤らが立てた計画は、高師、天伯の開墾、田原湾、福江湾の干拓を中心としたもので、その水源を寒狭川に求めていた。しかし、水量的に問題があるので農林省の技師可知貫一らは三輪川の支流である宇連川にダムを造り、そこから放流した灌漑用水を鳳来町大野で取水する計画にした。この計画は、西部幹線水路がないだけで、水源である宇連ダムも取水する大野頭首工もほぼ同じ位置にあり、補給水源として幹線水域に芦ヶ池、万場池、反茂上池、伝法寺池などの補助ため池を増・新築するというものであった。また、計画当時、堤高約50m、貯水量2,000万㎥という宇連ダムは農業用ダムとしては最大級のものであった。

しかしながら、この計画は世界恐慌、日中戦争、太平洋戦争が勃発したため事業が進捗しなかった。具体的に動き出したのは、戦後の昭和24年になってからであった。

4 ├── 豊川用水事業の経過

　豊川用水事業は、豊川水系宇連川に宇連ダムを建設し、その貯留した水を愛知県東三河地方の平野及び渥美半島全域、静岡県湖西市地域に、農業用水、水道用水、工業用水を供給する総合事業で、昭和36年に国営事業及び県営事業を愛知用水公団が承継し、幹線水路から畑地灌漑施設の末端給水施設まで一貫施工を行い、事業着手以来19年を経て昭和43年に事業は完了した。豊川水系だけでは十分に水需要を賄えないため、宇連ダムに天竜川水系の大入川、大千瀬川から流域変更により導水・貯留を行っている。また、灌漑期には天竜川水系佐久間ダムから宇連川に導水（最大5,000万㎥/年）を行っている。このほか水源施設として大島ダム、寒狭川頭首工などがある。

　昭和43年の全面通水以降、受益地域は飛躍的に発展してきた。その後、営農形態の近代化、人口の増加や生活水準の高度化により水需要がひっ迫してきたことから、これを解消するため、昭和55年度より農林水産省と愛知県企業庁の共同事業として、「豊川総合用水事業」が始まり、平成11年度水資源開発公団（現・（独）水資源機構）が事業を継承し、13年度に完了した。また、施設の老朽化が著しく、防災上の見地から対策を講じる必要があった取水施設などの改築を行う「豊川用水緊急改築事業」

豊川水系（部分／出典：水資源開発公団豊川用水総合事業部「豊川用水」パンフレット H14.7）

を平成2年度から平成10年度にかけて実施した。現在、豊川用水施設、豊川総合用水施設の管理業務と併せ、老朽化水路施設の改築、大規模地震対策、支川水路の石綿管除去対策を行う「豊川用水二期事業」を（独）水資源機構が実施している。

5 ├── 宇連ダムの建設

　豊川用水事業の基幹施設である宇連ダム（鳳来湖）は、農林省によって昭和24年に着工し、昭和33年12月に完成した。宇連ダムの位置は愛知県南設楽郡鳳来町大字川合地内で、その諸元は次の通りである。

　堤高65m、堤長245.9m、堤体積27万3,000㎥、総貯水容量2,911万㎥、有効貯水容量2,842万㎥、流域面積26.26㎢、湛水面積1.23㎢、常時満水位EL.（標高）229.15m、最低水位EL.178.85m、型式は直線越流型重力式コンクリートダムである。起業者は農林省、施工者は西松建設（株）である。水没戸数は6戸で、ダム補償は、川合地区対策委員会が国有林の払下げを了解して解決している。

　地質として、付近は鳳来寺山噴火による凝灰岩からなり、両岸とも急峻で表土は薄く、岩盤がところどころに露出しているが、節理、断層、破砕帯はない。また、弾性波の速度は、3.6 〜 4.0km/sである。余水吐として、テンターゲート（幅5.0m、高さ5.5m）を設け、減勢施設はダム下流91.7mに高さ2.5m、頂幅1.0m、底幅8.0mのデフレクターを設置した。取水施設は堤体側面に取水塔を設け、その塔の前面に表面取水ゲート（多段式ローラゲート2門）を設けて、常に温水取水を行う。

　平成2年度から、宇連ダムは利水放

宇連ダム

宇連ダム（出典：前掲パンフレット）

流施設の機能低下を回復するために緊急改築事業が行われ、同時に管理棟の移設が行われた。

6 ├── 調整池の建設

　豊川用水事業において、有効に水の活用を図るために3つの調整池が造られた。その役割は、①河川余剰水の貯留（洪水導入）、②下流必要量の調整、③管理用水の有効利用である。3つの調整池で合計260万㎥の用水量を確保した。豊川総合用水事業では、後述するが4つの調整池が造られ、現在の貯水容量は合計1,210万㎥である。

①三ツ口ダム

　三ツ口ダムは豊橋市石巻町に位置する。その諸元は堤高12.5m、堤頂長280m、堤頂幅6.0m、堤体積8万2,000㎥、総貯水量24万3,000㎥、有効貯水量20万㎥、満水位EL.63m、流域面積3.2ha、満水面積7.2ha、型式はゾーン型である。

②初立ダム

　初立ダムは、東部幹線水路末端に建設したダムで愛知県渥美郡渥美町に位置し、渥美半島の先端伊良湖岬の北東約2kmのところにあり、水路末端の伊良湖サイホン（2.9km）は、このダムの副堤の下を通って池に流入する。

　その諸元は、堤高22.5m、堤長346.5m、堤頂幅6.0m、堤体積25万㎥、総貯水量170万㎥、有効貯水量160万㎥、満水位EL.20m、流域面積65.6ha、満水面積22ha、型式はゾーン型である。

③駒場ダム

　駒場ダムは、豊川用水西部幹線水路総延長36kmの中間よりやや下流、東西分水口から約23.5kmの豊川市平尾町に位置する。その諸元は、堤高24.6m、頂長187.5m、堤頂幅6.0m、堤体積21万6,000㎥、総貯水量90万㎥、有効貯水量80万㎥、満水位EL.60.5m、流域面積102ha、満水面積13.4ha、型式は傾斜コア型である。

7 ├── 大島ダムの建設

　前述のように豊川用水は、昭和43年から全面的に通水を開始した。それ以

後、受益地域は飛躍的に発展し、とりわけ農業は花き、野菜など施設園芸に代表されるようにわが国屈指の生産規模を誇ることになり、また、水道用水は4市7町に、工業用水は愛知県三河地域のみならず静岡県湖西地域にも供給してきた。しかし、こうした営農形態、生活水準の高度化により水需給がひっ迫してきた。このため、昭和55年に農林水産省と愛知県企業庁との共同事業として豊川総合用水事業が着手された。その後、平成11年6月に豊川用水施設の一体的な管理の必要性から水資源開発公団に承継され、平成13年度に建設事業が完了した。この事業は農業用水約1.5㎥/s（年間平均）、水道用水約1.5㎥/s（最大）を開発するため、大島ダム、寒狭川頭首工、導水路、大原・万場・芦ヶ池・蒲郡の4調整池を建設した。

大島ダム、4調整池の建設について、次のように追ってみる。

大島ダム（朝霧湖）は、豊川水系宇連川とその支流の大島川の合流地点から、大島川の上流へ約3kmの地点、愛知県南設楽郡鳳来町名号地内に位置する。このダムは農業、水道用水の取水の安定を図ることを目的として建設された。水の利用は自己流域の雨水等を貯水し、その水を大島川に自然流下させて下流の頭首工で取水し、下流域の水需要に対応する。そのダムの諸元は、次の通りである。

堤高69.4m、堤長160m、堤体積18万3,000㎥、総貯水量1,230万㎥、有効貯水量1,130万㎥、流域面積18.4㎢、湛水面積0.498㎢、常時満水位EL.240.7m、型式は重力式コンクリートダムである。起業者は東海農政局から水資源機構へ移る。施工者は（株）間組・大日本土木（株）・大豊建設（株）で、事業費は221億5,600万円を要した。水没家屋は7戸であった。

大島ダム（出典：前掲パンフレット）

8 ├──4つの調整池の建設

①大原調整池の建設

　大原調整池は東名高速道路と豊川用水東部幹線水路の交差する愛知県新城市富岡地内に平成6年に完成した。大原調整池の湛水池内には、着工前に農業用の「川谷上池」「川谷下池」「みぐみの池」という3つの溜池があり、地域の田畑を潤していた。大原調整池はこれらの3つの溜池を統合して、堤高47.9m、堤長351m、堤幅9m、堤体積71万1,700㎥、総貯水量202万㎥、有効貯水量200万㎥、流域面積1.9k㎡、型式は中心遮水ゾーン型ロックフィルダムである。

②万場調整池の建設

　万場調整池は豊橋市の中心より南南西約10kmの渥美半島・神出川を挟む丘陵地を掘削し人工池を造成した池である。その諸元は堤高28.6m、堤長370m、堤幅8m、堤体積82万4,700㎥、総貯水量539万㎥、有効貯水量500万㎥、流域面積1.23k㎡、型式は表面遮水壁型フィルダムである。

③芦ヶ池調整池の建設

　芦ヶ池調整池（愛知県渥美郡田原町大字野田地内）は、奈良時代に築造された貯水量100万㎥の芦ヶ池溜池を200万㎥に改修した。その改修は、池の堤体の嵩上げと池敷の掘削により、利用水深を増大し、池周りには護岸工、管理用道路、及び排水路を設けて池周囲の美観を整え、排水を分離し、さらに池敷の掘削土を池周辺農地の客土に利用して圃場を整備し、生産性の高い農地に変えた。

　その諸元は、堤高0.5m、堤頂長219m、堤頂幅3m、堤体積2万2,500㎥、総貯水量201万㎥、常時満水位EL.17.2m、型式は盛土＋鋼矢板護岸堤である。

④蒲郡調整池の建設

　蒲郡調整池は、昭和29年に農業用溜池として築造された貯水容量10万㎥の豊岡池を改築し、貯水量を50万㎥とした調整池である。その諸元は、堤高43.2m、堤長178m、堤長幅8m、堤体積36万㎥、総貯水量61万2,000㎥、有効貯水量50万㎥、流域面積0.75k㎡、型式は中心遮水ゾーン型ロックフィルダムである。

9 ├── 花開いた用水事業

　豊川用水の主水源である豊川は季節や年によって降水量の差が大きいことから、流量の変動が大きな河川である。このため、豊川水系だけでは十分に水需要が賄えないため、宇連ダムに天竜川水系の大入川、大千瀬川から流域変更により導水・貯留を行っている。また、灌漑期には天竜川水系の佐久間ダムから宇連川に導水を行っている。豊川用水はこのように流域変更を行っていることに特徴がある。

　豊川用水は、大野頭首工で取水する大野系幹線水路と牟呂松原頭首工で取水する牟呂松原系幹線水路がある。松原用水は室町時代の永禄10年に開削されたという歴史があり、牟呂用水は明治27年に開削されており、その後いくども改築され豊川用水の重要な水路となっている。水路は自然流下方式の開水路であり、牟呂用水は豊橋市街の中心部を流れている。このように、歴史とともに、自然流下により流れていることも特徴の1つと言える。

　大正期に、近藤寿市郎が構想した「鳳来寺山にため池を造り、渥美半島の先まで水を引けばいい」という、豊川用水事業は花開き、東三河地域の発展に大いに寄与している。

用地ジャーナル 2012年（平成24年）11月号

［参考文献］
『母なる豊川──流れの軌跡』（建設省豊橋工事事務所他編 S63）豊橋工事事務所
『豊川用水──水の流れとともに25年』（豊川用水通水25周年祭実行委員会編 H4）
『流れ悠々40年──豊川用水』（豊橋市広報広聴課企画 H20）豊橋市広報広聴課
『豊川用水史』（豊川用水研究会編水資源開発公団 S50）愛知県
『豊川用水（写真集）』（愛知用水公団・愛知県・静岡県編 S43）愛知用水公団・愛知県・静岡県
『豊川総合用水事業事業誌』（水資源開発公団豊川用水総合事業部編 H14）水資源開発公団豊川用水総合事業部
『豊川総合用水写真集』（水資源開発公団豊川用水総合事業部編 H13）水資源開発公団豊川用水総合事業部
『定本豊川』（伊藤節夫他編 H14）郷土出版社
『豊川物語』（春夏秋冬叢書編 H19）春夏秋冬叢書
『豊川の自然を歩く』（中西正・池田芳雄編 H3）風媒社
『豊川流域の生活と環境』（愛知大学綜合郷土研究所編 H12）岩田書院
『豊川の「霞堤」と遊水地』（市野和夫編著 H6）愛知大学中部地方産業研究所
『川の自然誌──豊川のめぐみとダム』（市野和夫 H20）あるむ
『生きている霞堤』（藤田佳久 H18）あるむ
『穂国のコモンズ豊川』（松倉源造 H24）あるむ
『豊川用水と渥美農村』（牧野由朗編 H9）岩田書院
『豊川放水路工事誌（上巻）、（下巻）』（建設省豊橋工事事務所編 S42）建設省豊橋工事事務所

近畿・中国・四国

琵琶湖開発
びわこかいはつ

（滋賀県）

湖を慈しみ、やさしさで見守って
行こうとする情が表れている

1 ├── 淀川の流れ

　淀川水系は、三重県、滋賀県、京都府、大阪府、兵庫県、奈良県の2府4県にまたがる流域面積8,240km²、幹川流路延長75.1kmに及ぶ日本を代表する水系である。その上流域に主な3つの水源を持っている。日本最大の湖、琵琶湖を水源とする宇治川、三重県・奈良県などに水源を持つ木津川、それに京都府など西に流域を持つ桂川に大別される。これらの3川が京都盆地の西南部で合流して淀川となり、摂津、河内の平野を貫流して、下流において神埼川、大川（旧淀川）を分派して大阪湾に注ぐ。兵庫県に水源を持つ猪名川も淀川の流域に含まれる。淀川の流況をみると、上流の琵琶湖流域は融雪期、木津川流域は台風期、桂川流域は梅雨期に流出が多い。それぞれに異なった気象特性を有することから、他の河川に比べて安定したものとなっている。年平均降水量約1,750mm、年総流出量約86億m³で、この量は琵琶湖の貯水量の3分の1である。

　また、その流域は、大阪市、京都市の2大都市と多くの衛星都市を抱え、近畿圏における社会、経済、文化の発展の基盤をなしている。平成9年では、水利用圏域内総人口約1,660万人を擁し、実に2府4県の総人口約2,120万人の78%を占める。まさに、命の水である。

　昭和30年代、近畿圏における産業の発展や人口の都市集中などにより、水需要が増大し、都市用水の確保が緊急な課題となってきた。このため淀川

は、昭和37年4月水資源開発促進法による水系指定がなされ、同年8月に水資源開発基本計画が決定され、水資源開発公団事業がスタートした。現在まで、昭和44年高山ダム、同45年青蓮寺ダム、同46年正連寺川利水、同49年室生ダム、同58年一庫ダム、平成4年琵琶湖開発、布目ダム、同9年日吉ダム、同11年比奈知ダムがそれぞれ完成し、治水と利水の役割を果たしている。平成4年に完成した琵琶湖開発について、『水資源開発公団30年史』（水資源開発公団編H4）、『淡海よ永遠に――琵琶湖開発事業誌全3巻』（近畿地方建設局琵琶湖工事事務所・水資源開発公団琵琶湖開発事業建設部編H5）により追ってみたい。

2 ├── 琵琶湖の流れ

　琵琶湖流域は、流域面積が3,848km²で、淀川流域の約50%を占める。その中央には湖面積約674km²に及ぶ日本最大の淡水湖である琵琶湖が位置し、近畿最大の水源としての役割を担っている。琵琶湖流域の外縁は、1,000m級の山地で形成され、これらの山々から流出する河川水は琵琶湖へ直接流入する。この琵琶湖へ直接流入する河川は121に及び、これらの河川が長年にわたって形成してきた扇状地や沖積平野は、肥沃な農業地帯を包含する近江盆地を形成している。流入河川のうち代表的な河川は、流域面積が387km²の野洲川、371.4km²の姉川、310km²の安曇川、214km²の日野川、203.5km²の愛知川などが続く。これらの流入河川の中には堤内の地盤より河床の方が高い、いわゆる天井川が少なくない。その代表的な河川が草津川であり、JR東海道線や国道1号の上を流れている。

　一方、琵琶湖から流出する河川は、瀬田川のみであり、昭和36年に改築された瀬田川洗堰によって流出量が調節されている。また、琵琶湖からの流出口としては、瀬田川のほか大津市から京都へ通じる第一・第二琵琶湖疏水と、瀬田川から取水する関西電力（株）の発電用取水路の3か所である。

　琵琶湖には、ゲンゴロウブナ、ホンモロコ、ビワコオオナマズ、イケチョウガイ、セタシジミなどのここでしか見られない固有種をはじめ約100種にも及ぶ魚介類が棲息している。鳥類ではカイツブリ、渡り鳥のカモ、マガン、コハクチョウ、ヒシクイなどの水鳥で賑わい、湖周辺の景色と相まって美しい水景を生み出し、人々に潤いと安らぎを与えてくれる。なお、琵琶湖の諸

元は次のとおりである。

　湖面積約674㎢（滋賀県面積の約6分の1）、湖岸線約235km、長軸63.49km、最大幅22.80km、最小幅1.35km、最大水深103.58m、平均深度北湖43m、南湖4m、貯水容量275億㎥、流域面積3,848㎢、水面標高 T.P.＋84.371m、年間流入水量約53億㎥、年間雨量約1,900mm、流入一級河川121河川。

3 ├── 琵琶湖開発事業について

　琵琶湖総合開発事業は、「琵琶湖総合開発特別措置法」に基づく「琵琶湖総合開発計画」により、昭和47年度から平成8年度までの25年間にわたり実施された。この琵琶湖総合開発事業は、水資源開発公団（現・（独）水資源機構）が実施する「琵琶湖治水及び水資源開発事業（琵琶湖開発事業）」と、国、県、市町村が実施する「地域開発事業」とで構成された。その基本目標は、琵琶湖の恵まれた自然環境の保全と汚濁しつつある水質の回復を図ることを基調に、琵琶湖及びその周辺地域の保全、開発及び管理についての総合的な施策を推進することによって、その資源を正しく有効活用し、関係住民の福祉と近畿圏の健全な発展に寄与することであった。

　水資源開発公団が実施した琵琶湖開発事業は治水と利水の目的を持っていた。①治水として、湖岸堤、管理用道路及び内水排除施設等を新築または改築し、瀬田川洗堰の操作と併せて、琵琶湖周辺の洪水を防禦するとともに、下流淀川の洪水流量の低減を図る。②利水として、瀬田川洗堰を改築し、大阪府内及び兵庫県内に対して新規に最大40㎥/sを開発し、その内訳については、水道用水最大30.169㎥/s、工業用水最大9.831㎥/sの供給を可能ならしめるものである。その対策工事として、湖岸堤及び管理用道路の新築総延長50.4km、内水排除施設の新築14機場、湖岸堤関連河川改修13河川、瀬田川洗堰の改築（バイパス水路）1式、南湖及び瀬田川浚渫約133万㎥を行った。また、水位変動に伴う対策として、農業用水施設約1万6,800ha、上水道施設58施設、工業用水施設17施設、水産施設156施設、港湾等施設71港、河口・処理54河川の工事を行った。

　琵琶湖開発事業は、湖辺や湖中における工事が主体となることから事業の実施に当たっては、自然環境の保護や水質保全に特段の配慮をしてきた。特

に湖岸堤の建設においては、自然前浜をできるだけ残すこととし、自然前浜が確保できないところは、現地の地形や植生条件に応じて人工的に前浜を造成したり、自然石による小段を設けることにした。また、ヨシ帯を通過せざるをえない箇所については、植栽を行い、ヨシ地の復元を図り、内湖化する箇所については、水位の維持と水質の保全を図るよう給水施設を設けている。また、全国に供給

琵琶湖・淀川流域とダム配置図（出典：(独)水資源機構琵琶湖開発総合管理所「琵琶湖 水未来」パンフレット2009.9）

されている琵琶湖産アユ資源確保のため安曇川、姉川に人工河川を設けた。

4 ├── 琵琶湖開発事業による補償

　補償に関係する区域は、琵琶湖の湖周一円に関連し、大津市ほか23市町村に関係している。

　一般補償は、湖岸堤及び管理用道路約50kmの築造用地と河川改修用地として約175ha、移転家屋355棟、公共補償は湖水位の低下によって現有の機能低下を生ずる農業、上水道、工業用水、水産等の取水施設、湖岸堤、港湾、漁港、舟どまり、観光施設等の現有機能維持対策、営業井戸、家庭用井戸等の地下水の取水施設等の補償であった。これらの補償は水位変動に対応できるよう現有機能の維持対策を現物補償を原則として実施したが、被補償者の施工能力等を勘案して、履行の確保等補償の適正が確保できると考えられる

日本最大の湖琵琶湖から流出している河川は瀬田川の1本だけである

　場合は、必要に応じて金銭補償を実施した。

　漁業補償については、滋賀県漁業協同組合連合会と昭和50年3月水位変動に伴う漁業補償を妥結し、諸工事に伴う漁業補償については、南湖にかかわるものは一括で昭和58年3月に妥結。北湖については諸工事を着工のつど解決している。また、真珠母貝漁、小割式養殖、河川漁業、アユ資源対策事業に対する漁業補償を実施している。さらに、琵琶湖での航行船舶のうち南湖を基点として航行している旅客船及び公共船（警備艇、消防艇）については、水位変動時に航行障害をきたす水面下最下端深－1.0m以上の船舶に対し機能回復補償を実施した。

5 ├── 琵琶湖開発補償の基本的理念

　前掲書『淡海よ永遠に──琵琶湖開発事業誌』の中で、「湖沼開発と補償」について、次のように述べられている。

【琵琶湖開発事業の水位低下に対する補償に論ずるにあたり、琵琶湖の「大きさ」とその「偉大さ」を認識する必要がある。湖からの恩恵が一時的なものなら、これを反射的利益として済まされるだろうが、多くの人々が長い年月を掛けて湖との共存のための努力としての享受を考えれば、人々が受けるべくして得ているものは、まさしく既得権益として十分熟成したものにほかならない。

　こうした多くの人々との共存状態を保ってきた湖を治水事業として洪水時の自然の脅威に対して備えるにしても、利水事業として水資源の再配分を行うにしても、それらに伴って過去に例のない湖の未知への変化を生起させる可能性があるなら、事前に何らかの適切な対策を講じなければ、湖を中心とする共同体に従前の生活基盤の継続ができなくなる恐れがある。

　このように多くの人々が長い年月を経て手に入れた湖の恩恵としての権利権益の一部を、公共事業の名のもとに制限することは、公共性が優先されるとはいえ、社会通念上、受忍の範囲を超えると判断される場合は、その補てんが必要となる。】

　このように、琵琶湖開発事業に伴う補償について、その基本的な理念が貫かれている。

6 ├──補償の精神

　この琵琶湖開発の基本的理念を論じたのは、平成3年度の事業終結まで3年間、日夜奔走していた水資源開発公団琵琶湖開発事業建設部の松本一雄第一用地課長である。残念ながら竣功式後の平成4年10月食道がんで亡くなった。彼の死を悼み、水資源開発公団総務部長石田重三は、「補償時報no.93」（近畿地区用地対策連絡協議会編H5）に、「琵琶湖の補償と松本君の死」を寄稿している。ここに補償の精神がみえてくるようだ。

　【松本氏は永年用地屋として第一線で交渉に当たってきたが、間近に死を予感していたのか、この文章でみる限り湖そのもの、湖に係わりを持つ一つの世界を慈しみ、やさしさで見守って行こうとする情が表れているように見受けられる。また、事業者側に立って被補償者を説得する論を展開する立場でなく、開発事業によって変わりゆくさまを補償者側で捕らえる理屈はない

か、策はないか、とさすが求道者の様に思えてならない。悠久の歴史を刻む琵琶湖の実像に触れ、その実態をふまえた尊い気持ちが表れていると云ってよいだろう。】

　彼は、琵琶湖を「小宇宙」「共栄共同体」と捉え、琵琶湖に尊敬と慈しみ、そしてやさしさを持って、琵琶湖開発に伴う補償に対処している。ここに補償精神の心裡を読むことができよう。

7 ├── 最大プロジェクトの完了

　さらに、石田部長は、公団事業遂行における困難性について、述べている。

　【 公団事業は、法律に基づく公共事業として見解の差はあるにしても行政事件訴訟法にいう公権力に当たる行為に該当するのが通例とされている。(中略)しかし、水位低下対策を補償と位置づけされたため、行政法的に厳格に構成された工事と認められず、また、国民の私有財産権との関係においても、土地収用等強制的な制限は極めて希薄となった。それ故公団は被補償者との交渉においても相手方の理解に期待するしか術はなく、時間的余裕のない最終年度に至っては、この補償の解決に極めて苦慮したのである。用地サイドの不幸として一つにはこのことを指すのであるが、故人となった松本君をはじめとする用地担当者の熱意と関係者の深い理解と協力のもとに平成3年度末に全てが解決した。沈痛の末に生まれた新しい琵琶湖の誕生である。】

　このように、用地問題も含めて、その困難性を克服し、新しい琵琶湖が誕生した。そしてそれまでに、さまざまなドラマが潜んでいる。

　わが国水資源開発では最大プロジェクトであった琵琶湖開発事業が完成し、平成4年9月大津市で1,000人の出席者のもと、山崎拓建設大臣（当時）らを迎え竣功式が行われた。

用地ジャーナル2010年（平成22年）10月号

[参考文献]
『水資源開発公団30年史』（水資源開発公団編 H4）水資源協会
『淡海よ永遠に──琵琶湖開発事業誌全3巻』（近畿地方建設局琵琶湖工事事務所・水資源開発公団琵琶湖開発事業建設部編 H5）近畿地方建設局琵琶湖工事事務所
「補償時報 no.93」近畿地区用地対策連絡協議会編 H5）近畿地区用地対策連絡協議会

27

大野ダム
（京都府）

どこまでも被害者は
被害者でないようにしたい

1 ├── 台風 23 号の水害

　死ぬということはその人ともう会えない。その人ともう一度会って語りたい願いが絶対不可能だということである。だから悲しいのである。人は、死からまぬがれない宿命であるが、その死が災害に因るものであれば、一層悲しみを増すことになる。災害の1つに水害がある。水害は人生を狂わし、また文化的、経済的被害を及ぼす。

　急峻な山々から流れる急勾配な日本の河川は、梅雨前線や台風の大雨によって毎年のように水害が起こっている。地球温暖化の影響であろうか、異常気象（過去30年間に観測されなかったような値を観測した場合）が続き、平成16年には台風が10個も上陸した。

　特に台風23号は、京都府中部地域を流れる由良川筋に水害を生じさせ、9人の死者を出した。このとき舞鶴市由良川沿いの国道175号線で37人の観光バス乗客が洪水に遭遇し、救出されたことはまだ耳新しい。

2 ├── 由良川の水害

　由良川は、その源を京都、滋賀、福井の府県境三国岳（標高959m）に発し、京都府下北桑田郡の山岳部を西流しながら、高屋川、上林川などを合わせ、さらに福知山市において、土師川を合流し、北に流れを転じ、大江町、舞鶴市、宮津市に沿って流れ日本海に注ぐ。

大野ダムパンフレット（京都府建設交通部河
川課／京都府大野ダム総合管理事務所）

　その流域は、京都府、兵庫県に及び、流
域面積1,880km²（京都府内1,700km²、兵庫県内180
km²）、幹川流路延長135kmで、京都府下の約
4分の1の流域面積を占めている。

　由良川流域は、綾部、福地山両市周辺の東
西20kmが盆地として開けて、ほとんどが山地
であり、その比率は、山地89％、平地11％の
代表的な山地河川で、福地山から海に向かっ
ては、両岸山が狭まり、洪水が起こりやすい。
戦前、戦後を通じ水害に見舞われた。

　明治期の由良川の水害は、明治29年8月
30日〜31日と明治40年8月23日〜25日に
起こった。明治45年〜大正6年まで由良川
の改修が行われたが、なお不十分であった。

　政府は大正10年第2次治水計画において、由良川改修着手に関する意見書
を可決したが施工されなかった。昭和8年第3次治水計画に由良川緊急改修
が必要とされ、築堰、拡幅による治水改修が内務省による河水統制事業に組
み込まれ、治水と発電を目的とした大野ダムの築造へと変わった。昭和18年
6月漸く起工式が行われたものの、19年6月太平洋戦争の時局の影響により
中止せざるを得なかった。

3 ├── 大野ダムの建設

　戦後、建設省近畿地方建設局（現・国土交通省近畿地方整備局）による大野ダ
ムの建設は再開された。『大野ダム誌──由良川』（大野ダム誌編さん委員会編
S54）により主に用地補償を中心にその経過を追ってみる。

▼ 大野ダム建設・用地補償経緯（昭和26〜37年）

26年6月　京都府由良川改修工事期成同盟会設置

　　8月　大野ダム被害者同盟結成

　　10月　近畿地建、大野ダム構想発表

　　　　　地形、地質、骨材 用地調査開始

27年9月　地元、地建の補償方針説明拒否
28年6月　地建、第1回水没補償説明会
　　9月　台風13号、由良川大水害（死者111人）
　　11月　知事が協力要請するも、地元立入調査拒否
　　12月　大野ダム事業に関し環境懇談会
29年1月　地元、下流受益者と懇談会
　　2月　宮島村民大会、ダム反対決議
　　6月　「建設省の直轄の公共事業の施行に伴う損失補償基準」の制定
　　9月　大野ダム工事事務所開設
　　11月　地元立入調査に対する条件提示
　　12月　宮島村・大野ダム対策委、土地立入調査承認
30年4月　美山町設置
　　10月　大野ダム懇談会
31年2月　地建、大野ダム建設を公式に発表
　　4月　同盟の総会で絶対反対より条件闘争に切り換え決定
　　6月　京都府、現地に連絡事務所設置
　　11月　水没土地物件の確認終了
　　12月　第1回補償交渉（8日）
　　　　　知事と地建局長補償最終協議（30日）
　　　　　個人補償交渉全て妥結
　　　　　協定書調印（31日）
32年3月　大野ダム仮設工事着工
　　4月　居住権補償妥結
　　11月　大野ダム本体工事着工
　　12月　上由良川漁業補償妥結
33年3月　公共補償妥結調印
　　　　　—7年にわたる補償交渉終わる
　　11月　被害者同盟解散
　　　　　大野ダム地域振興協議会発足
　　12月　大野ダム定礎式

34年1月　大野、宮島酪農組合結成

　　3月　ダム地域茶業組合結成

35年3月　さくら、もみじをダム周辺に2,300本植樹

　　11月　貯水池名「虹の湖」に決定

36年5月　美山茶工場落成

　　11月　大野ダム、大野発電所竣工式

37年3月　大野ダム、建設省から京都府の管理となる

4 ├── 上原義太郎大野ダム被害者同盟会長の決意

　由良川の度重なる水害によって、由良川改修問題は京都府の最大の懸案事項であった。戦後、本格的な大野ダム建設が動きだしたが、生活基盤を脅かされる地元民はダム建設に絶対反対であった。

　この反対が続いている時、昭和28年9月台風13号が由良川流域を襲った。上林地方で500mmに達する豪雨は、綾部市、福知山市、舞鶴市など死者111人、行方不明者9人、流失家屋400戸、全壊家屋2,613戸など甚大な被害を及ぼした。これを契機として、由良川下流域自治体から大野ダム建設の要請が一層強まった。京都府の仲介もあり、地元民は絶対反対から条件闘争へ変化していく。

　上原義太郎大野ダム被害者同盟会長は、京都新聞（昭和31年12月13日付）に、補償問題について、次のように決意を述べている。

　【近畿地建は"たとえ地元の反対があってもダムは建設する"と宣言した。京都府は"水没農家の補償をはじめ、事後の営農振興に責任をもって処理する"と勧告してきた。われわれは下流の切実な要望にも応えて、府が全責任をもつなら協力する方向に進みたいと、その勧告を受諾した】とある。

　さらに、上原会長の決意は続く。

　【われわれ被害者は再三繰り返しているように、大野ダムの公共性について、敢えて反対するものではないが、祖先伝来の家を失い、昔からの百姓よりしたことのない農民が、その基盤である田畑を奪われることは明日からの生活をどうしようかとの不安は勿論、生活の見通しすら樹たないがためであって、去る昭和26年から過去6年絶対反対を続けてきた所以もここにある。

しかし前述の通り府の親心を持った勧告と下流の誠意に期待して条件闘争に切り換え今日の段階に至った……地建側が今後われわれの切実な要求に応えてくれるものと信じ、今後の交渉で円満解決を図りたい。】

　この条件闘争に変化した時から、地建の誠意ある補償、府からの営農振興対策、下流見舞金によって、補償問題は前進していく。

5 ├── 蜷川虎三知事の補償スタンス

　前掲書『大野ダム誌──由良川』により、蜷川虎三知事の補償スタンスを追ってみる。

　昭和27年5月20日の由良川改修工事期成委員会で、次のような挨拶を行った。

【由良川改修問題は多年の懸案であり、洪水調節を大野村に設け、発電と両方面使用するかどうか、これは坤為地両方とも使用することが必要だと思う。最近電力会社の電気料金値上げによる、一般府民の迷惑は国民経済的に考えて重要なことである。技術面は不明だが、この工事による多少の犠牲は出ると思うが、これは止むを得と思う。しかし、これに対する住民の経済生活の基盤を失うことは、即ち農民から土地を奪うことはできぬ。これに対する補償について国のはっきりした線を出す必要があり、十分なしかも適正な補償をしてもらう。住民が今までより一層よくなる対策を講じてやってこそ私は工事をやれると思う。国家補償は国家補償、府は府としての対策を講ずる必要ありと考える。】

　続いて、知事は、昭和28年12月6日、現地住民の声を聞くため大野小学校で地元懇談会に出席、緊迫した空気の中で住民200人に対し語っている。

【①府としては国の補償以外に犠牲者に補償を出す。今までのやり方は国の補償だけであるが、私としては知事として犠牲者の生活ができるようにしたいと考えている。】

【②従来の農業経営を継続できるよう十分考えるが、今までの経営方法ができなければ別の方途を講ずるようにする。】

【③由良川を何んとかして京都府の立派な河川としてもっていきたい。国からも十分維持施設をして貰いたいと思っている。そのため犠牲者が出た場合は国よりも十分な補償をしてもらうし、知事としても皆様の生活と経済を

守るため努力する。】

　このように、蜷川知事はダムによって住民たちの生活基盤が失われてはならない、そのために国からは適正な十分な補償を行ってもらい、府としては、水没者が従来の農業経営を継続できるようにその方途を講ずると言い切っている。

6 ├── 蜷川知事の補償の精神

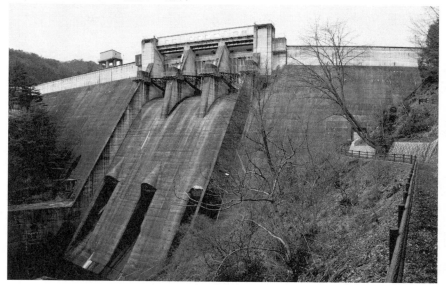

由良川流域を洪水被害から守るため建設された（写真は複数枚による合成）

　昭和31年12月30日、補償交渉の大詰めであった。知事と地建局長との間で最終折衝がもたれ、このとき知事は「どこまでも被害者は被害者でないようにしたい」との基本方針で臨んだという。この折衝で、地元案の要求に近づけられ、住居移転と栗の補償基準の引き上げによって、翌日12月31日、補償妥結、補償協定書が調印された。これらの補償解決は、蜷川知事の「どこまでも被害者は被害者でないようにしたい」という「補償の精神」を貫いた結果である。

　さらにその「補償の精神」の具体化について、次のようにみることができる。

現地に京都府の連絡事務所の設置、一般補償以外では、京都府による協定感謝金と有線放送施設、下流見舞金、一方、ダム関係農家350戸に対し、営農振興5か年計画がなされた。その振興策は土地造成と利用の高度化、酪農の導入（和牛肥育）、養鶏センターの設置、茶園の造成、製茶工場の設置、椎茸、わさびの増殖など、「水源地域対策特別措置法」（昭和48年10月17日法律第118号）に基づく事業の先取りともいえる政策であった。

7 ├── 犠牲を犠牲としないダム造り

　繰り返すことになるが、蜷川知事はダム水没者等に対し「どこでまでも被害者は被害者でないようにしたい」との「補償の精神」を貫徹した。昭和36年、京都府北桑田郡美山町樫原地先に京都府初の近代的な大野ダムが完成した。ダムの諸元は堤高61.4 m、堤頂長305m、総貯水容量2,885万㎥。治水と発電の目的を持ったダムで事業費29億3,000万円である。

　大野ダムの完成時に、淀川水系桂川、京都府園部町に日吉ダム（当初宮村ダム）建設構想が打ち出される。それ以来日吉ダム水没者の23年間にわたる反対闘争から、紆余曲折を経て条件闘争に変わり、昭和59年9月損失補償基準の調印式を迎えた。このとき、蜷川知事と同様に、林田悠紀夫知事は「犠牲を犠牲としないダム造り」をモットーに、水没者等の生活再建対策、日吉町などの地域振興策を積極的に実施している（『日吉ダム対策天若同盟30年のあゆみ』日吉ダム対策天若同盟編H9）。

　このように「補償の精神」が継承された。そして平成10年、日吉ダムは完成した。

　今日、日吉ダムは治水、利水の役割を果たし、かつ、ダム周辺では水辺空間を創り出し、府民の憩いの場ともなっている。

　〈水没の さだめ知らず 山眠る〉（石田修岳）

用地ジャーナル2005年（平成17年）12月号

［参考文献］
『大野ダム誌──由良川』（大野ダム誌編さん委員会編 S54）大野ダム誌編さん委員会
『日吉ダム対策天若同盟30年のあゆみ』（日吉ダム対策天若同盟編 H9）日吉ダム対策天若同盟

28

尾原ダム・志津見ダム・斐伊川放水路 (島根県)

仁義礼智を尽くして礼をもって行動し、強行措置は絶対にやりません

1 ├── 斐伊川・神戸川の流れ

　島根県内を流れる斐伊川、神戸川は、古から地域の人々に恵みをもたらしてきたが、一方では、水害を起こし、多くの人的、物的な被害をもたらした。恩恵と災害をもたらす斐伊川は、どのような河川であろうか。

　斐伊川は、島根県の東部に位置し、その源を中国山地の船通山（標高1,143m）に発し、山間部を北流し、途中、久野川、三刀屋川、赤川等の支流を合流しながら簸川平野を貫流し、宍道湖に流入後、大橋川を経て中海に流入し、飯梨川、伯太川等の支川を合わせ、境水道を経て、日本海に注ぐ流域面積2,070㎢、流路延長153kmの一級河川である。年間降雨量は1,800～2,200mmである。

　斐伊川上流域の大部分は、良質の砂鉄を含む風化花崗岩（真砂土）によって覆われ、古くから砂鉄を原料とした「たたら製鉄」が盛んだった。原料の砂鉄は水路に土砂を流して流水による比重選別によって土砂の中の砂鉄分を凝集する「鉄穴流し」という方法で採取されていた。このため「鉄穴流し」による大量の土砂流出によって、斐伊川の川底は周囲の平野の地面より高い「天井川」となり、ひとたび氾濫するとその被害は出雲平野に広がった。「鉄穴流し」は、江戸期・慶安年代から本格的に始まり、明治中期まで行われた。斐伊川水害の大きな要因は「たたら製鉄」による「鉄穴流し」の大量の土砂流出にあった。

一方、斐伊川の西側に隣接する神戸川を追ってみたい。神戸川は、その源を島根、広島県境の女亀山（標高830m）に発し、途中頓原川、伊佐川、波多川等の支川を合流しながら出雲市を貫流し、日本海（大社湾）に注ぐ流域面積471km、流路延長87kmの二級河川である。年間降雨量は1,800 ～ 2,300mmである。

　斐伊川と神戸川は兄弟川といえる。斐伊川は江戸期以前出雲大社湾へ流れていた西流であった。それがほぼ今日の東流となって宍道湖に注ぐようになったのは、寛永16年における大洪水であったという。なお、江戸期には「出雲三兵衛」と言われる周藤弥兵衛、清原太兵衛、大梶七兵衛による宍道湖、斐伊川を中心とした治水、利水事業が行われてきた歴史がある。

2 ├── 水害の歴史

　前述のように、砂鉄採取による鉄穴流しの土砂流出が斐伊川を天井川に形成し、ひとたび洪水が発生すると、堤防の越流や決壊によって流域は被害を被ることとなる。さらに、斐伊川の洪水は、宍道湖の水位を上昇させて、周囲の市町村、特に県都松江市において深刻な被害をもたらすことになる。その主なる災害の状況について、明治以降を追ってみたい。

①1873年（明治6年）8月28日～29日大洪水

　赤川堤防寸断加茂町全域浸水。右岸里方、阿宮、出西剣先、出東久木境、大灘各堤防決壊し大災害となる。死者80余人。

②1886年（明治19年）9月23日～24日大洪水

　斐伊川は平水より3.5m、赤川4.2mの増水、出雲郡全域が浸水する。死者井尻で42人、母里で36人。

③1893年（明治26年）10月12日～14日台風大洪水

　斐伊川3m増水、堤防の至る所で決壊する。死者54人。

④1894年（明治27年）9月10日～11日洪水

　木次町、松江市浸水、死者木次町で3人。

⑤1918年（大正7年）5月14日洪水9月14日～15日大洪水

⑥1926年（大正15年）5月29日出水7月22日～23日大雨洪水

　赤川6m増水、沿川大被害、死者1人。

⑦1934年（昭和9年）9月20日〜21日台風豪雨大洪水（室戸台風）

　赤川町上で4.3m、斐伊川4m、新川3mの増水、赤川導流堤決壊、本流から逆流被害甚大、死者14人。

⑧1943年（昭和18年）9月19日〜20日大洪水

　久野川堤防、本川上津、阿宮、出西堤防決壊、末次、松江、平田市浸水、宍道湖嫁ヶ島水没、死者斐伊川水系で6人、島根県下では152人。

⑨1945年（昭和20年）9月17日〜18日枕崎台風：大洪水、10月9日〜10日台風で再び洪水

　久野川2.3m、三刀屋川4m、赤川3m増水、出西、阿宮、上津決壊。斐伊川のみならず神戸川、江の川も氾濫した枕崎台風で、島根県下死者58人。

⑩1961年（昭和36年）9月16日第2室戸台風による出水

昭和47年7月の大雨による松江市浸水状況（上）、出雲空港浸水状況（下）
（出典：建設省中国地方建設局出雲工事事務所「斐伊川放水路概要」）

斐伊川、神戸川、飲梨川等各河川とも被害甚大、死者斐伊川水系8人、島根県下13人。

⑪1962年（昭和37年）7月1日〜5日梅雨前線による水害

　各河川とも増水、堤防損壊151か所に及ぶ。

⑫1964年（昭和39年）7月18日〜19日梅雨前線による水害

　降雨量308mmに達し、各河川大水害、死者・行方不明者出雲市41人、多伎村12人、湖陵村、斐川村各11人。

⑬1972年（昭和47年）7月9日〜11日梅雨前

線の活発化

　また台風6・8号の影響による出水、死者11人。

⑭1975年（昭和50年）梅雨前線による水害

　太田市を中心に山間部に集中豪雨。斐伊川、神戸川流域に被害。

⑮1983年（昭和58年）梅雨前線による水害

　島根県西部地方に大被害。斐伊川流域、神戸川流域に床上浸水、農地浸水の被害。

　また、平成9年7月にも梅雨前線豪雨で被害を受けている。

3 ├── 斐伊川・神戸川の抜本的な治水事業

　斐伊川の治水事業は、大正11年より直轄施工として改修が行われてきたが、昭和18年、20年をはじめ、昭和29年、39年、40年等、相次いで洪水に悩まされてきた。昭和47年7月の豪雨では斐伊川、神戸川ともに破堤寸前の危険な状態に置かれ、また宍道湖の増水により松江市をはじめ約70㎢が、1週間以上浸水した。このため斐伊川、神戸川の抜本的な治水計画を樹立するため、昭和51年7月、工事実施基本計画の改訂がなされた。この計画は基本高水流量3,600㎥/s（基準地点大津）を5,100㎥/s（基準地点上島）とするもので、斐伊川、神戸川両水系を一体とした高水処理計画である。その高水処理計画は、次の4点からなっている。

①まず、斐伊川上流に尾原ダム（堤高90.0m、総貯水容量6,080万㎥、重力式コンクリートダム）を建設し、基本高水流量5,100㎥/s（基準地点上島）のうち、600㎥/sの洪水調節を行う。

②また、神戸川の上流には、志津見ダム（堤高85.5m、総貯水容量5,060万㎥、重力式コンクリートダム）を建設し、基本高水流量3,100㎥/s（基準地点馬木）のうち、700㎥/sの洪水調節を行う。なお、両ダムとも治水を含む水道用水等の供給を図る多目的ダムである。

③さらに、斐伊川の計画高水流量4,500㎥/sのうち、2,000㎥/sを、斐伊川中流左岸の来原付近から新たに放水路を開削して分流し、出雲市の上潮治町半分付近において、神戸川に合流させる。

　それにより、下流は、神戸川の自己流量2,400㎥/sと斐伊川の分流量2,000

管理橋を廃止しすっきりした流線形の外観を持つ志津見ダム

㎥/sを合わせ、計画高水流量4,200㎥/sの斐伊川放水路として洪水を安全に下流させるのに必要な掘削、築堤工事を行う。

④大橋川は、宍道湖の排水能力を高め、松江市街地等を洪水から防禦するため築堤、河道掘削を行い、上、下流の狭窄部について拡幅工事を行う。

　斐伊川、神戸川の水害の抜本的な解決のため、このような4つの事業が進められ、事業の竣工は平成23年の予定となっている。

4 ├──斐伊川、神戸川流域の治水事業に伴う補償

　補償の内容については、河川行政に関する『河川オーラルヒストリー──斐伊川・神戸川流域治水事業』（河川行政に関するオーラルヒストリー実行委員会編 H21）に、次のように記されている。

①尾原ダム　土地取得面積392.3ha、移転家屋111戸

②志津見ダム　土地取得面積380.1ha、移転家屋97戸

③放水路神戸川　土地取得面積243.9ha、家屋移転325戸

放水路掘削部　土地取得面積78.1ha、家屋移転112戸

④大橋川改修　家屋移転24戸等である。

　これらを合計すると、土地取得面積1,094.4ha、家屋移転669戸と膨大な補償対象となっている。

5 ├── 私が地元の人だったら

　このような斐伊川、神戸川の治水計画、即ち、この2つの暴れ川を放水路で結び、なお宍道湖の水害も考慮し、島根県全体を洪水から防禦する構想は、未来を見通した治水100年の壮大な計画である。これらの事業地にかかわる地域の人々の利害関係の調節と、その事業に対応する起業者の心構えは、どのようなものであったのだろうか。特にこの大事業を軌道に乗せる初期の段階においては地域の人々に対し、どのように取り組んだのであろうか。

　そのことは、前掲書『河川オーラルヒストリー──斐伊川・神戸川流域治水事業』の中の、建設省出雲工事事務所長定道成美の考え方にみることができるようだ。河川技術者として、定道所長の事業に対する、地元関係者に対する基本姿勢を追ってみたい。

　所長は前任地における弥栄ダム、温井ダムの経験から、現地調査立ち入りの時、水没者から「マムシに気をつけろよ、花崗岩の間にマムシが多いぞ、かまれて死んだら元も子もないから、血清をどこか置いておくか、救急連絡

江戸時代から続いていた斐伊川放水路計画

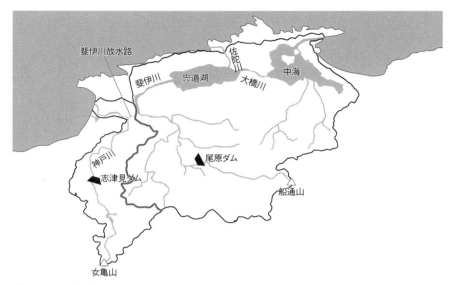

斐伊川流域図（出典：国土交通省水管理・国土保全 HP「斐伊川流域図・位置図」をもとに作図）

を取るようにしておけよ」と注意され、人の情けをしみじみ教わったという。そして、痛切に感じたことは、【「僕が地元の人だったら、どうするだろうか。逆に私が水没者であったら、どうだろうか。私が漁業組合の人であったらどうだろうか。どうするだろうか」。これを地元の皆様から教えていただきました。そういうことをつくづくお話をしているうちに感じました。逆にそういうことをおっしゃることはもっともだと。

　だから、こちらが、いろいろ意見を言うよりも、いかにたくさんお聞きするか、聞いて、私のほうが理解を深めていくという、相手に理解を深めていただくだけでなく、私自身が理解を深める。この考え方の大転換が、私の人生の大出発点になりました。その後、これがいろいろな場面で、すべての「宝物」になっています】と語っている。

6 ├── 定道所長の3つの基本認識

　定道所長は、志津見ダム、尾原ダム、斐伊川放水路、大橋川の改修におけるこれらの事業に当たって、3つの基本認識を持って、対処している。
①ダム・大規模放水路という大規模河川事業の特色をしっかりと認識するこ

と。それは犠牲者と受益者が完全に分かれること。

【放水路の場合、左右岸それぞれ60mずつ引きますと、そこには300世帯の、土地を持っておられる方はもっと多いと思いますが、家は少なくとも300世帯がかかる。この方々以外の7万人は、古代から大水害を食らってきた出雲平野が完全に安全になるのです。完全と言っていいほどです。7万人が恩恵をうけることになります。

一方、ダムの場合は、上下流で犠牲者と受益者が完全に離れております。距離的に。ですから、下流は一方的に、完全に受益者なのです。

しかし、放水路の場合は「受益者と被害者が隣り合わせ」なのです。根本的に先祖伝来の土地を奪われてしまう人と、先祖伝来の土地が全く安全になるという人が隣り合わせであること、この認識を持っていないと、この斐伊川・神戸川の治水という大規模事業は遂行できません。この認識にまず立つことです。】

②ダム水没者の皆様のこと、大規模放水路直接関係の皆様のことだけを考える。仁義礼智を尽くして　とくに、「礼」をもって行動し、「強行措置は絶対にやらない」を実行。

【「強行措置」というのは、「公権力」による「私有権」の侵害なのです。これは「基本的人権」の侵害なのです。「強行措置だけは絶対やりません」と。磯田隆善会長と、反同連（斐伊川・神戸川合流反対期成同盟連合会、会員6,500世帯）の皆さんとお話をして、当然のことなのです。この強行措置ということが、すべて反発なのです。

実は、強行措置というのは、磯田会長さんからも、後ほど家にお訪ねしたときにおっしゃったのです。「前の所長さんが少々の反対があってもやると言われた。所長さんも同じ考えやろう」と。「そういう考えをもし所長さん、本当に持っているのだったら、もうはっきり言ってお話、玄関を閉じるよ」ということをやっぱりおっしゃっているのです。

だから、ここは強行措置だけは絶対にやりません。やらないのではない。やりませんということをはっきりと一番最初にお話をした。これが、私の温井ダムと弥栄ダムの経験から、これが私の信念です。しかし、私らは、これは諦めない、この仕事はね。やはり洪水を防ぐというのは、国家の仕事です

からというお話をしました。】

　この会見は昭和52年10月に行われ、磯田会長68歳、定道所長38歳の時である。所長が離任するのは昭和56年6月である。

③流域全体で協力し合うようにしよう。

　【この事業は、上流に二つのダム、中流に大放水路、下流で大橋川の開削ということになります。中流の放水路が大問題なわけですから、放水路に全精力を注ぎました。上・中・下流が互いに助けあって、下河辺淳先生が言われた「上中下流が一体となって治水を進めたり、利水を進めたりという、そして定住していただく」と提示したのです。】

7 ├── 仁義礼智を尽くす

　この書で、定道所長は出雲の人たちの人格について、次のように述べている。

　【反同連の皆様という人格、ものすごく高潔です。すべての人が。僕らは足下にも寄れません。この方々に対しては。ものすごく礼節がありましてね、自分たちが犠牲になることがわかっていて、「絶対反対」を最後まで貫かれますけれども、それはとうぜんですね。とてもまねできませんね。このように、「礼」を、「誠意」を尽くされますと、反同連の皆様は「それぞれの立場で、考えてやろう」と、逆に私どもに、教えて下さったことを、実行されているのです。】

　一般的に、10世帯の人たちの了解を得るより、この反同連6,500世帯の人たちの了解を得るのは、はるかに困難なことは自明だ。多くなればなるほど事業に対し、心から理解してもらうのは難しい。しかしながら、定道所長は、「仁義礼智を尽くしてとくに、礼をもって行動し、強行措置はとりません」。そして「相手の立場で考えてやろう」という、補償の精神を貫いている。だが、その根底には、「私たちは、島根県全体の治水を図るため、斐伊川の放水路等事業は絶対やり遂げる」という意志を持って貫徹されている。この強い意志力こそが、補償の精神ではなかろうか。

用地ジャーナル2010年（平成22年）1月号

[参考文献]
『河川オーラルヒストリー──斐伊川・神戸川流域治水事業』（河川行政に関するオーラルヒストリー
　　実行委員会編 H21）日本河川協会

29

苫田ダム
（岡山県）

岡山県　兵庫県

ダム阻止一点張りでは
町の発展はない

1 ├── 吉井川の流れ

〈ダムに明け　ダムに暮れたる　歳月は　こころ休まる　こともなかりき〉（檜山貴久枝）

この歌は『ふるさと苫田ダム記念誌写真集』（奥津町編H9）に掲載されている。苫田ダムは、吉井川上流岡山県鏡野町久田下原の地に、52年の歳月を経て完成した。ダムサイトは吉井川の流れる谷底平野がいったん広がりを見せた直下流の狭窄部に当たり、ダムサイトとしては理想的な場所である。半世紀の間、水没者の1人である作者は、ダムのことが頭から一時も離れずに、〈こころ休まる　こともなかりき〉と、その心情をつぶやくように詠んでいる。

苫田ダムが築造された吉井川は、中国山地の三国山に源を発し、津山市を貫流しながら加茂川、吉野川、金剛川などを合流して岡山県西大寺で児島湾に注ぐ、延長133km、流域面積2,110km²の一級河川である。吉井川流域は、約1,700年前に開発されたといわれており、出雲地方と近畿地方を結ぶ交通の要で、「高瀬舟」の利用もあって早くから栄えた。江戸時代の豪商、角倉了以は17世紀初頭に、この「高瀬舟」を手本として京都大堰川等に舟運を開く河川開発を行った。

吉井川は旭川、高梁川と並ぶ岡山県下の三大河川の1つで、三川の中で最も東に位置する。極めて支川の多い川で、扇を半開きにした形で流域が北に向かって拡がり、その中に分散する二次、三次支川の多さは群を抜いている。藩政期には、毎年のように水害が起こり、流域の住民は洪水の苦しみから

貯水量は8,410万㎥で岡山県内第3位

なかなか逃れられなかった。特に承応3年、明治25年、26年の連続的な水害、さらに昭和9年にも大水害が起こった。近年の吉井川では、昭和20年9月の枕崎台風で死者92名、浸水家屋1万4,798棟を出し、その後も昭和38年7月、昭和47年7月、昭和51年9月、平成2年9月、平成10年10月に大水害が起こっている。

　治水等にかかわる苫田ダムの建設事業は、昭和28年4月、岡山県が吉井川総合開発調査に着手したことから、始まったといえる。

2 ├── 苫田ダムの建設過程

　苫田ダム（奥津湖）は、昭和28年に岡山県の吉井川総合調査から開始されたが、昭和32年11月に農林省（現・農林水産省）と岡山県による農業用ダム構想の記事が山陽新聞に掲載されると、当時の苫田村は、村議会で反対を表明した。昭和38年に建設省（現・国土交通省）に移管された。激しいダム反対闘争を経て、構想から42年後の平成11年に漸く苫田ダム工事本体起工式が行われ、平成17年3月に完成した。52年の歳月を経て苫田ダム建設事業は完了。それまでの過程について、『奥津湖誕生』（国土交通省中国地方建設局苫田ダム管理所監修H18）及び『ふるさと──苫田ダム記念誌』（奥津町編H18）により、みてみたい。

▼ 苫田ダム建設経過（昭和9～平成17年）

昭和 9年9月　室戸台風により吉井川上流部は大きな被害を受ける

20年 9月　枕崎台風により大出水となり、津山市を中心に大氾濫となる

28年 4月	岡山県が吉井川総合開発調査に着手
29年 4月	建設省が岡山県より吉井川総合開発調査を引き継ぐ
32年11月	山陽新聞に農林省所轄の苫田ダム建設構想記事が掲載
	苫田村民大会でダム建設絶対反対を決議、苫田ダム建設阻止期成同盟会を結成
33年 4月	阻止同盟会員が「団結の碑」を建立
34年 4月	苫田村、羽出村、奥津村の三村合併により奥津町が発足
36年 9月	第二室戸台風が襲来
38年 7月	吉井川洪水発生
11月	県と中国地建が土生橋下流で吉井川治水対策説明会を開催
	治水対策説明会に阻止同盟会員600人が橋上で抗議
39年12月	苫田ダム阻止総決起大会が久田小学校で開催
40年 1月	県は公報で、苫田ダム立入調査を告示
3月	現地予備調査開始立入調査を阻止同盟会員500人が阻む
41年11月	苫田ダム阻止総決起大会400人の参加で開催
42年 4月	県庁で吉井川総合開発事業苫田ダム調査協定書に調印
47年 7月	吉井川洪水発生
48年 3月	吉井川水系工事実施基本計画決定
7月	渇水被害が起こる
54年 4月	(財)吉井川水源地対策基金設立
56年 4月	苫田ダム調査事務所を苫田ダム工事事務所に昇格
57年 2月	標高234m以下を苫田ダム河川予定地に指定告示
3月	水源地域対策措置法の指定ダムに指定
6月	境界杭設置開始
8月	水没地域の家屋土地立入調査を開始
61年 5月	ダム推進派地権者団体は、損失補償協定、生活再建対策費などの協定調印
11月	補償契約済91戸に補償金の支払い
62年11月	第30回苫田ダム建設阻止総決起大会開催
平成2年4月	森元奥津町長ダム建設を前提とした町政への転換を表明

	8月	苫田ダム水没者補償交渉対策会発足
3年	2月	阻止同盟から56人が脱会、新組織を結成
4年	4月	久田小学校、泉小学校閉校、奥津小学校新校舎へ移転
		苫田ダム環境デザイン委員会設立
	10月	国道179号付替に伴う土地・物件調査開始
5年	2月	国道179号付替に伴う苫田第1号トンネル起工
	3月	国道179号付替に伴う湯ノ坂トンネル起工
6年	8月	町が阻止条例を廃止
		奥津、鏡野2町と国、県が苫田ダム建設事業にかかる基本協定書結
	11月	ダムのボーリング調査開始
7年	3月	阻止同盟が立入調査に同意、38年の反対運動に幕
		「平成7年3・21会」が発足
	9月	水特法の水源地域の告示
	12月	水特法の水源地域整備計画の告示
8年	11月	国道179号付替に伴う苫田第2号トンネル貫通
10年	11月	179号付替、鏡野町〜奥津町黒木間供用開始
11年	3月	苫田ダム本体1期工事着手
	4月	仮排水路完成、転流開始
	6月	苫田ダム起工式
13年	8月	鞍部ダム建設工事開始
14年	12月	ダム堤体打設完了
16年	2月	鞍部ダム堤体完了
	4月	貯水池の名称を「奥津湖」に決定
	5月	試験湛水開始
	11月	苫田ダム完成式
17年	4月	ダム管理運用開始

3 ├── 苫田ダムの目的と諸元

　苫田ダムは、水害を防ぎ、水道用水、灌漑用水、工業用水を供給し、さらに水力発電を起こす多目的ダムである。

① 治水

　治水として、150年に1回の確率で発生すると考えられる洪水に対し、ダム地点で2,700㎥/sの約80%である2,150㎥/sを調整し、水害の減災を図る。

② 水道用水

　岡山県南西部へ最大40万㎥/日を供給する。

③ 灌漑用水

　吉井川沿岸の約243haに対し、灌漑用水として、補給する。

④ 工業用水

　吉井川下流の工場へ8,500㎥/日の工業用水の供給を行う。

⑤ 水力発電

　ダムサイトの地点に、岡山県企業局によって水力発電所が設置され、ダムの利水、放流水を利用して、最大4,600kWの発電を行う。

　苫田ダムの諸元は、堤高74m、堤頂長225m、堤体積30万㎥、流域面積217.4㎢、湛水面積330ha、利用水深41m、総貯水容量8,410万㎥、有効貯水容量7,810万㎥、型式は重力式コンクリートダムである。起業者は国土交通省、施工者は佐藤工業（株）・（株）鴻池組・アイサワ工業（株）である。事業費は2,040億円を要した。一方、苫田郡鏡野町塚谷に完成した苫田鞍部ダムの諸元は、堤高28.5m、堤頂長259m、堤体積18万㎥、型式はロックフィルダムで、施工者は大成建設（株）である。

　主なる補償関係は、水没面積330ha、水没農地面積155ha、水没戸数504戸（奥津町477戸、鏡野町27戸）で、その他の施設として、平成9年奥津町役場が移転し、現在市町村合併により、鏡野町役場奥津振興センターとなっている。久田神社は平成13年に国道179号線久田大橋付近に遷座。中国電力久田発電所は、上流に位置する羽出発電所と統合して、奥津第二発電所として平成14年に運転を開始した。

4 ├── 補償問題の長期化

　苫田ダムの建設では、補償の問題が最大の課題であったと言っていいだろう。とにかく箱地区、西屋地区、河内地区、得谷地区、久田上原地区、久田下原地区など多くの関係地域があり、水没戸数が500戸を超えたことと、水

没地域には優良農地が大半を占めていたことなど、水没者の故郷への愛着は特に強く、「団結の碑」を建立したり、地元のダム反対の団結力は、強固であった。そのダム反対闘争については、『ダムとたたかう町』（苦田ダム阻止写真集刊行委員会編H5）に記録されている。

　当初から苦田村行政はダム建設において中立の立場ではなく、苦田村当局がダム反対であった。当時の苦田村は村議会でダムに断固反対を表明し、村民大会でダム建設絶対反対を決議し、苦田ダム建設阻止同盟会が直ちに結成され、阻止同盟、村長、議長など代表が県に出向き反対を陳情し、奥津町は苦田ダム阻止特別委員会条例を制定し、それ以降30数回の苦田ダム阻止総決起大会を開催し、全国的にダム反対の運動を展開した。その間、ダム反対の町長が当選を重ねた。

　苦田ダムは理にかなうか、治水に対する有効性を疑問視し、強制調査に反感を持ちながら闘争を続行した。「ふるさとバンザイダム反対」「次代にダムは残すまい」「燃える闘志でダム阻止貫徹」の幟がはためく。このような反対闘争も、平成3年森元町長の建設へ方向転換に及んで、徐々にダム建設へ進むこととなる。長野知事は森元町長らを訪ね、「森元町長のダム問題解決への努力に敬意を表明、全面解決へ県もできる限り努力する」と約束した。また阻止同盟会の顧問である岡田元町長が「苦田ダムを考える会」を発足し、「苦田ダムは不要不急という思いは変わらない。水没地権者の8割以上が移転に同意し町外に移転した人が多い現状を考えると、ダム阻止一点張りでは町の発展はない」と決意した。その後、平成7年3月21日阻止同盟が立ち入り調査に同意、38年の反対運動が幕を閉じ、「平成7年・3・21会」が発足した。それはおそらく苦渋の選択であっただろう。ここに、辛いながらも補償の精神が垣間見える。

苦田ダムパンフレット（国土交通省中国地方整備局苦田ダム管理所）

5 ├── 苫田ダム建設の特徴

　苫田ダムの建設の特徴について次のことが挙げられる。

①ダム完成が開始から52年の歳月を経たこと、水没移転者の数が504戸と、多くの方々が故郷を離れざるを得なかったこと、そして、ダム反対闘争が激しく、長期にわたり38年間も継続したことなどが、他のダム建設からみると突出している。

②ダム技術の観点からは、国内で初めてのラビリンス型自由越流頂の採用、世界で初めてのダム堤体内での引張型ラジアルゲートの設置、鞍部ダムでのCFRD工法の採用など新技術開発及び新工法の採用。そしてゼロエミッション工事に見られるように、ダム本体及び鞍部ダムへの骨材に現地河床砂礫の活用、また現場からの廃棄物の再利用を図り、施工性の向上、品質管理、コスト縮減を行ったことは特筆に値する。

③苫田ダムのグランドデザインについても、12年間もの長きにわたって検討され、ダムを治水、利水だけでなく水源地域の活性化の核と位置付け、水源地域の自立的、持続的活性化を図り、水循環等に果たす水源地域の機能の維持、水辺環境、伝統的な文化遺産を広く利用可能とした、素晴らしい奥津湖の誕生である。

　物事には必ずプラス面とマイナス面があり、一般的に「ダム工事誌」によれば、ダムのプラス面は掲載されているが、マイナス面の記載はない。前掲書『奥津湖誕生』の書には、「ダムはプラス側、いわゆる効用・便益だけではないことも公表して、そのマイナス部分をゼロにしようとする真剣な努力も見ていただかなければなりません。たとえば水質問題、堆砂問題あるいは環境整備の維持管理のあり方について、いい事例をつくっていかないと、ダムという施設はいいものだなと真剣には理解してもらえないだろうと思うのです」と、はっきりと言い切っている。起業者側からダムのマイナス面が述べられた書は、私の知る限り初めてである。この勇気もまた特筆に値するものだ。

6 ├── 去るも残るも

　平成23年12月4日、私は初めて苫田ダムを訪れた。JR岡山駅から津山線に乗り換え終点の津山駅で降りた。午後2時頃で、いまにも雨が落ちてくるよう

な天候だった。駅から国道179号線を吉井川沿いに上っていくと、途中で水没移転者の新しい移転家屋があちこちに建っている。ほどなく苫田鞍部ダムに達し、塚谷山トンネルをくぐると左手に苫田ダムの湖面が見えてきた。湖岸道路に入ると、波もない水面に浮島が浮かんでいる。ここではよく句会が開催されるという。俳句が詠まれるダム湖は情緒があっていい。そこを過ぎると「団結の碑」があった。

　苫田大橋を渡り、湖面を半周してみると、苫田ダムはどこから眺めても威圧感がなく、道路の凸凹もないし、荒廃地も見えない。橋と道路と湖面が一体のような不思議なダム風景がそこにあった。というのは、目線を極端に見上げるのでもなく、見下げることもないダム空間だった。ダム築造の過程において、細かな技術的な配慮がなされていたからであろう。

　しかしながら、この湖底に504世帯の人々の生活があった記憶は永久に消えない。さらに、檜山貴久枝の短歌には、去りがたい故郷が偲ばれる。

　　　一等田地と　言われし田さえ　荒れゆきて

　　　淋しさまさる　渓の歳どし

　　　立ち退きし　人らと寺に　出合いして

　　　去るも残るも　身を案じ合う

　　　農を捨て　家を焼き捨て　ふる里を

　　　い出ゆく人と

　　　残る吾らと

用地ジャーナル2012年（平成24年）2月号

［参考文献］
『ふるさと苫田ダム記念誌写真集』（奥津町編 H9）奥津町
『奥津湖誕生』（国土交通省中国地方建設局苫田ダム管理所監修 H18）国土交通省中国地方建設局苫田ダム管理所
『ふるさと──苫田ダム記念誌』（奥津町編 H18）奥津町
『ダムとたたかう町』（苫田ダム阻止写真集刊行委員会編 H5）手帖舎
『高瀬舟（上）』（津山郷土館編 S62）津山郷土館
『吉井川』（宗田克巳 S50）日本文教出版
『吉井川』（吉沢俊忠・文、川の会・写真 H6）山陽新聞社
『吉井川坂根堰の管理について』（岡山河川工事事務所編 S53）岡山河川工事事務所
『吉井川史』（藤井駿編著 S32）吉井川下流改修促進協力会
『吉井川水系農業水利実態調査（第1、第2分冊）』（農林省農地局編 S32）農林省農地局
『吉井川の災害』（吉井川総合開発調査事務所編 S48）吉井川総合開発調査事務所
『吉井川を科学する』（岡山理科大学『岡山学』研究会編 H16）吉備人出版

島根県

広島県

温井ダム
（広島県）

来てくれと頼んだ覚えはない

1 ├── 雪の温井ダム

　雪化粧のダムはスリムで上品に見えた。実際に、気品のあるダムだ。2004年3月4日春雪の降る、広島県山県郡加計町の温井ダムを訪れた。このダムは、太田川の支流滝山川に2002年3月に完成している。堤高156m、堤頂長382m、総貯水容量8,200万㎥、アーチ式コンクリートダムである。アーチ式ダムでは186mの黒部ダム（富山県）に次ぐ高さを誇っている。取得面積は道路用地を含めて225.31ha、移転家屋27戸、このうち集団移転地の新温井地区に21戸、広島市等に6戸、それぞれ移転している。起業者は国土交通省で、施工者は鹿島建設（株）、西松建設（株）、五洋建設（株）である。

　ダムサイトの傍の温井スプリングスホテルに泊まった。ホテルから眺める雪のダムの風情も良い。この雪が貯水量を安定させてくれる。ちょうどホテル前に、ダム湖畔に向かって、小さな半島が突き出ている。この半島を自然生態公園として、あずまや、展望台、バンガローが設置され、散策には森林浴もできるようになっている。今は、静かな湖面に映る温井ダム（龍姫湖）である。しかしながら、ダム建設は、造られる側と造る側との葛藤と確執が必ずや生じたはずだ。

2 ├── ダム建設の軌跡

　中国新聞の記者であった真田恭司の著書『来てくれと頼んだ覚えはない』（H14）は、昭和42年の予備調査着手から平成14年の完成まで、温井ダム建設34年の軌跡を描き出している。この書を手に取った時「来てくれと頼んだ覚

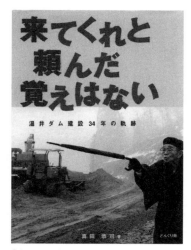

温井ダム建設 34 年の軌跡

真田 恭司 著　どんぐり舎

『来てくれと頼んだ覚えはない』（真田恭司
H14）どんぐり舎

えはない」の言葉が何を意味するのか、す
ぐには理解できなかった。ベレー帽の和服
姿の老人が、蝙蝠傘でブルドーザーを指し
ている。この人が温井ダム対策協議会会長
（2代目）佐々木寿人である。

　この書から、次のように引用する。

【　一、「来てくれと頼んだ覚えはない」。
つまり温井の住民の誰一人として「私達が
住んでいる温井を水の底に沈めてダムを建
設してください」と国や県、広島市に頼ん
だりお願いした者はおりません。

　一、現在、温井の住民の誰一人として生
活に困っているわけではありません。土地
を手放してまで生活を変える必要は、爪の垢ほどもないのです。今の生活を
続けられることが十分に幸せなのです。

　一、だからダム建設に対して温井の住民全員が反対なのです。

　一、ただし、ダムができることにより益を受ける下流域（広島市など）に、
私達の親類縁者もたくさん住んでいます。その人達を困らせるようなことは
したくありません。またわれわれの子々孫々のために、どうしても必要な施
設であるというのなら、頑強に「反対」ではなく話し合うだけの度量は持ち
合わせています。私達だけで社会や国を構成しているわけではありません。
要は共存共栄ということです。

　一、ただし、話し合うには条件があります。

　条件というのは、

　一、ダムの湖畔に温井地区の全員が住めるような新しい土地（団地）を造っ
てもらいたい。ただ団地をつくるのではなく今の集落を再現したい。

　つまり住宅はもちろんですが学校、神社も今まで通りのものを建設しても
らい、その地で今まで通りの近所付き合いをし、以前と変わらぬ生活を続け
たいということです。

　一、私達が望んで土地や家を手放すわけではなく国の政策により立ち退く

のですから、現在以上の生活が保証できるような環境整備計画を示してくだ
さい。

一、その整備計画を見たうえでイエスかノーか答えます。

一、前にも申しましたが、あなた方（国）が「来たい」といって一方的に来
たのであって、私達が「来てくれ」と頼んだわけではないので、こちらから
「あの計画はどうなりましたか」と問い合わせたり、用事があっても、こちら
からわざわざ出向いて行く筋合いはありません。だから整備計画などできた
らその都度あなた方からダム対策協に内容を示してください。動くのはすべ
てあなた方ということです。

一、窓口はダム対策協と国（建設省）の二者に絞ってすっきりとした形で交
渉したい。間に加計町や広島県、広島市などが入るとややこしくなり成るも
のも成らなくなるからです。それに、私達にもそれだけの人と暇はありませ
ん。ですから町や県、広島市がダム対策協に用事があったらすべて建設省を
通して私達に伝えてください。】

3 ├──温井ダム方式

このように、佐々木寿人会長は、調査や工事よりも、常に水没者の生活再
建対策について重要視した。交渉にあたっては、「立ち退き後の将来ビジョ
ン」を示させ、その条件を水没者の全員が納得した時に、初めて調査や工事
を了解した。この手法を「温井ダム方式」と呼ぶ。会長は「温井ダム方式」
の理念を補償の精神として根底にすえ、事にあたった。このことが「来てく
れと頼んだ覚えはない」の表現と連動してくる。

この地域は農業と林業を主とした生活であり、当初水没家屋13戸、非水没
家屋14戸と分かれ、水没農地も少なく、温井ダムは「水源地域対策特別措置
法」に基づく対象のダムとはならなかった。このために起業者は、非水没家
屋14戸における補償の取り扱いを含めて、大変苦慮した。

熟慮を重ねた結果、起業者は、水底になる国道186号線から標高差にして
150m上がった小温井、後温井地区非水没家屋14戸の存する地域を集団移転
地に決定し、非水没家屋14戸を補償の対象として取り込むこととした。関係
者の了解を得て、山を掘削し、谷を埋めて、宅地1区画平均約1,000㎡、農地

1戸あたり平均約4,000㎡の造成を行った。この移転地は温井ダムサイト右岸側から至近距離のところに位置し、ダム湖畔が目の前である。

　今では、集団移転地の新温井団地内に、加計町から浜田市方面へ付け替えた国道186号線が貫いている。新温井団地には集会場、グラウンド、消防水利兼用プールの公共施設を中心に、それを取り囲むように国道の両側に新家屋が建っている。山側には河内神社、共同墓地が移転され、近くに農地が点在し、農業作業所、ぬくい木工センターも設置された。それぞれの家屋、公共施設、農地がほどよい間隔で配置され、従前の集落が再現されたように、社会的、文化的なコミュニケーションがよく保たれている。移転者のほとん

至近距離から放流の様子を見ることができる有数の観光スポット

どが新温井団地で生活再建を図り、従前と変わらない生活、いやそれ以上の生活を送っている、といえる。前述の「ダム湖畔の地で、今まで通りの近所付き合いをし、以前と変わらぬ生活を続けたい。現在以上の生活が保証できるような……。」という、佐々木会長の生活再建の希望が叶った。

4 ├── ダム建設の特徴

温井ダム建設の特徴をいくつか挙げてみる。

①温井ダムは、水特法の対象外のダムであったために、下流域の広島県、広島市等が地域整備事業に全面的に協力を行った。

②加計町は、「温井ダム建設を起爆剤として町の活性化を図る」の方針で地元民に対し親身になって、温井地区の再編事業に取り組んだ。

③起業者は、非水没家屋の地域を移転地と決定し、非水没者を補償の対象者として取り込んだ。

④温井ダム対策委員会は、補償交渉にあたっては「温井ダム方式」を貫いた。

⑤温井ダムの施工にあたっては、原石山を選定せず、ダムサイト地点を掘削し、原石を採取し、骨材に使用した。

⑥工事期間中の施工者の宿泊施設は「川・森・文化交流センター」に引き継がれ、文化ホール、図書館、民俗資料館、学習室、研修、宿泊施設として多目的に利用され、加計町における文化の発進地となっている。

⑦材料置き場等の跡地は、多目的広場、公園、グラウンドに利用され憩いの場となり、また温井ダム湖祭りのイベント会場にも使用され、さらに、温井ダムには自然生態公園の散策やダム施設見学を含めると、年間35万人が訪れている。

⑧雇用については、新温井団地から至近距離にある、「温井スプリングスホテル」「ぬくい木工センター」「レストラン」「サイクリン

温井ダムパンフレット（国土交通省中国地方整備局温井ダム管理所 2007.12）

グセンター」「川・森・文化交流センター」の施設に採用されている。

　紆余曲折を経て、多くの人々の尽力と協力によって、温井ダムは、昭和61年11月に補償基準の調印式が行われ、昭和63年11月新温井団地での生活が始まった。平成3年3月ダム建設本体工事に着手、平成6年5月ダム堤体コンクリート打設を開始、平成14年3月竣工を迎えた。

5 ┤──ベストリードの基を築く

　温井地区の移転者が綴った『湖底の郷愁』（太田編H10）に、「温井ダム音頭」（大倉正澄作詞・佐々木浩司作曲）が、次のように掲載されている。

　　　ハアー　温井大橋アーチダム
　　　恵みの水の行く先は
　　　平和の都ひろしまと
　　　花とミカンの瀬戸の島
　　　ほんに良いとこ
　　　（ハ、ヨイショ　ヨイショ）
　　　ホンマニ　ヨイトコ　温井ダム

　温井ダムの完成によって、広島都市圏の洪水を防ぎ、安定的に都市用水（3.46㎥/s）を供給し、最大出力2,300kWを発電し、公共の福祉の向上が図られている。

　佐々木寿人会長は「来てくれと頼んだ覚えはない」との信念を持ち、広島県、広島市の行政関係者、さらには起業者に対し媚びることもなく、「温井ダム方式」を貫いた。それ故に、1人の脱退者も出さずに27戸80余人の被補償者にベストリードの基を築いた、といえる。昭和59年6月12日「わしもダムを見て死にたかったのう」とポツリと本音をもらし、その78歳の人生を閉じた。

用地ジャーナル2004年（平成16年）7月号

［参考文献］
『来てくれと頼んだ覚えはない』（真田恭司 H14）どんぐり舎
『湖底の郷愁』（太田五二編 H10）温井ダム対策協議会

土師ダム
（広島県）

県の総合開発計画に基づく
多目的ダムの建設をあくまで主張して

1 ├──江の川の流れ

　江の川は広島・島根県にまたがる「中国太郎」の異名を持つ中国地方最大の河川である。中国山地の真中あたりを、ちょうど中国山地を横切る形で日本海に注いでいる。江の川について、水の文化情報誌「FRONT　no.210」（H18）により引用しながら、その流れを追ってみる。

　水源の広島県北広島町の阿佐山（標高1,218m）から島根県江津市の河口までの直線距離は30kmに過ぎないが、円を描くように中国地方を迂回して流れているため、幹川流路延長はその6倍以上の194kmに及ぶ。流域面積3,900㎢、流域内人口約20万8,000人である。

　江の川の上流は可愛川と呼ばれる。島根との県境にそびえる阿佐山を発した川は、北広島町東部を南東に流れて安芸高田市の土師ダムに入る。なお、北広島町西部は太田川水系の源流域となっている。後述するが、土師ダムは昭和49年に完成した多目的ダムで、洪水調節、水道用水の供給など重要な役割を果たしている。また、八千代湖と呼ばれるダム湖は、広島市から約1時間の近距離にあるため、行楽地として親しまれている。土師ダムを下った江の川は、北東に向きを変えて安芸高田市を流れる。上流域の北広島町、安芸高田市一帯は山間部だが、出雲文化の影響を受けて早くから開け、神楽や田楽などの伝統芸能が残っている。北広島町大朝エリアは中世には吉川氏の城下町、安芸高田市吉田町は毛利氏発祥の地である。

広島市から約1時間と利便性もよく平成6年「地域に開かれたダム」に指定された

　梨などの果樹園が広がる安芸高田市甲田町を過ぎた江の川はやがて三次盆地に入る。盆地に開けた三次市の中心部で、江の川に馬洗川、西城川、神野瀬川が合流し、一般にここから先が江の川と呼ばれる。山陰と山陽を結ぶ交通の要衝地である三次市は、備北地方の中心都市である。古代、出雲文化、吉備文化の接触点として開けた盆地一帯は砂鉄生産地として知られ、4,000基近くの古墳が確認されているほか、奈良時代の古代寺院跡などがみられる。江戸時代には三次5万石の城下町となり、舟運の拠点として栄えた。その名残りは400年の伝統を持つ土人形「三次人形」や、夏の風物詩の鵜飼に偲ばれる。

　三次盆地を下った江の川は、流路を西に転じ、島根県邑南町の境をなす脊梁山地を先行性の峡谷をつくって流れる。やがて島根県美郷町の中国電力の浜原ダム（昭和28年完成）の下流で大きく屈曲し、川本町を経て江津市に入る。美郷町、川本町は古くから石見銀山街道の一部として、また、舟運として栄えた。カヌーや火振り漁など江の川の恵みを活かした観光も人気がある。最下流部の江津市は、古くから日本海と江の川の舟運で開けた。既に述べてきたが江の川の流域面積は3,900km²であり、そのうち広島県に占める上流部分

が2,640㎢、島根県に占める中流部、下流部が1,260㎢で、両県の割合は2対1となっている。江の川の特徴といえば、中国山地を横断する区間で「江の川関門」というわが国有数の大先行谷を形成していることである。先行谷とは、河川を含む地域が隆起した時、河川の力が強い場合に、河川が元の流れに沿って山地を浸食し、深い峡谷が形成されることをいう。

2 ├── 土師ダムの建設

土師ダムへのルートは、広島駅のバスセンターで吉田行きのバスに乗り勝田で下車して、徒歩20分ほどで秀麗なダムサイトにたどり着く。私が平成23年4月4日に訪れた時は、ダムサイトの桜が歓迎してくれた。

土師ダムは江の川の広島県安芸高田市八千代町地先に、多目的ダムとして、昭和49年に竣工した。土師ダムについては、『土師ダム工事記録』（中国建設弘済会編S50）の書があり、併せて土師ダムのパンフレットにより追ってみたい。まず、土師ダムの必要性について以下のように述べている。

江の川の改修工事は、昭和25年から中・小河川改修事業として、尾関山基準地点における計画高水流量を5,800㎥/sと定め、三次市周辺から着手された。

その後、昭和28年からは直轄改修事業として引き継がれ、下土師地区から

江の川流域図（出典：国土交通省中国地方整備局土師ダム管理所「土師ダム」パンフレット2008.8）

三次までの江の川、三次周辺の馬洗川及び西城川において主として堤防の新
設、拡築、河道掘削などを実施してきたが、昭和40年、昭和47年と数回大
きな洪水に見舞われ、沿川各地に大災害を引き起こしたため、水系一貫の立
場から流量の検討が再度行われ、江の川工事実施基本計画の改訂が行われた。
100年の確率洪水を対象として尾関山基準点における基本高水流量を1万200
㎥/sとし、ダム群の建設によりこれをカットして、7,600㎥/sに調整する。ま
た、河口の江津基準地点では、基本高水流量を1万4,500㎥/s、計画高水流量
1万700㎥/sと定めている。この治水計画の一環として土師ダムを建設し、洪
水調整を図り、なおかつ広島市における人口増加による水道用水の需要に対
処し、工業用水も供給する。事業は昭和41年4月に調査を開始し、昭和49年
5月まで8年間の歳月をかけて土師ダムは完成した。

3 ├── 土師ダムの建設過程

　戦前に土師地点でのダム計画の構想があったが、猛反対で潰れた経緯があ
る。戦後昭和22年から昭和27年までの調査の結果、当初、下土師ダム計画
ができるが、地元住民の強力な反対のため、調査を打ち切る。
　土師ダムの建設過程と完成後の歩みを記してみる。

▼ 土師ダム建設過程と完成後経緯 （昭和28年〜平成20年）

昭和8年	江の川上流部の直轄改修事業開始、基準地点尾関山計画高水流量5,800m/s
38年	水没関係者200名に対し、予備調査立ち入り協力要請、地元の了解を得て下土師地点ダム建設予備調査開始
40年7月	梅雨前線による大洪水起こる
41年1月	八千代町役場に下土師ダム調査事務所開設 江の川一級河川に指定される
5月20日	土地収用法第11条による立ち入りについて県知事告示
8月2日	広島県知事、中国地方建設局長等、地元へ実施調査の協力要請
10月3日	ダム対策同盟会長と中国地建局長との間で「下土師ダム建設事業に伴う基本協定」を締結
11月1日	八千代町内土地測量物件調査開始

42年 5月 2日　川井地区基本協定書締結

43年 2月20日　島根県江の川分水反対同盟結成総会

　　　4月14日　吉田町下土師ダム分水阻止期成同盟会、結成大会

　　　　　　　土師ダム工事事務所発足、ダムの名称を下土師ダムから土師

　　　　　　　ダムに変更

　　　5月 1日　水没者移転先希望実態調査開始

　　　9月 9日　漁業実態調査

　　 11月26日　甲田町分水対策協議会結成

44年1月31日　土師ダム対策同盟会に対し損失補償基準提示

　　 11月 4日　広島県、島根県との分水問題解決、覚書調印

45年 8月21日　土師ダム対策同盟会と損失補償基準の調印式

　　 10月 1日　本体工事着手

46年 4月 2日　転流開始、仮設備、基礎掘削、付替道路工事本格化

　　　5月10日　八千代町公共補償妥結

　　　　　　　上流地区損失補償基準妥結

　　　7月 1日　江の川の出水によりジブクレーン災害

　　　9月11日　八千代町農業協同組合と補償協議妥結

　　　　　29日　上流川井保余原同盟会と損失補償基準妥結協定締結

47年 2月14日　本体コンクリート打設開始

　　　4月10日　高田酪農と補償契約締結

　　　　　11日　土師ダム定礎式

　　　6月23日　宗教法人明願寺補償契約締結

　　　7月12日　中国地方豪雨災害発生、江の川水系全体に未曾有の被害

　　 10月16日　可愛川漁協と漁業補償契約締結

　　　　　20日　江の川漁協と漁業補償契約締結

48年 3月31日　支障電柱、追加取得等全用地取得事務を完了

　　 10月17日　土師ダム工事事務所を管理用庁舎に移転

49年 2月14日　湛水開始

　　　3月31日　ダム本体工事完了

　　　5月23日　土師ダム竣工式

　　　　9月 8日　台風18号による大雨に対し洪水調節
50年 7月 1日　都市用水分水開始、発電開始
51年 5月10日　土師ダム管理所発足
58年 7月23日　梅雨前線による豪雨発生、三次地区から下流部で被災
60年 7月 6日　梅雨前線による洪水最大流入量1,053㎥/s、最大放流量498㎥/s
平成元年4月1日　ダム湖活用環境整備事業（レイクリゾート事業）着手
6年　 4月21日　のどごえ公園完成
　　　　　　　　　第2回「地域に開かれたダム」に指定される
7年　 5月 1日　ダム管理用発電施設運転開始
8年　 9月 8日　土師ダムファミリーキャンプ場完成、生態湿地公園完成
11年 6月29日　梅雨前線による豪雨、上土師低水護岸被災
　　　　11月11日　八千代湖ふれあい大橋完成
12年 3月31日　レイクリゾート事業完了
15年10月12日　土師ダム完成30周年記念式
　　　　　　　　　河川環境の改善のためフラッシュ放流を開始
17年 3月　　　「ダム湖百選」に指定される
18年 2月　　　「土師ダム水源地域ビジョン」を策定する
20年 3月　　　低位放流設備完成

4 ├──土師ダムの諸元

　土師ダムの型式は重力式コンクリートダムで、その規模は堤高50.0m、堤頂長300m、堤体積21万㎥である。ダムの貯水能力は総貯水容量4,730万㎥、有効貯水容量4,110万㎥、その集水面積は307.5㎢、貯水池の最大湛水面積は2.8㎢に及ぶ。ダム天端標高259.0m、洪水時最高水位標高256.4m、平常時最高水位標高254.4m、洪水貯留標準水位標高242.9mである。

　起業者は建設省（現・国土交通省）、施工者は（株）フジタで事業費は100億900万円を要した。なお、主なる補償は、水没家屋203戸、土地取得面積253.6ha（宅地12.5ha、田88.8ha、畑13.6ha、山林・その他138.7ha）、公共補償として八千代町立刈田北小学校移築補償費、プール建設補償、駐在所新設補償、特殊補償として可愛川漁協、江の川漁協に対し、漁業補償を行った。

5 ├── 土師ダムの目的

土師ダムは、洪水調節、不特定用水・河川維持用水、灌漑用水、水道用水、工業用水、発電と、6つの役割を持った多目的ダムとして築造された。なお、水道用水、工業用水、発電の水は、土師ダム湖から取水され、トンネルで江の川から太田川へ分水され、高瀬堰において広島市周辺に供給されている。

① 洪水調節

土師ダムでは、ダム地点における計画洪水流量1,900㎥/sのうち1,100㎥/sの調整を行い、800㎥/sに減じ、ダム下流の水害を軽減する。洪水調節は、下流河川の水位上昇を可能な限り抑え、より安全に洪水を放流することが目的である。土師ダムでは、江の川上流部の流量特性から一定率一定量方式と呼ばれる調節方法を採用し、洪水調節開始流量を200㎥/sとして、より安全な調節放流を行っている。

昭和60年7月5日の低気圧による出水では、最大流入量1,053㎥/sに対し、最大放流量501㎥/s、総調節量953万5,000㎥に達した。また、平成11年6月29日の梅雨前線では、最大流入量1,141㎥/sに対し、最大放流量529㎥/s、総調節量1,385万7,000㎥に及び、下流の水害の減災を図った。

② 河川環境の保全

渇水など河川流量が少ない場合には、ダムから貯水池の水を放流して河川に必要な流量を確保し、これによりダム下流の用水からの取水が安定するとともに、動植物の生息環境が確保され、河川環境の保全を図る。

③ 灌漑用水の供給

灌漑用水として、ダム下流の不特定灌漑用水を確保するとともに、新規に簸ノ川沿岸に灌漑用水の補給を行う。

④ 水道用水の供給

水資源の広域かつ多目的利用を意図し、土師ダム貯水池から約19kmの分水トンネルで30万㎥/日を太田川へ流域変更する。このうち20万㎥/日を広島市や呉市、東広島市、竹原市、瀬戸内海の島々へ、水道用水を供給する。

⑤ 工業用水の供給

分水量30万㎥/日のうち、残りの10万㎥/日は広島市東部工業用水として、供給されている。なお、水道用水及び工業用水は太田川の高瀬堰により取水

されている。

⑥発電

　さらに、太田川への日量30万㎥の分水は、そのトンネルの落差を利用して中国電力（株）可部発電所において、最大3万8,000kWの発電を行っている。

　また、ダム直下でも発電所を設け、ここでは土師ダム管理用のための発電を行っており、余った電力は中国電力（株）へ売電されている。

6 ├── 土師ダム用地補償の経過

　再度、土師ダムに伴う補償交渉の歩みをたどってみる。昭和28年ごろまでは、地元住民はダム建設反対一色であったが、度重なる水害によって、次第にダム建設の必要性が認識されてきた。①昭和38年夏、八千代町立刈田北小学校において水没関係者200名に対し、予備調査の協力要請を行い地元の了解を得て、予備調査が始まった。さらに、②土師ダムが公益性の高い事業との認識に立ち、条件闘争に切り替えたことが土師ダム対策同盟会の結束となり、③昭和41年10月、諸調査、及び工事の実施に関し、協力する旨の基本協

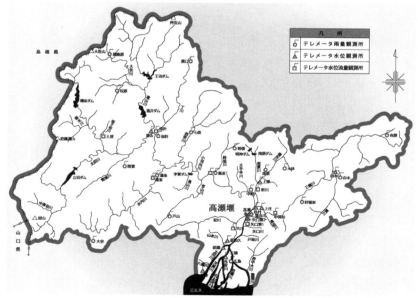

太田川流域図（出典：国土交通省中国地方整備局太田川河川事務所「高瀬堰」パンフレット）

定書が締結された。この3つのことが土師ダム建設へ向けての大きな転機といえるようだ。

　その後、江の川から太田川への分水計画には、島根県などから分水反対が起こり、この調整のため地元との用地交渉が一時中断したが、昭和44年11月分水問題が解決した。これに伴い補償交渉が再開され、昭和45年1月損失補償基準を提示し、45年8月土師ダム対策同盟会と損失補償基準の調印式を終えた。その後紆余曲折を経て用地補償業務は進捗し、昭和48年3月には、全用地取得補償業務は完了した。前述のように「土師ダムが公益性の高い事業との認識に立ち、条件闘争に切り替わったことにより、地元の結束が固まった」とあり、ダム建設に向けて大きく歩みだす。ここに補償の精神をみることができる。

7 ├── 補償の精神

　ダム補償の解決まで、さまざまなハードルを越えなければならない。まずは始めに、地元民からの地質調査等の諸調査のための立ち入りに関する了解であり、次に、土地、物件等における用地調査の了解である。土師ダムの水没関係者は、ダムの目的を治水だけでなく、利水ダムとして造ることを強く要望し、このことをダムを受け入れる条件として掲げたことである。次のように、新聞では報じている。

①「多目的」に計画変更　地元立ち入り調査認める（昭和41年8月3日読売新聞）

　【　江の川支流の高田郡八千代町下土師地区を流れる可愛川に中国地建は四十五年度完成でダムを計画していたが二日、現地の八千代町刈田小学校で開かれた立ち入り調査説明会に出席した中国地建小林局長は「基本計画を立て直し水資源の有効利用をしたい」また永野知事は「水没農家に対してはできるだけの措置を考えている。治水利用のほか瀬戸内海地域には水の確保が重要なのでダムは最大限に活用したい」と多目的ダムを建設する意向を明らかにした。

　　地元水没農家二百五十戸を中心につくっている下土師ダム対策委員会（細田隆雄委員長）と地元町はさる三月同ダムが治水だけを目的にしたものであることを知り県の総合開発計画に基づく多目的ダムの建設をあくまで主張して

実地調査の立ち入りを拒んでいたが計画のあらましがわかったので同日工業用水を含めた多目的ダムにすることの含みで調査を一応認めた。】

②基本協定に調印　工業用水の要望通る（昭和41年10月4日中国新聞）

【　基本協定は①ダム建設は工業用水、発電、洪水調節の目的で実施する。②補償交渉は、中国地建と地元との話し合いに基づく。③着工は基本的な話し合いがすべて終了したあとにするなど、十五項目である。特に広島周辺の利水を加えた多目的ダムは、地元の強い要望に基づくもので、基本協定の中心になっている。】

8 ├── 目的条件要求の稀有な例

　以上、土師ダムの建設過程について述べてきたが、ダム調査の立ち入り条件に、水没者にかかわる生活再建対策が、通常は要求されるものであろう。だが、土師ダムでは、ダム計画におけるダム目的として工業用水の供給などが加わることによって、建設が受け入れられる条件になった。このような目的条件の要求となったダム建設は、稀有なことではなかろうか。それが治水以外にも多目的ダムとして、灌漑用水の供給、水道用水の供給、工業用水の供給の役割を持つ築造の要求である。それに環境維持用水、発電を伴うダムとなった。

　このようになったのは、治水オンリーのダム建設であった場合、広島都市圏には、なんらメリットのないダムになってしまったからであろう。水没者の条件というよりは、地元千代田町と広島県の意向が強く動いた結果であったと言わざるを得ない。その根底には、江の川から太田川への分水計画があったからである。昭和44年11月4日島根県と広島県は分水覚書締結、分水協力料として4億8,000万円で同意している。分水された水は、太田川高瀬堰から取水され、広島都市圏に都市用水として、供給されている。

用地ジャーナル2011年（平成23年）6月号

［参考文献］
「FRONT no.210」（H18）リバーフロント整備センター
『土師ダム工事記録』（中国建設弘済会編 S50）中国地方建設局三次工事事務所土師ダム管理支所

柳瀬ダム
（愛媛県）

その我々を前にボートとは何ぞ
観光客とは何ぞ

---

1 ┃── 銅山川分水の悲願

　のどは口腔の奥で食道と気道とに通ずる大切な部分である。「のどが渇く」とは人の物を羨み、欲しい気持ちを表し、さらに「のどから手が出る」とは、欲しくてたまらないたとえに使われる。古代から水の少ない地域は「のどから手が出る」ほどに、水を渇望した。

　「山腹をぶち抜いて大川（銅山川）の水が引けたら」

　「夢みたいな話じゃ、おまえアホじゃないか」

　「夢でもええ、宇摩の百姓が生きる道はこれしかない」

（『吉野川・利水の構図』芳水S45）

　宇摩の人々にとっては、法皇山脈の向こう側を流れる銅山川の分水を図ることが、江戸期からの悲願であった。この願いは、昭和28年柳瀬ダムの完成によってようやく叶った。

　宇摩地方は愛媛県の東端に位置する川之江市、新宮村、伊予三島市、土居町のことで、平成16年4月1日この2市1町1村は合併し、四国中央市が誕生した。人口9万6,000人、面積419.9㎢。今日では紙産業が盛んでパルプ工場が集中し全国的に製紙工業地帯として有名であるが、昔から水不足に悩まされてきた。

　この宇摩地方は、瀬戸内海燧灘沿岸に面した細長く開けたところで、背景に標高1,000m級の法皇山脈が東西に走っている。この山脈の山麓に沿って急

斜面が続き中央構造線による断層崖をみる。この崖から燧灘にかけて台地があり、海岸のゆるやかな傾斜となって宇摩平野を形勢している。瀬戸内海気候で年平均降水量は1,500mmと少ない。この平野には金生川、赤之井川、関川が流れているが、いずれも小河川で短く、また急勾配であるためにたびたび水害と干害に見舞われている。

　銅山川は、愛媛県東部を徳島県へ流れ、紀伊水道へ注ぐ一級河川吉野川の支川である。延長55km、流域面積280㎢で下流の徳島県では伊予川ともいわれている。水源を石槌山系冠山（標高1,732m）に発し、富郷渓谷等の深い漫蝕谷を作りながら東流し、馬立川、中の川、猿田川などを合わせ徳島県三好郡山城町の小歩危の北で吉野川と合流する。河川名は、かつて我が国最大の銅山であった別子銅山（昭和48年閉山）を流れていることに由来する。

　銅山川流域は四国山脈の多雨地帯であり、降雨は梅雨期、台風期に集中し、年平均降水量は2,500mmである。銅山川の豊富な水の利用は、藩政期以来、水の不足する宇摩地方への分水構想に始まり、昭和11年愛媛県と徳島県との確執を経て、ようやく分水協定が締結された。現在では、銅山川の水は柳瀬ダム（昭和28年完成）、新宮ダム（同51年完成）、富郷ダム（平成12年完成）により、宇摩地方に灌漑用水、水道用水、工業用水として、また発電に利用され、川之江、伊予三島の地域は製紙工業を中心とした用水型産業を基幹として発達してきた。

2 ├── 銅山川分水の歴史

　江戸期から銅山川の分水については、多くの方々の尽力がなされた。愛媛県と徳島県との激しい分水論争を柳瀬ダムの完成まで克明に描いた『銅山川疏水史』（合田編S41）からその経過と、その後の分水協定までを追ってみたい。

▼ 銅山川分水協定までの経緯（安政2年〜昭和41年）

安政 2年	宇摩地方の三庄屋が今治藩三島代官所に疏水事業の目論見書を差し出す
文久年間	三島代官所松下節也は疏水計画を指示するが、幕末の動乱で破綻
明治 6年	三島、中谷根、松柏などの有志が共同事業で疏水計画
28年	神戸の外国商社サミエル管理人が計画、別子鉱毒で水田不適の噂

となり中止

32年　死者513名の大洪水が起こり、鉱毒が銅山川に流出（銅山川鉱毒事件）

33年　大阪の事業家松浦義光が、灌漑用水と発電計画
　　　徳島県の反対にあう

40年　中之庄村の高倉要が計画、日露戦争後の経済変動で高倉財閥打撃を受け中止

大正 3年　岡山の紀伊為一郎が分水事業計画を愛媛県に申請

13年　宇摩地方干ばつ
　　　宇摩郡全町村長、町村議員連署にて内閣大臣に分水計画許可を請願
　　　宇摩郡疏水組合の設立

四国で初めての多目的ダム

14年	銅山川疏水事業期成同盟会の結成
	三島町公会堂で郡民大会開催
昭和 3年	愛媛県柳瀬ダムによる分水計画を提出
6年	銅山川分水を愛媛県、徳島県両知事協議
	両知事覚書を締結（仮協定）
	徳島県議会の同意が得られず
7年	徳島県議会で分水反対満場一致で可決
9年	宇摩地方干ばつ、徳島県室戸台風で被害
10年	分水実現不可能と組合の解散論が出る
	愛媛県は分水認可を政府、徳島県に働きかける
	内務省は、愛媛県に計画縮小を指示、発電計画の中止、分水量1,935㎥/sに変更、両県に斡旋を図る
11年	第1次分水協定の締結（灌漑用水のみ分水、柳瀬ダムの築造、下流放流の義務づけ）
12年	愛媛県営による宇摩地方に分水する隧道着工
	日中戦争により17年に中断
20年	太平洋戦争により軍需省が発電参加要請
	第2次分水協定の成立（発電を含める）
22年	内務省は吉野川の治水の必要から未着工であった柳瀬ダム事業に洪水調節を含ませる
	第3次分水協定の成立、隧道工事の再開
24年	愛媛県の委託で建設省が柳瀬ダム建設に着工
25年	仮通水式挙行、初めて銅山川の水が宇摩地方に流れる
	ジェーン台風により柳瀬ダム工事一時中止
26年	隧道貫通後の取水について、柳瀬ダムの完成をまたずに分水できる
	第4次分水協定の成立
	工業用水利用の道を開く
28年	柳瀬ダム完成
	銅山川第1発電所竣工
29年	銅山川第2発電所竣工

33年　第4次分水協定はダム下流の責任放流が一定のため、吉野川の中
　　　流部基準点（徳島県阿波郡阿波町岩津）の流量により調整放流できる
　　　第5次分水協定の成立
36年　第2次室戸台風
39年　分水増量なる、川之江市へ分水する幹線水路完成
41年　吉野川総合開発計画の策定
　　　早明浦ダム建設への愛媛県の参加によって銅山川の分水は下流責
　　　任放流がなくなる

3 ├── 柳瀬ダムの建設

　昭和12年柳瀬ダムは隧道工事を着工したものの昭和17年日中戦争により中
断した後、終戦後の昭和22年に工事を再開して同28年に完成した。

　柳瀬ダムの諸元は堤高55.5m、堤頂長140.7m、堤体積約13万1,000㎥、総
貯水容量3,220万㎥で、直線重力式コンクリートダムで、総事業費27億5,000
万円である。起業者は愛媛県から委託された建設省、施工者は鹿島建設（株）
である。

　ダムの目的は計画高水流量2,600㎥/sのうち1,200㎥/sの洪水調節を行い、
宇摩地方の水道用水として最大0.35㎥/s、工業用水として最大2.55㎥/s、灌
漑用水として年間650万㎥を供給し、銅山川第1発電所最大出力1万700kW、
銅山川第2発電所最大出力2,600kWの発電を行っている。

　分水方法は法皇山脈をくり抜き2,783mの隧道で銅山川の水を宇摩地方に供
給し、さらに分水は上柏の馬瀬谷上の調圧水槽に達した後、灌漑用水に配水
される。幹線水路は土居町方面へ西部幹線水路延長13.5kmと、川之江方面
へ東部幹線水路延長5kmから配水されている。

4 ├── 用地補償の経過

　柳瀬ダムにかかわる用地補償の諸元は、移転戸数160戸（金砂村、富郷村）、
移転世帯数186世帯、田43反、畑348反、山林558反、宅地1万6,420坪、墓
地935坪、索道2件、鉱山1件となっている。補償交渉は難航した。

　次に補償の経過を追ってみる。

24年 9月　地建は第1期工事として仮排水路、仮締切等の入札を行う

　　　　　これを知った金砂、富郷両村水没者は補償問題解決前にダム工事
　　　　　に着手するとは遺憾として抗議を行う

25年 7月　金砂村水没者補償増額要求

　　 8月　水没補償の個人交渉開始

　　10月　補償費増額を知事に陳情

26年 3月　精神補償の決定

　　 8月　銅山川残留者は立退対策会で真情を県民に訴える （むしろ旗行進）

27年 4月　物価インフレに伴って知事宛追加補償要求書提出

　　 6月　追加補償額の決定

　　11月　追加個人補償金の支払

　このようにみると、補償解決前の着工が行われており、水没者は行政側に対して、根強い不信感を抱いた。

5 ├── 補償の精神

　前掲書『銅山川疏水史』のなかに、水没者藤原為行の「湖底に沈んだ故郷」と題した、補償にかかわる心情が表現されている。

　【知事や県当局は果して銅山川住民の切実な問題を本気に心配してくれていたでしょうか。およそその考えは、住民の土地や建物を時価相場で買いとり、お添えものとして立退きに要求する実費補償を少しやれば、喜んで立退くだろう。何を好んで山中の不便な原始生活をするものであろうか。今度こそ浸水地帯の住民は、原始生活から解放されて、町へ引っ越し、文化の風に浴する絶好の機会であり、ダム工事こそ彼らにとっては福の神が舞い込んだようなものだと、寧ろ恩恵を施すが如き口振りさえ洩らすものもないではなかったようです。】

　一方、山上次郎県議会議員は、

　【銅山川湖水池のほとりに佇む時、この大事業に長い忍苦と、尊い犠牲と、深い悲しみと、大きい喜びとが秘められている】と述べ、さらに補償交渉の一端を描いている。

【〈人形が芥と共に流れ来ぬ　立ち退き近き村の銅山川に〉この歌は、昭和
二十七年、当時県議として金砂村の立ち退き補償のお世話をするために、金
砂を訪れた時のものである。

　　路傍には菰巻にした墓石があったりした。暑い日であった。前夜の話合い
も功を奏さず、悲痛な思いで見つめる銅山川に棄て雛がごみ、あくたと一緒
に流れてゆく。その時ほど立退者の悲壮さが身にこたえた事がなかった。

　　補償の会談の席上、土木部長が、何れ湖水が出来たら、ここはりっぱな観
光地になって、ボートが浮かびにぎやかになる。ここに放流される紅鱒は観
光客を慰めるし、このさびしい山奥も一挙ににぎやかになるよ。と一寸口を
すべらせると、何を！我々湖底に沈む者にとっては、故郷がなくなるんだぞ。
お墓参りさえ出来ねえんだぞ。その我々を前にボートとは何ぞ。観光客とは
何ぞ。と食ってかかった村人の血相変えた姿と、血を吐くような叫びがいま
だに耳に熱いようだ。】

　　この土木部長の悪意のない失言は、水没者の心情を大いに逆なですること
になった。郷土を棄てようとする水没者の感情を共有せず、また水没者の生

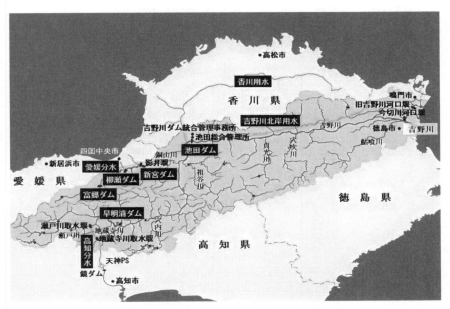

吉野川流域図（出典：国土交通省四国地方整備局吉野川ダム統合管理事務所HP）

活再建対策を真剣に考えようとせず、その心底には前述の「原始生活から解放されて、町へ引っ越し、文化の風に浴する絶好の機会であり、ダム工事こそ彼らにとっては福の神が舞い込んだようなものだと、寧ろ恩恵を施すが如き口振り」であったのだろうか。

　ダムを造る側の根底に、このような考え方はマイナスの「補償の精神」にほかならず、交渉合意の道のりはほど遠い。ダムを造られる側にとっては、到底容認できないことである。しかしながら、ダムを絶対に必要とする造る側は、その当時としては思い切った追加補償を行い、解決に至っている。

6 ├── 黄金ともいえる水

　昭和28年「のどから手が出る」ほど、欲しかった水が導水されるようになった。【馬瀬に集う人々の顔はみんながみんな喜悦に輝いている。隧道口にしゃがんで水の出を待つ人々の眼は百年もの長い間待ちに待った歴史的な光りさえも帯びているようだ。あっ！、水だ！、出たぞ】（『銅山川疏水史』木川清一）。

　〈法皇山脈を　くり抜いて水を　取ると言いし　夢想をうつつ　躍り出づる水〉（山上次郎）

　この黄金ともいえる水は、灌漑用水、水道用水、工業用水、発電用水に供給され、宇摩地方の農業、工業、産業の発展の基礎をなしている。「のど元過ぎれば熱さ忘れる」とは、苦しさが去ればその恩を忘れることをいう。だが、この銅山川分水事業に尽力されたダム水没者を含め、あらゆる人たちの恩は「のど元過ぎても」忘れてはならない。

用地ジャーナル2005年（平成17年）8月号

［参考文献］
『吉野川・利水の構図』（芳水康史 S45）芙蓉書房
『銅山川疏水史』（合田正良編 S41）愛媛県地方史研究会

九州・沖縄

寺内ダム

（福岡県）

私共は、用地知識を積極的に
水没者に与えることによって

1 ├── 年金のありがたさ

「今じゃ、年金をもらえるようになって、いい身分ですバイ。私はダムができて良かったと思うちょる。なにせダムがこなかったら向こうの畑で一生耕して老いていたかも知れん。ダムができると、すぐに近くの工場に働きに行くようになって、そのお蔭で今では、年金をもらっちょるバイ。年金てありがたいなー」

このような話が返ってきた。この老婦人は、昭和53年1月福岡県甘木市（現・朝倉市）大字荷原地先に建設された寺内ダムの水没者の1人である。

現在65歳の高齢者人口が20％を超えるようになった。人口1億2,000万人のうち2,400万人を占める。平均寿命は女性85歳、男性77歳という。定年後の人生が20〜30年続く時代であり、ますます少子化と老齢化が進む。このことから年金の受給の恩恵は大きい。水没者の年金受給のありがたさを物語っている。

2 ├── 寺内ダムの建設

寺内ダムは福岡県甘木市のほぼ中央を流れる筑後川水系佐田川の上流域に昭和53年1月に竣工した。ダムの目的は、
①ダム地点の計画高水流量300㎥/sのうち180㎥/sの洪水調節を行い、佐田川及び筑後川本川沿岸の洪水被害の軽減を図る。

②筑後川下流の既得取水の補
給を行うなど、流水の正常な
機能の維持と推進を図る。
③両筑平野の甘木市など2市3
町の農地約5,900haに農業用水
最大8.05㎥/sを江川ダムとの
総合利用により補給する。
④水道水3.65㎥/s（福岡地区水
道企業団1.669㎥/s、福岡県南広域
水道企業団0.777㎥/s、佐賀東部企

筑後川の大洪水による被害を防ぐため筑後川上流ダム群に引き続き計画された

業団1.065㎥/s、鳥栖市0.139㎥/s）の必要補給量を江川ダムとの総合利用により
供給する。

　ダムの諸元は、堤高83m、堤頂長420m、堤体積300万㎥、総貯水容量
1,800万㎥、地質は黒色片岩、ロックフィルダム、総事業費254億円、起業者
は水資源開発公団（現・(独)水資源機構）、施工者は(株)間組と日本国土開発
(株)との共同企業体である。

　なお、補償関係については用地取得面積114ha、水没関係5集落147世帯の
うち移転数57世帯となっている。

3 ├── 寺内ダムの補償経過

　寺内ダムの交渉団体は水没者の「寺内ダム建設対策地主協議会」（約160名）
と、ダム直下の住民たちによる「寺内地区ダム対策協議会」（42戸）の2団体
である。特筆されることは、調査所開設以降、1年6か月間の短期間で一般補
償基準妥結したことである。

　その補償交渉を追ってみる。

▼ 寺内ダム補償交渉経緯 （昭和46〜53年）

46年 2月　　　　寺内ダム調査所の発足
　　　 3月30日　水没標示等の測量及び技術関連の一切の調査に関し「協定」
　　　　　　　　の締結
　　　 7月11日　「土地測量及び物件等の補償調査」に関し協定締結

10月30日　「土地及び物件等補償調査」に関し協定の締結

12月26日　補償基準の提示

47年 4月　　　寺内ダム建設所の発足

7月22日　8部会（土地、家屋、山林、果樹、残存残地、通損、課税対策、特産物）の合意項目、基準額すべて確認

8月 9日　補償基準の調印式

12月22日　公共補償基本協定書の締結

48年 3月　　　各自集団移転ではなく、全戸移転終了

53年 1月　　　寺内ダム竣工式

4 ├── 補償の精神

寺内ダムの建設については『寺内ダム工事誌』（寺内ダム建設所編S55）が発行されている。

当時、補償交渉に携わった草場不蹉夫用地課長は「全国用地（第8号）」（S52）に、寺内ダムの用地交渉について述べているが、ここに「補償の精神」をみることができる。

【調査所が発足いたしまして実質的に業務が軌道にのりましたのは、46年の3月に入ってからでございました。まず最初は、型どおりの事業説明会を開きまして各地区を廻ったようなわけでございますが、ただ、初期の段階におけますこの種の交渉の成否如何によっては、その後の交渉事を大きく左右する素因にもなりかねないということを十分に戒め、慎重に対処いたしました。特に、用地問題に多くの時間をさき、水没者等の質問に対しましては、抽象的な表現をできるだけさけ、その場で理解願える意志をもって具体的にわかり易く説明することを心がけておりました。私共は、用地知識を積極的に水没者に与えることによって、諸問題の解決のための判断材料にしてほしいという考えからでございます。】

その「補償の精神」は、水没者の一番関心事である用地問題（生活再建）に多くの時間をさいて、用地知識を積極的に与え、アカウンタビィリティー（説明責任）を十分に果たしたことである。

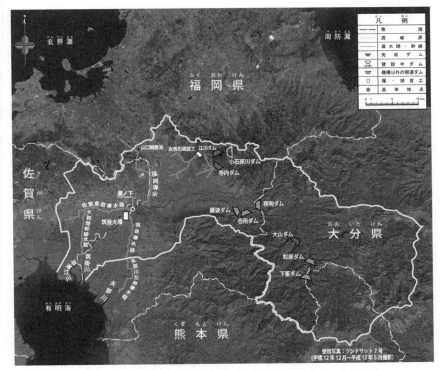

筑後川流域図（出典：（独）水資源機構朝倉総合事業所寺内ダム管理所パンフレット H28.1）

5 ├── アカウンタビィリティーの対応

　水没者との信頼関係を構築するために、「用地知識を積極的に与える」とい
う具体的なアカウンタビィリティーについて、いくつかまとめてみる。
①繰り返すことになるが、最初の説明会では、ダムの必要性、技術的な説明
は控えめにして、用地補償の件について多くの時間をさき、抽象的な表現は
避け、その場で理解できるようにわかり易く説明を行った。
②役員に『損失補償基準要綱の解説』の本を配付し、補償にかかわる学習を
行い、用地補償の知識を積極的に吸収することによって、補償問題の解決の
ための判断材料としてもらうように心がけた。
③建物、立木、庭木の調査方法には、水没関係者の注視のもとで、モデル調
査を実施した。

④土地調査については、国土調査法に基づく地積調査が完了済であったため、一筆調査に代え、公図の使用の了解を得た。

⑤調査の了解時に、水没線標示杭設置の測量も併せて了解を得た。これによって、相互に補償物件の適格な状況が把握可能となった。

⑥調査前に、補償基準を示せとの要求に対し、水没者全員注視のもとで、水没家屋の平均的な1戸を想定し、隣接の昭和44年における江川ダムの妥結補償の基準を採用し、補償額を算定し、今後の生活設計の目安にしてもらった。

⑦調査時には、役員と一緒に氏神様に調査の無事息災を祈願した。

これらを通じ、最初の調査時に水没関係者との信頼関係を得たことは、その後の補償基準、上下流地区にかかわる公共事業、事業損失の各々の交渉にも労苦はあったものの、より良い結果をもたらした。なお、昭和49年8月9日、用地補償基準の調印式は水没者夫婦同伴の出席のうえ行われている。

6 ├──「情報公開法」の先駆け

以上、寺内ダムの補償交渉について述べてきたが、「私共は、用地知識を積極的に水没者に与えることによって、諸問題の解決のための判断材料にしてほしい」という、「補償の精神」は草場用地課長をはじめ用地担当者の水没者との信頼関係の構築につながったといえる。またこのことは、すでに「情報公開法」の基本的な考え方を先取りしたともいえよう。

用地担当者の労苦を振り返る時、「ダムができて良かったバイ、年金をもらえるようになった」という老婦人の言葉が重なってくる。

寺内ダムは完成後30年経った今日、水害の防止を図り、灌漑用水、水道用水を供給しながら筑後川流域の人々に大きく貢献している。

このダム建設に尽力された塚本倉人市長は「福岡市民よ、蛇口の向こうに甘木市の森林があることをおもいなさい」と話されていた。「飲水思源」の精神も忘れてはならない。

〈眠らんと する山々や ダム光る〉 （斉藤和雄）

用地ジャーナル2006年（平成18年）1月号

［参考文献］
『寺内ダム工事誌』（寺内ダム建設所編 S55）寺内ダム建設所
「全国用地（第8号）」（S52）

筑後大堰
（福岡県・佐賀県）

ノリ期における新規利水の貯留及び取水は流量一定以下の時は行わない

1 ── 筑後川の流れ

　ぶらぶら歩くと下水道のマンホールの蓋に出くわす。そのマンホールの蓋には、必ず市町村のシンボルが刻まれている。その蓋を眺めれば、歴史と文化の一端を見ることができる。たとえば筑後川の上流の水郷日田市のマンホールは、「鵜飼」が描かれている。中流の田主丸町は芥川賞作家火野葦平が愛した「河童」の姿で、至る所にほほえましい河童の像が建立されている。また、佐賀市内に入ると、有明海に生息する「ムツゴロウ」が愛嬌をふりまいて旅人を歓迎してくれる。私が住んでいる久留米市も市のシンボルマークとして、マンホールの中央に「耳納連山」と「筑後川」の流れが描かれ、そして「久留米ツツジ」が見られる。久留米市は筑後川の中流域の30万人の人口を擁する中核都市である。産業は主にゴム製品が生産され、ブリヂストン・タイヤやアサヒ靴などが有名である。

　さて、筑後川の流れについて追ってみたい。

　筑後川は、九重連山及び阿蘇外輪山を水源に、林業及び温泉地帯を流下し、水郷大分県日田市に入り、夜明峡谷を通過し、福岡県久留米市、朝倉市等を流れ、肥沃な筑紫平野を形成し、佐賀市から早津江川を分流し有明海に注ぐ、幹川流路延長143km、流域面積2,860㎢の九州最大の大河である。筑後川が流入する有明海は、干満の差6mに及ぶ内湾であり、ノリの養殖をはじめ、多くの水産資源に恵まれる宝の海と呼ばれている。有明海のノリ養殖は日本一

筑後大堰（出典：（独）水資源機構筑後川局筑後大堰管理室「筑後大堰　ちっごと共に歩む」パンフレット H29.3）

の生産高を誇っているが、冬季に晴天が続くと極端に栄養濃度が低下し、ノリの色落ち被害が発生する。筑後川では、このような場合、現在では、上流の下筌（しもうけ）ダム、松原ダムから放流し、有明海に流入する栄養塩類を増加させ、一定の効果をあげている。

　筑後川の特徴は、藩境、県境の川であることで、江戸期までは上流から日田天領、黒田藩、有馬藩、立花藩、そして鍋島藩を流れ、現在では熊本県、大分県、福岡県、佐賀県の県境を流れる河川であるため、それぞれの藩・県の利益と損失での争いが続いてきた。また、筑後川の下流域は、感潮河川で塩水を含んだ水が上げ潮の時は逆流し、その上げ潮にのってきた淡水（アオ）を農業用水として長らく利用してきたが、筑後大堰の建設によって、アオ取水が合口された。それに感潮河川・汽水域では珍しいエツなども生息する。前述のように、筑後川の流量は有明海のノリ業と密接に関係しており、この流量をめぐって筑後大堰の建設時に、ノリ生産者即ち福岡県有明海漁業協同組合と佐賀県有明海漁業協同組合との間に激しい利害関係が生じ、大紛争が起こった。

2├──筑後大堰の建設

　筑後大堰の建設については、『筑後大堰工事誌』（水資源開発公団筑後大堰建設所編S60）、『筑後大堰写真集』（同建設所S60）及び筑後大堰パンフレットにより見てみたい。

　筑後大堰は、水資源開発公団（現・（独）水資源機構）によって、昭和60年3月、筑後川河口から上流23km地点に完成した。右岸は佐賀県三養基郡みやき町大字江口、左岸は福岡県久留米市安武町大字竹島に位置する。この位置の瀬の下地点は、佐賀県側の背振山と福岡県側の耳納山の裾野が両側から延びて

狭窄部となっているところで、感潮域上限域でもあり、筑後川水系の水資源開発の「要」となっている。河口23kmの大堰建設後は、この地点までしか潮が上がってこなくなった。

　堰の型式は可動堰、総延長約501m、5門の主ゲートのほか閘門（舟通し）1門と魚道2か所を設置。河道整備工事として、低水護岸左右両岸合計14km、浚渫・計画河床までの掘削と上鶴床固の撤去、高水敷造成、金丸川付替工、舟着場工などを行った。大堰の貯水域は上流の小森野床固及び宝満川の下野堰までの総貯水容量は550万㎥、有効貯水容量93万㎥である。

　筑後大堰事業の目的は治水と利水である。

①治水

　筑後大堰の設置により、既設固定堰上鶴堰を撤去するとともに、河道拡幅（低水護岸と高水敷整備）、浚渫を行い、河道の洪水疎通能力の増大と河床の安定を図るとともに筑後川下流部における塩害の防除及び既得灌漑用水の取水位の安定を図るものである。

②利水

　筑後大堰の設置により、低水部に93万㎥を貯水することにより福岡地区水道企業団（0.07㎥/s）、福岡県南水道企業団（0.157㎥/s）及び佐賀東部水道企業団（0.117㎥/s）の都市用水の取水を可能にするものである。

　また、上流部に建設された江川、寺内ダムなどにより確保された水道用水

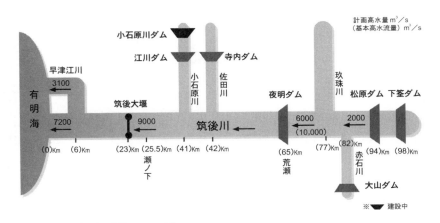

計画高水流量図（出典：前掲パンフレット）

を、福岡地区水道企業団（1.669㎥/s）、福岡県南広域水道企業団（0.777㎥/s）、佐賀東部水道企業団（1.065㎥/s）及び鳥栖市（0.139㎥/s）の取水、ならびに筑後川下流土地改良事業及び筑後川下流用水事業の施行に伴って新たに必要となる灌漑用水の取水を筑後大堰の貯水区域内において行うことを可能とするものである。

3 ├── 筑後大堰建設の経緯

昭和30年代後半からの経済成長に伴い、人口、産業の急激な都市集中が進んだ。一方、農業の近代化が図られるようになってきた。筑後川は九州北部の地域開発の基盤として、自然環境と立地条件の優位性が見直され、筑後川総合開発が叫ばれるようになった。筑後大堰は筑後川総合開発の一環として、前述したように現況6,000㎥/s程度の洪水流通能力を9,000㎥/sに増大することと、筑後大堰貯水池内から、水道用水、農業用水の安定的な取水を可能とすることを目的として、昭和49年8月に調査所を発足し、紆余曲折を経て、昭和60年3月に完成した。

この間、福岡都市圏は昭和53年5月〜54年3月までの長きにわたって、福岡砂漠と呼ばれるような異常渇水のために給水制限が実施され、筑後大堰の建設は急務であった。福岡大渇水に対しては熊本県等から給水車によって続々と水が運ばれてきた。当時、福岡の大渇水と筑後大堰の建設は、社会的な問題として大々的にマスコミに報じられた。

この筑後大堰建設の最大の争点は、筑後川水系の水資源開発と水産業特にノリ業との関係で、ノリ養殖を円滑に行うための不特定用水の確保と開発基準流量の決定であった。この流量問題については、なかなか了解点に達せず、協議が続き、昭和54年4月18日に未解決のまま本体着工がなされようとしたが、漁民によって現地にて反対阻止闘争が強行されて、工事は中止となった。

その後昭和55年9月12日、福岡県選出稲富稜人、佐賀県選出三池信の両代議士などの斡旋により、合意がなされた。不特定用水は上流下筌ダム、松原ダムで確保し、流量については、筑後大堰直下地点流量が40㎥/s以下の時は貯留、取水しないことで漁業協同組合からの着工の了解が得られた。昭和55年12月24日「筑後大堰建設事業に関する基本協定書」が締結され、同年12

月25日に大堰本体工事が着工され、昭和58年5月31日に大堰本体が完成した。同年9月28日に不特定用水を確保する下筌ダム、松原ダムの再開発事業も竣工し、昭和60年3月に筑後大堰事業は完了し、4月から管理を開始した。

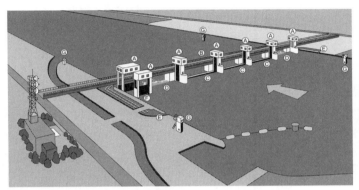

ゲート図　Ⓐゲート開閉装置室、Ⓑ管理橋、Ⓒ制水ゲート、Ⓓ調節ゲート、Ⓔ魚道、Ⓕ閘門（舟通し）、Ⓖ水位・水質観測設備（出典：前掲パンフレット）

4 ├── 筑後大堰建設の反対闘争

有明海漁民が、激しい大堰の建設反対闘争を行った経過について、『まもろう有明の海』（日本農民新聞社編S54）に、次のように掲載されている。

【昭和54年4月18日、水資源開発公団は、本体工事を開始したが、漁民は猛然と実力阻止行動に立ちあがった。漁民の抗議行動は、まず午前4時過ぎ現地にぞくぞくと集結し、くい打ち作業に対する阻止闘争から始まった。漁民は「大堰建設絶対反対」、「漁民を殺すな」などのプラカード、横断幕をもって、即刻作業をやめるよう要求し、作業員を追い返した。8時過ぎ作業員が再びくい打ちをやろうと現場に現れたが、1本も打たせず追いやった。2度目のくい打ちのとき、西原恒雄大堰建設所長をトラックの荷台にあげて集団抗議交渉を行った。

その後、田中茂佐賀県漁連、西田清福岡漁連の両会長は、副島健水資源公団筑後川開発局長にも同様の集団抗議を行った。さらに漁民は佐賀県宮﨑善吾副知事を現地に呼び出し、工事中止を公団に申し入れるように求めた。漁

民の激しい追及に宮﨑副知事は着工中止の要請文を副島局長に手渡し、工事の中止に至った。

　工事中止を約束させた漁民は、この日はその一部がいったん引き揚げたが、再度の強行着工に備えていつでも動員体制をとれるようにし、また300人が現地にテントを張って連日の監視を続け、20日以降は福岡県の漁民も交代で現地に張り付き、監視を強めた。】

5 ├── 流量問題の解決

　漁民の激しい抗議を受けて工事は中断されたが、流量問題についてはその後協議が重ねられ、前述のように、福岡県選出の稲富稜人、佐賀県選出の三池信の両代議士の斡旋などを経て、次のような基本協定書が締結され、解決された。この流量問題の解決が大堰建設への前進、さらには漁業協同組合に対する漁業補償交渉を進捗させた。

　昭和55年12月24日に締結された基本協定書は次の通りである。

「筑後大堰建設事業に関する基本協定書」

　筑後川の水資源開発に当たっては、流域優先、水源地域への配慮、既得水利の尊重及び水産業特にノリ漁業への配慮を基本として行うが筑後大堰建設事業の着工に当たり、下記事項を確認し、相互に責任をもって、事業の円滑な推進を図るものとする。

記

1.ノリ期における新規利水の貯留及び取水は、筑後大堰直下地点流量が40㎥/s以下のときは行わない。

2.ノリ期における操作運用による流量は、瀬ノ下地点月平均45㎥/sとする。

3.松原・下筌ダム再開発事業によって得られる容量2,500万㎥の水量は、大橋直下の流量が40㎥/s以下になった場合に補充に充当するものとし、その操作運用は、この水量を最も効果的に使用するものとする。また、今後さらに不特定容量を確保するよう努める。　　　　　以下、略

　このように、筑後大堰の建設の最大のネックであった流量問題は、「ノリ期における新規利水の貯留及び取水は、筑後大堰直下地点流量が40㎥/s以下の時は、行わない」ことで決着した。このことで長きにわたった筑後川にお

ける流量問題は漸く解決がなされた。この条項の取り決めによって建設が図られ、さらに漁業補償交渉解決の原動力になった。ここに補償精神が貫かれていると言える。

6 ├── 筑紫次郎を捌く大堰

西原恒雄筑後大堰建設所長は、『筑後大堰工事誌』の中で、「筑後大堰の思い出」として、次のように述べている。

【 先ず周囲の理解を得るために、湛水区域周辺の住民の方々及び工事現場周辺の方々への工事ならびに概要の説明を何回となく行うとともに内水面漁業への影響調査から着手しました。一方流下量の問題については、有明海漁連との間で、九州地建、佐賀、福岡両県で説得が続けられており、昭和54年4月に一応の了解が得られたものとして、工事着工に踏み切ったところ、有明海漁連の実力阻止に合い、理事、局長と一緒に現地のトラックの上で13時間、抗議を受け、遂に工事着工を断念せざるを得なくなりましたが、この事件が私にとっては強く印象に残っております。……立派に完成した大堰を見ると、この大堰の工事に従事できたことは土木技術者としての私の誇りでもあります。今後は筑後大堰が地域の開発に立派に貢献し、地域住民に感謝され、愛されることを心から願うものであります。】

立派に完成した筑後大堰は、昭和60年4月から管理段階に入り、筑後川の洪水の減災を図り、なお、福岡都市圏、筑後都市圏並びに佐賀都市圏に水道用水を供給し、さらには筑後川下流域の福岡、佐賀の両県に農業用水を送り続け、平成24年4月現在、27年の歳月を経た。筑後大堰の建設に尽力された1人である西原所長の苦労は立派に実った。平成19年3月29日に、西原所長は永眠した。

〈田沸く 筑後大堰 雲の峰〉（種田恵月）

〈筑紫次郎 捌く大堰 秋近し〉（堤三津子）

用地ジャーナル2012年（平成24年）7月号

［参考文献］
『筑後大堰工事誌』（水資源開発公団筑後大堰建設所編 S60）水資源開発公団筑後大堰建設所
『筑後大堰写真集』（水資源開発公団筑後大堰建設所編 S60）水資源開発公団筑後大堰建設所
『まもろう有明の海』（日本農民新聞社編 S54）日本農民新聞社

北山ダム
（佐賀県）

故郷は路傍の石さえ
母の乳房の匂いがする

1 ├── 兼山・清正・兵庫の水利事業

　わが国は縄文時代から今日まで米作りに勤しんできた水田稲作民族である。米の増産には水田開発による水利施設の充実が重要な位置を占める。

　江戸期の水利事業を図った武将たちを挙げてみたい。土佐藩家老野中兼山は、吉野川流域で宮古野堰、下津野堰、行川溝の開削、物部川で山田堰、仁淀川で八田堰、鎌田堰、さらに四万十川流域でカイロク堰、松田川流域で河戸堰等を築いた。

　肥後藩主加藤清正は、熊本城を築き、その城や町を守るために白川を付替え、水門、堰を造り、土砂の流入を防ぐため白川と坪井川を分離させ、洪水を減災させ、また坪井川と井芹川には城を防御する堀の役割を持たせ、舟運にも役立つように改修した。白川上流の灌漑用水路には、「はなくり」という工法を用い、水勢で土砂が用水路に溜まらないようにしている。菊池川では、河口玉名干拓、横島小島石塘、くつわ塘、船着場を設置し、緑川では、鵜の瀬堰を造り、用水を引き、御船川の付替、乗越堤、遊水地、桑鶴の轡塘、六間石樋、川尻船着場を設置した。

　清正と親交のあった佐賀藩の成富兵庫茂安は、朝鮮の役などで活躍した武将であったが、治世が安定してくると、佐賀領内の治水・利水の整備を行った。川上川の上流から巨勢川までの市の江水路を引き新田を開発、嘉瀬川から佐賀城内の多布施川に分水する石井樋、筑後川右岸堤の千栗堤、城原川の

三千石堰、田手川の蛤水道などの施工を行っている。平坦な佐賀平野は水利に乏しく排水不良の地であったが、兵庫は高度な水利技術をもって、佐賀平野を豊かな穀倉地帯に変えていった。兵庫は佐賀藩における水、土壌、気象、地形を長年の体験から知り尽くし、嘉瀬川、六角川、松浦川、筑後川の特徴をそれぞれ活かし、治水・利水の水利秩序を確立した。それは自然の力に対抗せず、逆にその力を利用し、水を遊ばせ、ゆっくりと流す、貯める、そして循環させる治水・利水の思想をもって、各河川に自然遊水地、横堤、野越し、水防林、淡水（アオ）取水の伝統的な河川技術を採用したことである。

2 ├── 佐賀平野の河川

　佐賀県は九州の西北部に位置し、東は福岡県、西は長崎県と接し、北は玄界灘、南は有明海に面し、面積約2,439㎢、人口約87万人である。県内を流れる河川は、①佐賀平野を蛇行して流れ有明海に注ぐ嘉瀬川、六角川、②佐賀平野における干潟を流れる河川水と有明海の潮汐により、澪筋に形成された江湖佐賀江川、八田江川、本庄江川、③長崎県境にある多良岳山系等から流れ有明海へ注ぐ急流河川塩田川、鹿島川、④県西部の山系から流れ出し玄界灘へ注ぐ松浦川、⑤福岡県境に沿って有明海に注ぐ九州一の大河筑後川である。佐賀平野は、脊振山地から流出した土砂が有明海より戻されて堆積し、広大な低平地をつくりだした。県土の44.8%が山地で、55.2%が平地を占め、全国平均の66.4%の山地、33.6%の平地と対比すると、山地の割合が少なく、平地の割合が多い。このことは、森林が少なく、保水力に乏しく、逆に広大な平野には当然水利用の需要が多くなり、水が逼迫することを意味する。いったん降水になれば、一気に雨水が流出することとなる。昔から「降れば大水、照れば干ばつ」といわれ、洪水から生活を守り、また灌漑用水や生活用水を得るために水との闘いであった。成富兵庫の水利施設の築造もまた、佐賀藩における治水・利水との闘いの結果であったことを物語っている。

3 ├── 北山ダムの建設

　このように「降れば大水、照れば干ばつ」の状況における、近代的なダムや水路の建設は、水を時間的に、地域的に過不足の調整を図る役割を持って

北山ダムについて

北山ダムは嘉瀬川の最上流、佐賀郡富士町藤ノ瀬（佐賀駅より車で50分）にあります。

このダムは佐賀平野 11,159.3 ha の農業用水を確保するために国営嘉瀬川農業水利事業として、昭和25年12月着工し、昭和32年3月に完成したものであります。また農業用水の外に発電（最大 27,500 kw）や嘉瀬川の洪水調節にも大きな役割を果します。現在このダムは満々たる水を落えて、農業用ダムとしては九州第一の規模であります。

これに要した経費は約19億円（川上頭首工、用水幹線水路を含み60億円）所要資材はセメント約3万6千トン、鋼材は 600 トン、木材約2万石を投じ、労務者延84万人が就労しました。

なお、水没したものは家屋106戸、耕地 100 ha、山林 41 ha、その他 59 ha であります。

現在、佐賀土地改良区によって管理されております。

ダムの位置及び形式、規模

位　　置	佐賀県佐賀郡富士町・神崎郡三瀬村
流域面積	5,463 ha
満水位標高	374.30 m
満水面積	200.2 ha
貯水量	22,250,000 m³
有効貯水量	22,000,000 m³
有効水深	32.30 m
型　　式	重力式溢流型コンクリート直線堰堤
標　　高	基礎部標高 320.00 m
	堤頂部 379.30 m
堰堤長	180.00 m
堰堤高	59.30 m
堰堤体積	145,000 m³
余水吐	テンターゲート（高さ 7.60 m 幅 11.00 m 2門）
最大放水量	920 m³/sec
取水門	スルースゲート 高さ 1.60 m 幅 1.50 m 7門
制水門	高圧ローラーゲート 高さ 2.50 m 幅 2.29 m 1門
最大取水量	13.26 m³/sec

観測通信設備

テレメーター監視局	1	局
無線雨量観測局	3	〃
無線水位観測局	5	〃
無線警報局	2	〃
連絡用無線電話設備	4	〃（武雄局含む）
移動無線局	2	〃
佐賀県衛星防災行政無線	1	〃

佐賀土地改良区について

佐賀土地改良区は、国営嘉瀬川農業水利事業及び県営嘉瀬川土地改良事業によって造成された施設（北山ダム、川上頭首工、用水幹線水路、その他）を管理し、北山ダムの放水を含めた嘉瀬川の水を公平且つ合理的に農業上に利用するための団体で、受益面積 11,159 ha、農家約1万戸の土地改良区であります。

管理事務所	佐賀土地改良区 北山ダム管理事務所	
所在地	佐賀県佐賀郡富士町藤ノ瀬　TEL 0952（57）2013　FAX 57-2290	
佐賀土地改良区	佐賀県佐賀市大財三丁目8番15号　TEL 0952（22）4382　FAX 29-1048	

北山ダム概要（出典：佐賀土地改良区北山ダム管理事務所）

ダム湖周辺は「21世紀県民の森」として整備され多くの人で賑わう

いる。さらに電力エネルギーを供給する。佐賀県におけるダム建設の嚆矢は、
嘉瀬川農業水利事業の一環として、昭和32年に完成した北山ダムである。ダ
ムサイトは嘉瀬川の上流佐賀郡富士町（現・佐賀市）藤ノ瀬、関屋地先に位置
する。この建設記録について、『嘉瀬川農業水利史』（嘉瀬川農業水利史編集委員
会編S48）が刊行されている。

　嘉瀬川の水は、藩政期に灌漑用水や生活用水のため、取水堰、水路が築造
され、佐賀平野を潤してきたが、その後、水田の拡張及び有明海の干拓によ
る農地造成、さらには度重なる干ばつを受け、用水不足を来すようになって
きた。昭和9年頃から嘉瀬川総合開発計画がなされてきたが、ようやく戦後
にその計画が確定し、実施された。

　この事業は、嘉瀬川の上流に北山ダムを築造して、水源を確保し、下流大
和町惣座地点に川上頭首工を設置し、この地点から最大水量18.693㎥/sで、
左右両岸90kmに及ぶ幹線水路によって、灌漑面積1万1,159haを潤す。昭和
48年国営事業、昭和60年県営事業が竣工した。さらに灌漑用水を流用して洪
水調節を図り、九州電力（株）は、北山ダム直下流に小関発電所を建設し、こ

の水を有効利用するために、支流神水川の水を加えて新設の鮎の瀬発電所に落とし、新設の南山発電所を経て、既設の川上第5発電所に合流させ、最大出力2万7,500kWの発電を行う。

　北山ダムの諸元を見てみると、堤高59.3m、堤頂長180m、堤体積14万5,000㎡、総貯水容量2,225万㎡、型式は重力式溢流型コンクリートダムである。主なる補償は家屋移転110戸、取得面積200ha（宅地等59ha、農地100ha、林地41ha）、公共補償、鉱業権補償からなっている。総事業費は18億4,500万円を要し、起業者は農林省、施工者は大成建設（株）である。現在のダム管理は佐賀土地改良区が行っている。

4 ├── 北山ダムの建設経過

　戦後間もなく、物資不足の中で始まった北山ダムの建設、そして完成後今日までの経過について、追ってみた。

▼ 北山ダム建設経過（昭和23年〜平成18年）

昭和23年　農林省と北山ダム対策会補償交渉開始

24年　嘉瀬川農業水利事業所の開設

　　　　補償調査が行われる

　　　　仮設・クラグライン索道の着工

25年　用地補償交渉妥結（7月）

　　　　堤体及び仮設工事の着工

26年　土地改良事業計画確定

27年　ダム水没者移転完了

　　　　北山ダムコンクリート打設開始

31年　小関村、北山村が富士村となる

32年　北山ダムの完成

33年　川上頭首工の着工

37年　満水位面上の水辺に住む4戸追加移転（最終的には110戸移転）

　　　　第1回北山ダム移転者及び土地提供者懇談会の開催

48年　大井手幹線上流部など国営事業竣工

60年　金立線など県営事業竣工

61年　北山ダム功労者顕彰碑の建立

62年　鎮魂碑の建立

平成17年　富士町と三瀬村、佐賀市に合併

18年　第20回北山ダム移転者及び土地提供者懇談会の開催（最後）

5 ├── 補償の特徴

　戦後、昭和20年代は、わが国が一番貧しく、食糧も電力エネルギーも極端に不足していた時代で、北山ダムの建設は佐賀県全域において待望されたプロジェクトであった。国、県、市町村、土地改良区等の関係者は、このプロジェクトに熱意を持って取り組んだ。

　水没移転者106戸、土地提供者150戸との交渉は難航しているが、前掲書『嘉瀬川農業水利史』では、ダムを造る側から次の3点を挙げている。

①ダム建設自体が、その当時としては例に乏しく、用地補償の基準になるようなお手本がなかったこと。

②時あたかも終戦直後で、農地改革によって、自営農民としての意識を高めた人々（主権者）と公務員（公僕）との交渉の困難さ。

③国営水路の工事が末流の方に進むにつれて、都市周辺部を通過することになるので、鉄道、道路、工場等他事業による近隣土地の取得価格との相違による困難な問題が生じた。

　当初、現地住民側からはダム建設反対の決議を突きつけられる場面もあったというが、事業所の担当者、熊本農地事務局建設部長、佐賀県からは知事、大井手普通水利組合、東・西両芦刈水道普通水利組合、市の江水利組合の組合長、県出身代議士、県議会議員、受益地市町村長等の関係者の協力が、ダム水没者の事業の意義を理解せしめ、妥結に至った。

　補償交渉の特徴は、移転者1戸当たり平均の補償額が争点となったことである。北山村28戸、小関村40戸、三瀬村38戸合わせて106戸における1戸の補償平均額は196万9,000円であった。1戸当たりの補償額の内訳は、10万円から1,000万円の間で分かれる。評価基準として農地は公定価格を買収費とし、別に離作料を払っている。山林・原野は財産税の課税標準額を買収費、宅地は課税標準額を買収費とし、別に造成費として移転先における実費を加

え、時価に適合させたという。まだ、補償基準要綱、代替地対策、生活再建対策という補償の精神は確立されていなかった。昭和25年7月に妥結し、106戸606人は、ダム周辺地、佐賀市、福岡県、長崎県などに昭和27年3月までに移転が完了した。

6 ├── 補償の精神

　北山ダム移転者及び土地提供者懇談会は、昭和37年から開催されており、平成18年8月古川康佐賀県知事らが出席して懇談会が行われた。その懇談会をまとめた『北山ダム移転者及び土地提供者懇談会記念誌』(佐賀県県土づくり本部編H19)から、ダムを造られる側の水没者の肉声が聞こえてくる。

【 豆田眞幸移転者代表 (旧北山村出身)

　「今から55年昔、昭和26年当時のことが走馬灯のように脳裏によみがえってきます。そのころは、土葬も多く、移転がはじまると、先祖代々の墓も掘りあげて、その場で荼毘に付し、小さく変わり果てた先祖のお骨を大事に拾い上げて甕に納めたものでした。毎日のようにトラックが来て、家々からは家財道具が積み出され、見知らぬ第二のふるさとを求めて、別れ別れの旅立ちでした。小さな山里から、昨日は一軒、きょうは二軒と、灯火が消え、弾んだ声や明るい笑顔もみられなくなる中で、何とも言い知れぬ寂しさがこみあげてきたことを思い出します。ダムの移転補償金は1戸平均125万円 (実際は195万円) ぐらいでしたが、移転がはじまった昭和26年、運悪く朝鮮動乱の勃発と重なり、物価は倍ぐらいに上昇し、将来を保障されたはずのお金も底をつき、筆舌に尽くしがたい皆さんのご苦労を思うとき胸がいたみます。……今もまだ、ご高齢ながらご健康の方もおありだと思いますが、世代も代わり、その後、後継者が各方面で、色々な分野で元気にご活躍されていることを推察致します。」

　亀川太一 (旧小関村出身)

　「国家的事業で愚痴も申されないが、戦争で長男を失い、頼りと思う話し相手も無く、北山ダムで一家は犠牲者といわれて追放されるかと、自分等の生まれた時が悪かったと観念する外はありませんでした。補償金も十分には恵まれず、数回に分けて支払われ、数十回の移住地視察に多分の金は消費して、

北山ダム功労者顕彰碑（出典：佐賀土地改良区「嘉瀬川農業水利事業概要書」）

また諸物価は高くなるばかりでした。」

　坂口辰雄（旧小関村出身）

　「ダムの建設工事は諸般の調査も済み、愈々工事着工となった時期、万策尽きた農民は、工事中止の最後の手段として、工事関係者（役人）殺害の謀議が内密に行われ、決定した。実行者は村で猟銃鑑札の保持者が選ばれた。役人を殺せば、自分自身も亦死刑である。最終的には、鑑札保持者の一人が実行に当たる事に決定し、その家族の将来の生活を連帯責任で保証する証人と証文が取り交わされ、殺害場所は井田川、井田橋と決定した。」】

　しかし、この実行は、村一番の識者の知るところとなり、短絡的な無謀な行動は諭され未遂に終わった。

　【「ダム工事中止のため、家族を捨て一命を捧げ苦衷の村人を救わんとしたその行動は、義民佐倉惣五郎の現代版である。村を離れ、家郷を水没させる悲痛と苦しみが命以上の心境であった当時を物語る何よりの証しではなかろうか。故郷は路傍の石さえ母の乳房の匂いがすると言う。故郷を失くする事は親の死以上の淋しさがある。」】

　3人の移転者の苦痛の心境を見てきたが、その当時は移転する人は家を新

築することはなく、自分が住んでいた古い家を解体して、移転先でそれを改めて建てたという。

　このように北山ダムの補償を見てくると、現在と雲泥の差があることがわかる。

　ある水没者の1人は、仏典に説く、菩薩心の「利他行」の訓が唯一の救いであり、そして心の安らぎは「貴方たちのお陰で、佐賀平野は潤い、嘉瀬川流域20万人が洪水のない安全、安心で暮らせるようになりましたよ」と言葉をかけられた時であると語っている。

7 ├── 自然を生かした快適な水辺空間

　北山ダムは、半世紀にわたり農業用水を送り続け、洪水を減災し、電力を供給し、戦後の佐賀県の社会基盤を確立してきた重要な水資源開発施設である。いまでは、ダム湖周辺は、背振北山県立自然公園、北山国民休養地に指定され、北山少年自然の家、森林学習展示館、北山キャンプ場が設置された。また、椎、樫類の照葉樹林帯をつくり出し、植物ではサクラ、タデ、ヤナギタデの群落、マガモ、ヒシクイ、セキレイなどの鳥も見られる。ダム湖はその周辺を含めて快適な水辺空間をつくり、21世紀県民の森となって訪れる人たちを和ませてくれる。現在、北山ダムの下流に治水、利水の多目的ダム嘉瀬川ダム（水没戸数160）が、国土交通省によって、平成23年度の完成に向けて急ピッチで工事が進んでいる。江戸期に成富兵庫が行った水利事業のシステムは、北山ダムと嘉瀬川ダムの建設によって大きく変容しようとしている。

　〈ほととぎす　鳴いて北山　ダム広し〉（平田縫子）

用地ジャーナル2009年（平成21年）4月号

［参考文献］
『嘉瀬川農業水利史』（嘉瀬川農業水利史編集委員会編 S48）九州農政局嘉瀬川農業水利事業所
『北山ダム移転者及び土地提供者懇談会記念誌』（佐賀県県土づくり本部編 H19）佐賀県県土づくり本部

佐賀県

● 松原ダム
下筌ダム ● 大分県

熊本県

36

下筌ダム・松原ダム
（熊本県・大分県）

法に叶い、理に叶い、情に叶う

1 ├──筑後川流域の大水害

　戦後、昭和20年枕崎台風、22年カスリーン台風、25年ジェーン台風、26年ルース台風と立て続けに台風が襲来し、各地域の河川に大きな被害を及ぼした。さらに、昭和28年、6月梅雨前線による北九州、7月豪雨による和歌山地方、9月台風13号による東海地方と、相次いで西日本一帯に被害を及ぼした。

　昭和28年6月北九州の豪雨は、筑後川流域にも大水害を生じさせた。26か所の堤防が決壊し、死者147人、田畑の冠水6万7,000ha、流失家屋4,400戸、損害額450億円と大惨事となった。

　昭和32年建設省はこの大水害を防ぐために、筑後川水系治水基本計画を策定。この基本計画は洪水調節と河川改修からなるものである。基準地点長谷（大分県日田市）における基本高水流量を8,500㎥/sとして上流ダムで2,500㎥/sを調節し、河道配分流量を6,000㎥/sとするものである。このため、上流の筑後川左支川津江川に下筌ダム（大分県中津江村、熊本県小国町）、同大山川に松原ダム（大分県大山町、天瀬町）を着工し、昭和44年3月に下筌ダム、昭和45年に松原ダムがそれぞれ竣工した。

2 ├──蜂の巣城紛争

　昭和32年から昭和45年の13年間、この下筌ダムサイト地点に蜂の巣城の砦を築き、このダム建設に対し、公共事業の是非を問い続け、公権と私権にかかわる法的論争に挑み、国家に結抗した山林地主室原知幸の闘争はあまりにも有名である。この闘争資金は山林の一部を売却することによって得られた。

「筑後川水系治水基本計画」の一環として建設された下筌ダム

昭和30年代は用材林の価格は非常に高かった。

当初、室原知幸はダムには反対の立場ではなかった。むしろダム建設を受け入れることによって、小国町の町おこしの起爆剤として考えた一時期があったとも言われているが、いまだかつてダム反対に転じた心境の変化については、明確にされていない。ただ言えることは、ダム建設による故郷の喪失と、さらには水没者達の現生活を守るための反対であったことは確かだ。しかしながら、日々の生活に追われる水没者達は、最終的には彼のもとから離れて行くこととなる。彼は去る者を一言も非難しなかったと言う。ともあれ、ダムを造らせまいとした「肥後もっこす」の室原知幸と、筑後川流域における人命と財産を守るために、ダムを絶対に造らねばならない建設省（現・国土交通省）との確執と葛藤は、お互いにその信念に基づき火花を散らしながら、必然的に法的論争に向かわざるを得なかった。

3 ├──紛争の経過

「蜂の巣城紛争」について、主なる事件を追ってみた。

▼ 蜂の巣紛争経過（昭和33 ～ 47年）

33年 4月　松原ダム調査事務所開設（野島虎治初代所長）

　　　 8月　小国町志屋地区志屋小学校で絶対反対決議

34年 1月　九地建土地収用法の適用にふみきる

　　　 4月　立木伐採開始

　　　 5月　蜂の巣城構築始まる

　　　 9月　九地建事業認定申請

35年 1月　室原知幸、事業認定の意見書15項目提出

　　　 2月　河川予定地制限令の適用区域告示

	4月	事業認定告示
	5月	室原知幸、事業認定無効確認の行政訴訟を提訴
	6月	熊本県知事試掘許可
		九地建代執行水中乱闘事件
	7月	室原知幸、公務執行妨害で逮捕
38年	9月	事業認定無効の確認訴訟を退ける（東京高裁に控訴）
		その後北里達之助ら室原知幸と袂を分かつ
39年	1月	小国町議会、ダム条件賛成を決議
	6月	九地建代執行、蜂の巣城落城
	12月	事業認定無効確認請求訴訟休止満了（室原知幸敗訴確定）
		小国町関係者水没者補償基準決まる
40年	1月	蓬来地区集団移転地造成工事竣工
	2月	松原下筌ダム工事事務所（第2代所長副島建赴任）
	5月	下筌ダム本体工事着工
	6月	第二次蜂の巣城代執行
41年	3月	松原ダム本体工事着工
44年	8月	下筌ダム本体工事完工
45年	6月	室原知幸死去
	9月	九地建遺族へ和解を申し入れ
	10月	円満和解解決
47年	1月	松原ダム試験湛水完了
	3月	下筌ダム試験湛水完了

4 ├── 補償の精神

　この経過をみると、昭和35年5月室原知幸はダムにおける事業認定無効確認の行政訴訟を行っている。

　「松原・下筌ダム計画は、筑後川総合開発事業の一貫であると事業認定書にうたっているが、その総合開発計画に関する記述が欠如している」と。さらに、堆砂の問題、地質上の欠陥、水力発電効果と公益性等に対する疑念を持って提訴している。

このことは、公共事業の遂行にあたっては「法に叶い、理に叶い、情に叶わなければならない」という、補償の精神につながるものである。この補償の精神については、小説『砦に拠る』（松下 S52）から、読み取ることができる。

【室原知幸が志向する真の民主主義とはどのようなものがあったのか。

　強制執行を目前にして日田市で開かれた講演会で、彼は次のように語り始めている。

　「わたしの民主主義という解決は、情に叶い、理に叶い、法に叶い、こういう三本立てであります。で、建設省、いかに大きな屋台であると致しても情けを蹴り、理を蹴り、法までも押しまげて来るというならどんな強力な力を持っていようともこのじじいはその奔馬に向かって痩せ腕を左右に差し延べて待ったするのであります」（中略）昭和39年6月蜂の巣城落城後3日後にその心境を語っている。

蜂の巣城（出典：国土交通省九州地方整備局筑後川ダム統合管理事務所「松原・下筌ダムの概要」パンフレット）

　「法にかない、理にかない、情にかなう、これが民主的なやり方でそれを破った建設省を歴史の審判が許すはずがない。いやしくも国家がやる事業は裁判が確定してやるべきだ。それがダム建設事業認定無効確認の訴えにせよ、収用裁決取消の訴えにせよ、裁判はまだ進行中で、なにひとつ片づいて

蜂の巣城紛争の様子（出典：前掲パンフレット）

いないのに既成事実だけで押してきて、あとは金銭で片づければいいというのはあまりに官僚的で、だれが考えても筋が通らぬ」】と、批判している。

　さらに、この「法」「理」「情」の理念について、櫻田譽は、「公共事業を行う者は関係住民に法の遵守を主張すると共に、自らも関係諸法制度を正確に認識し権限の行使、義務の履行を誤ってはならない。地質の悪いこの地域にダムを造ることは玖珠川水系にダムを考えず大山川水系のみに二つのダムを造るのは理にあわない。水没住民の生活再生に対する十分な配慮なしに工事を強行するのは情に反する。」と、『公共事業と人間の尊重』（関西大学下筌・松原ダム総合学術調査団編S58）で、論じている。

　昭和38年9月室原知幸の事業認定無効確認請求事件について、東京地方裁判所の判決は、「多目的ダムの建設を目的とした事業認定でありながら基本計画の成案すらなく、土地収用法の事業認定を行った被告の処置は不当の識を免れないが、事業認定の効力が争われている本訴では基本計画の未定からくる本件事業計画中の発電効果の不確定等の不備はあるけれどもそれをもって土地収用法第20条各号の要件の具備を否定させるに至るものとはいい難く、本件事業認定に当然無効又は違法として取り消すほどの瑕疵があるとは解されない。

　なお、原告等の違法として主張する地質上の諸問題、計画高水流量のとり方、ダムサイトの選定その他本件事業計画の技術的欠陥不合理性等についてはその多くは技術的、合理的見地から起業者の自由裁量に親しむ余地が多分に含まれており、当、不当の問題とはなっても裁量権の濫用と認める証拠のない本件では当然無効又は取り消すべき瑕疵があるものとは認められない。」と結論づけ、事業認定の無効の訴えを退けた。

　このように「法」については、国家事業の全面的停滞、他事業への影響を恐れて下筌ダム・松原ダムが特定多目的ダム法にいう多目的ダムであり、基本計画の作成のないままの事業認定については、理想的ではないものの宥恕しうる行政行為として正当化された。

　また地質等にかかわる「理」については、起業者の自由裁量と言えども、技術者は、調査、設計、施工、管理にあたって、複雑な火山岩や砕屑岩に対するクラウチング、変朽安山岩による地滑り対応等の技術力により克服さ

れた。このことは技術者のダム造りにかける使命感と責任感の情熱であった。これらの技術克服のプロセスにおいてもまた人間のドラマが生まれたことであろう。

さらに、「情」については、室原知幸の問題がクローズアップされたにもかかわらず、用地職員は補償業務にあたって血のにじむような努力がなされた。上津江村、中津江村、小国町、栄村（現・天瀬町）、大山村（現・大山町）の被補償者に対する一般補償、公共補償には、誠意をもって交渉を行ったことは論をまたないところである。特に、代替地補償、少数残存者補償、総有林入会権補償の対応については、人には言いつくせないほどの苦労があったと思われる。

5 ├── 紛争が遺したもの

昭和45年6月29日室原知幸は逝去、71歳であった。その後遺族との和解が成立し、補償は円満解決がなされた。彼が公権と私権の是非を世に問うた「法に叶い、理に叶い、情に叶う」という補償の精神は、その後のダム建設事業に多大な影響を及ぼすこととなった。

この蜂の巣城の紛争を契機として特定多目的ダム法、土地収用法、河川法などの改正が行われ、さらに、ダム等の建設で著しく生活基盤が変化する水源地域には、生活環境、産業基盤を整備する水源地域対策特別措置法が昭和49年4月に施行された。

今年（平成16年）は、昭和28年6月の筑後川大水害から51年、昭和48年下筌ダム・松原ダムが管理開始から31年をそれぞれ迎えた。河川改修も進捗し、両ダムの完成後、筑後川流域には大きな水害は起こっていない。激しく攻防をくり返したダムであったが、今日、その面影は失せ、静かな湖面を映している。

〈下筌の ダム満々と 小春かな〉（大坪イツ子）

用地ジャーナル 2004年（平成16年）9月号

［参考文献］
『砦に拠る』（松下竜一 S52）筑摩書房
『公共事業と人間の尊重』（関西大学下筌・松原ダム総合学術調査団編 S58）ぎょうせい

37

かわ ばる
川原ダム
（宮崎県）

だまって下男代わりの仕事に徹し、
一言も用地の話はしなかった

1 ├──武者小路実篤の新しき村

　武者小路実篤（明治18年〜昭和51年）という作家を知る人は少なくなってきた。「友情」「その妹」「愛と死」「人間萬歳」「お目出たき人」「愛と人生」の作品には、人生を前向きに捉え、博愛主義、人道主義を貫いて、人と自然が共に生きる喜びを描く。それは自然と社会と人間との大調和が可能だという理想的な考え方であった。このような理念はロシアの作家トルストイの人道主義の影響を受けている。実篤はこの理念を実現するために桃源郷を求め、「新しき村」を大正7年宮崎県児湯郡木城村大字石河内字城に、続いて昭和14年埼玉県入間郡毛呂山町大字葛貫下中尾の地に創立した。

　「新しき村」は、共同生活の中で、義務労働（8時間労働、のちに6時間）をして、農業を中心とした作業を行い、それ以外は自由時間として各自が文学や美術などに親しみ、個性を伸ばす理想郷の世界であった。

　日向の「新しき村」は、小丸川右岸沿いの土地6.5ha、耕地はわずかな畑、山林、原野に子どもを含めた18人が入居。当時ここへ行くには橋がなく、舟で渡っている。まず、麦や野菜の種まきから始まり、開墾、住居造りも共同作業で行った。大正10年、水不足に悩む村は、4km上流の大瀬内渓谷から水を引いた。会員たちの生活は、休日や労働の合間に文学、美術、音楽、演劇などに親しみ、互いに刺激し合って、個性を伸ばし、自己形成を図った。大正14年、村に印刷所が設けられ、ドイツのレクラム文庫にならい、トルスト

イやゲーテに関する書を発行。実篤は日向時代に「幸福者」「耶蘇」「友情」「或る男」の作品を発表した。

　「新しき村」はこのような理想郷であったとはいえ、会員の中には村への考え方の違いから離村する人もいた。大正14年、実篤は村を離れ、村外会員となって、文筆活動で村の経済を支える。原稿料、印税、書画の謝礼も村の自立に投じた（『新しき村80年』調布市武者小路実篤記念館編H10）。

2 ├──「新しき村」の土地捜し

　実篤は「新しき村の建設には、先ず土地が必要である。一定の土地を買わなければならない。安いほうがよい。」との決意のうえ、兄（武者小路公共・外交官）から2,000円の経済的支援を受け、宮崎県へ土地捜しに出発。船で土々呂に着き、延岡、小林、宮崎市、妻駅付近御陵参考地、児湯郡高城を見て、木城村石河内の城に辿り着く。そのことを『現代日本の文学──武者小路実篤集』（S45）の「土地」から次のように引用する。

　【そして其日一番あとに見たのが石河内の城だった。

　其処も自分達にすっかり気に入った。

　其処は擂鉢の底のように、四方高い山にかこまれていた。そして城は石河内の村とは川をへだてて如何にも別天地だった。それの三方をかこんで流れる川は昨日の見た川の上流で更に美しかった。激流の処や淵の処があった。仲間の一人は、十一月に近かったが、その川にとび込んで泳いだ。

　自分はともかく特色のある土地をのぞんでいた。最初の土地は何かの点で、比類のないものを持っている必要があった。】

　【しかし話はそううまく進まなかった。

　提供すると云う土地は五万円なら売ると云う土地だった。自分達には手が出せない。そして城は一反七十円なら売ると云った。

　自分は少しいやな気がした。自分は平均五十円位なら買ってもいい気があった。しかし、折れるにはきまっていると云う人もあったが、中々折れて来なかった。自分達は又土地捜しを始めた。高城の宿屋を根拠地にして。】

　【自分は矢張り「城」も得ておく必要がある。

　しかしそれは、我等を守護するものの心に任せよう。金のない今二つに

別れて住むのも考えものである。すべてはなるように任せておこう。そして其処で全力を尽そう。許された範囲で信義を守って生きてゆこう。城は一反五十円なら買う、それ以上ならよそう。そうきめよう。】

【翌朝、自分達は南那珂郡の福島の郵便局の前を通った時、馬車から下りて郵便局によって高城にいる兄弟から何か知らせがあるかと思ってよって見た。妻から電報が来ていた。

それには、「五十円にまけた」とかいてあった。

万歳！やっと万事がうまくいった。】

『新しき村80年』（調布市武者小路実篤記念館編 H10）調布市武者小路実篤記念館

【自分達は峠の上から見おろした。よろこんだ。あすこが我等の仕事の第一の根をはる処だ。幸あれ！

其処はもと城のあった処で、今は一軒の家もなく、一人の人も住んでいない。川をへだてて石河内の村がある。

自分達は船で城に渡った。自分達の土地に。】

【登記もやっとすんで自分は十二月のある日石河内に引越した。

その翌日の朝自分は城の下を流れる川の岸の岩の上に立った。

日向日向と云っていたのが、いつのまにか日向に来、土地土地と云っていたのがいつのまにか土地を得、登記がすんだらと思っていたら、いつのまにか登記がすんだ。

そして今日から自分達の土地の上で働く。

幸よあれ。】

実篤の用地交渉は、「新しき村」が危険思想の温床だとの中傷や土地価格の駆け引きに遭遇した。曲折の末、土地を取得、登記完了後「今日から自分達の土地の上で働く、幸よあれ。」とその喜びを素直に表した。この喜びは、現在、インフラ整備のため、日々公共事業に携わって苦労している用地担当

者と全く同一の心境に通じる。

　実篤は、この土地の選定理由について、日向という名が気に入り、冬も働ける、天孫降臨日本発祥地であったことを挙げている。

　後述するが、昭和13年、宮崎県施行小丸川河水統制事業浜ロダム（現・川原ダム）の建設に伴い、「新しき村」の土地の一部水田4.2畝が水没することになる。小丸川は、その源を宮崎県椎葉村三方岳に発し、東へ流れ、南郷村、東郷町を流下し、木城町南端で平地部に出て、高鍋町で日向灘に注ぐ、延長75km、流域面積474㎢の一級河川である。

3 ├──「新しき村」・川原ダム建設の経過

　武者小路実篤の誕生から「新しき村」と小丸川水系における川原ダムの建設とその後について、『新潮日本文学アルバム10　武者小路実篤』（H12）、『宮崎県企業局五十年史』（宮崎県企業局総務課H3）により追ってみた。

▼ 川原ダム建設経過（明治16年〜昭和51年）

明治16年　宮崎県庁開庁

18年　武者小路実篤、東京に生まれる

27年　日清戦争（〜28年）

36年　実篤、トルストイを読み始める

　　　日露戦争（〜38年）

39年　学習院卒業

43年　有島武郎らと「白樺」創刊

　　　『お目出たき人』発刊

大正5年　千葉県我孫子へ転居

　7年　「新しき村」の建設のため宮崎県児湯郡木城村に、小丸川沿いの土地を購入、木城村へ転居

　8年　小説『友情』発刊

12年　「白樺」廃刊

14年　実篤、書画を始める

昭和2年　東京府下南葛飾郡へ転居

　　　「新しき村」へ資金援助続く

12年　日中戦争始まる

13年　宮崎県施行小丸川河水統制事業、浜口ダム建設着工
　　　日本発送電（株）の設立
　　　浜口ダム（現・川原ダム）の事業用地に「新しき村」4反2畝がかかる
　　　実篤、用地取得に応じる

14年　川原ダムの補償費で、埼玉県入間郡毛呂山町葛貫に雑木林地1haを購入
　　　「東の新しき村」を建設

15年　川原ダム、川原発電所の完成

16年　川原ダム、川原発電所、日本発送電（株）に強制出資
　　　太平洋戦争始まる

18年　宮崎県施行戸崎ダム、石河内第2発電所完成
　　　日本発送電（株）に強制出資

20年　日中、太平洋戦争に敗れる

21年　宮崎県電力確保期成同盟会の結成
　　　川原ダムなど宮崎県へ復元運動始まる

23年　「新しき村」財団法人となる

26年　実篤、文化勲章受賞
　　　河水統制事業を河川総合開発事業に変更
　　　日本発送電（株）の解散
　　　九州電力（株）の設立
　　　川原ダム、九州電力（株）に移る
　　　松尾ダム（小丸川）完成

31年　渡川ダム（小丸川）完成

33年　「新しき村」経済的自立を達成

34年　川原ダム、九州電力（株）から宮崎県へ復元

42年　小丸川一級河川の指定

43年　「新しき村」50周年記念詩碑建立

51年　実篤逝去（90歳）

　なお、川原ダムの諸元は、堤高23.6m、堤頂長150m、総貯水容量322万㎥、最大出力2万1,600kWで、型式は重力式コンクリートダムである。

4 ├──武者小路実篤の補償交渉

　宮崎県施行小丸川河水統制事業は昭和13年に着手された。その後、現在まで上流から階段状に鬼中野ダム、渡川ダム、渡川発電所、松尾ダム、石河内第一発電所、戸崎ダム、石河内第二発電所、川原ダム、川原発電所が築造され、各々ダムと発電所は電力の供給を図っている。

　昭和13年、「新しき村」の土地は川原ダムの建設に必要となった。この時実篤と交渉担当にあたったのは宮崎県土木課の上條という人であった。

　昭和40年2月、下筌ダム闘争で有名な室原知幸と相対せざるを得なかった、建設省下筌・松原ダム工事事務所の副島健所長は、室原との最初の出会いについて、この川原ダムの交渉からヒントを得たと、『公共事業と基本的人権』（下筌・松原ダム問題研究会編S47）の中で次のように語っている。

　【　下筌に関する私の関心は高かった。高かったといってもやはり地方職員として「他山の石」としての関心であった。ところが野島所長の後任に君がいけといきなりの話である。どうなることかと心配したが、いろいろ考えているうちに思い出したのは10年前の昭和30年宮崎工事高鍋出張所長時代に聞いた老町長の話であった。高鍋町を流れる小丸川の改修工事に従事した、たった1年の勤務であったが、ある夕べ、老町長にご馳走になった。私としては町長には自民党宮崎県連の長老という知識しかなかったが、宴終わる頃、町長はいきなり「貴方は建設省の上條（カミジョウ）という男を知っているか」と聞かれた。そこで私は「本省厚生課長の上條さんなら名前だけは知っている」と答えたが、そこででて来たのが次の話である。

　小丸川の河水統制事業（現在の河川総合開発）がはじまったとき上條氏は県庁土木課の若い事務官であった。ところが第一号の発電ダムで武者小路氏の「新しき村」が水没することになった。武者小路氏はどうしてもうんといわない。その武者小路氏から承諾印をとってこいという命令が若い上條氏にいいつけられたのである。早速上條氏は現場近くの部落に下宿して「ベントウ」さげて日参したそうである。晴れて武者小路氏が畑にあればだまって耕作の手伝いをし、雨降れば薪を割ったりし下男代わりの仕事に従事して一事も用地の話はしなかった。それが相当続いたある日座敷に上げられ、承諾印を黙ってくださったというのである。武者小路氏にしてみれば、県庁の若い者

全面越流式の重力式コンクリートダム

と始めから見透しだったわけである。上條氏は喜び勇んで県庁に帰った。このことが当時の知事相川勝六氏の知るところとなり、「みどころのある若者」ということで内務省に帰るとき連れてい

かれたのが上條氏ですよという話である。私もこの先輩の苦労から勉強しなければならぬといろいろ考えた。まず考えたのは①一番最初にあいさつにいくこと、②絶対に玄関払いを喰わぬこと、であった。室原さんの人柄では一ぺん会わぬと言ったら二度と会ってくれぬだろう。そうなれば野島所長七年間の歴史の繰返しになる。最初のあいさつで会ってもらうことが絶対に必要だと考えた。そこで熊本大学の藤芳教授（東京裁判で室原側鑑定人を務められた元九州地建企画部長）に頼んで紹介状、室原さん宛の手紙をもらった。】

　副島所長は藤芳教授の紹介状を携え、真っ先に室原知幸に会い、挨拶を兼ねてその紹介状を手渡した。そのときの対応が良かったのであろうか、それ以来室原の信用を得た。

5 ├── 武者小路実篤・補償の精神

　「新しき村」の所有地のうち、一番肥沃な水田4反2畝が川原ダムで水没する。その他に工事用地も必要になった。実篤と上條との交渉であるが、上條は「新しき村」に手弁当をさげて日参し、耕作を手伝い、雨の時は薪を割ったり、下男のような仕事を行った。その時、一言も用地交渉の話はしなかったという。当然に村では1人でも労働力が必要であったことは確かだ。まさしく、実篤と上條の根比べである。どのくらいの日数を要したのであろうか。正しく2人の「阿吽」の呼吸が一致し、実篤は黙って土地契約売買契約書に

署名押印し、ダムの補償が解決した。実篤は上條の誠実な行動に共感したのであろう。ここに実篤は無言のうちに「補償の精神」を物語っている。20数年間会員たちが愛情を注いだ耕地は、当然土地価格には反映されず補償費は3,000円であったという。水没する下の城の水田の表土を全部、上の城の水田に移すことになり、その後の稲作に役立った。戦後九州電力（株）から再補償の形で宮崎県を通じて援助があり、水路の改修などが行われた（『木城町史』木城町編 H3）。

実篤は埼玉県入間郡毛呂山町葛貫に雑木林地1haを購入。この補償金は「東の新しき村」の創立に大いに貢献した。

6 ├── 自己を生かし、他人も生かす

以上、作家武者小路実篤が理想郷「新しき村」にかかわる用地補償交渉について概観してきた。日向の「新しき村」は、川原ダムに一部水没したものの、ダムサイトの直上流の小さな半島のようなところに位置し、現在、2家族4人が5.5haの土地で有機農業による米や野菜を栽培し生活している。

一方、埼玉の「新しき村」は、10haの土地と借地を加えて6家族29人が生活し、養鶏、米、椎茸、野菜の栽培、パンづくりも始めている（前掲書『新しき村80年』）。

木城町には実篤自身の「人間萬歳」と「山と山とが讃嘆し合うように星と星とが讃嘆し合うように人間と人間とが讃嘆し合いたいものだ」の碑が建っている。大正年間、「新しき村」については「理想主義は夢想主義に終わる」（山川均）、「経済的には資本主義の圧迫を受けて失敗する」（河上肇）と酷評されていた。しかしながら、実篤が「自己を生かし、他人も生かす生活」の理想を貫いた「新しき村」は、現代の経済第一主義の中でもなお生き続けている。

用地ジャーナル2006年（平成18年）11月号

［参考文献］
『新しき村80年』（調布市武者小路実篤記念館編 H10）調布市武者小路実篤記念館
『現代日本の文学──武者小路実篤集』（S45）学習研究社
『新潮日本文学アルバム10　武者小路実篤』（H12）新潮社
『宮崎県企業局五十年史』（宮崎県企業局総務課 H3）宮崎県企業局総務課
『公共事業と基本的人権』（下筌・松原ダム問題研究会編 S47）帝国地方行政学会
『木城町史』（木城町編 H3）木城町

38

高隈ダム
（鹿児島県）

俺たちは土下座し、
貴様らだけ椅子にかけるとは何事だ

1 ├── 大隅半島の情況

　鹿児島県の地勢は、薩摩、大隅の2大半島が主要部分を占めている。その大隅地方は、九州本土最南端の佐多岬を含む大隅半島の総称である。鹿児島県下の総面積9,140㎢のうち2,100㎢を占め、23％の地積を有する。高隈山系は大隅半島の鹿児島湾沿いを、さらに半島の外洋に沿って、国見山系が北から南に走り急傾斜をなし太平洋に入っている。したがって、これらの山系と霧島火山脈の活動によって生じた豊富な火山群を骨格として、その周辺には火山噴出物であるシラス層の丘陵地帯が幅広く拡がり、県下の全域を覆っているため平野に乏しい。大隅地方には有明湾に注ぐ菱田川、肝属川、安楽川等が流れている。

2 ├── 肝属川の流れ

　肝属川については、『川の百科事典』（高橋編H21）に、次のように述べられている。

【 肝属川は源を鹿児島県高隈山地御岳（標高1,182m）に発し、肝属平野を貫流し志布志湾に注ぐ、流路延長34km、流域面積485㎢の一級河川である。流域は山地が3割、平地が2割で、残りの約5割が畜産や畑作が盛んな笠野原台地である。流域の地質は、山間部が花崗岩・四万十層群で形成され、中下流部の大部分は火山流出物でシラスが堆積している。気候は温暖多雨で年間降

水量は約2,800mmで、大部分は台風期に集中している。1976（昭和51）年6月等の洪水を契機に洪水対策が実施されているが、2000（平成12）年には、鹿屋市街地を迂回するトンネル形式の鹿屋分水路（200㎥/s）が整備された。水質については、環境基準をおおむね満足しているものの、九州内の河川と比較すると悪く、総窒素濃度等も高い状況が続いている。家庭雑排水や笠野原台地からの畜産排水等による汚濁がみられ、課題となっている。】

3 ├── 笠野原台地の開発

笠野原台地は、大隅半島の中央に位置し、鹿屋市、串良町、高山町の1市2町にまたがり、南北に16km、東西に12kmあり、前述のように高隈山系に源を持つ鹿屋川と串良川に挟まれたテーブル状のシラス台地である。表面は黒色火山灰（黒土）で覆われ、その下は数十mのシラス層があり、北から南へ約百分の一の勾配で緩やかに傾斜し、面積約6,000haの広大な台地を形成している。笠野原台地は、保水性に乏しく、降雨があると流出してしまう火山灰土壌に加え、南国特有の集中豪雨と台風の常襲地帯であり、笠野原台地開発は水との闘いであった。その苦難に満ちた開発の歴史を笠野原土地改良区のパンフレットから追ってみたい。

台地に人が住み開発が始まったのは江戸時代からであったが、明治・大正になっても開発は進まず、荒地が多く、耕地は半分にも満たなかった。それは「水」がないためであり、井戸の深さは50〜80mにも達し、水汲みの作業には多くの人手や牛の力を借り、井戸のない人は遠くの川から水を運んだり、雨水を集めた「天水」を利用した。笠野原台地の開発が本格的に始まったのは、大正9年であった。鹿児島県は鹿屋に土地利用研究所（後の農業試験場鹿屋分場）をつくり、笠野原に適した作物の研究を進めることにした。

当時県会議員であった中原菊次郎をはじめ、小野勇市、森栄吉が中心となって、水道組合と耕地整理組合を創り、開発が始まった。「開拓のためにはまず飲料水を確保することが先決だ」との考えから、大正14年、水道工事にとりかかった。工事のほとんどは人力で行われ、昭和2年4月に最初の給水が行われた。水道工事が終わり、飲み水の問題が解決され、今度は耕地整理が始まった。1区画を3haに区切り、碁盤の目のように道路を造り、昭和9年ご

国営畑地灌漑事業第1号に指定された笠野原台地の水源として高隈ダムが誕生した

ろまでに、約6,000haの耕地が開かれた。しかし、畑を潤すための水はまだ不十分であり、しかも、大部分が開拓会社（昭和産業（株））に買い占められ、土地は農民のものではなかった。また、戦時中は飛行場として軍用地となっていたが、戦後、農地改革によって、農民の手に解放された。

　戦後の昭和22年、食糧不足を解決するため、笠野原畑地灌漑（略称；畑かん）事業の構想が出てきた。それは、高隈ダム（大隅湖）を建設し、その水で台地を灌漑するというもので、その後、数年間調査が進められ、昭和30年に笠野原農業水利事業国営第一号として農林省に認定された。

　しかし、事業が進むなか、歴史に残る「反対運動」が起こった。まず、ダム建設による水没地区には当時204戸の人々が住み、田57ha、畑5ha、山林原野20haあり、小学校もある静かな村だったが、ダム建設の話に対して住民はこぞって反対した。漸く理解し、住み慣れた土地をあとに各地に移住したのは4、5年経ってからだった。また、水没地区だけでなく、受益地区でも当時「畑かんの事例」はなく、負担金などをめぐり激しい反対運動が起こり、集落は分裂し、親子兄弟さえいがみ合う状況が続いた。しかし、何とか同意

にこぎつけ、昭和35年、土地改良区を設立し、説得を続けながら、昭和40年に高隈ダムの建設に着工し、昭和42年に台地に通水がなされた。

　国営事業が終わったあと、昭和43年から県営・団体営事業の工事が始まり、総事業費85億円をかけて、昭和55年にすべての工事が完成した。

4 ├── 笠野原農業水利事業の歩み

　笠野原農業水利事業に伴う高隈ダム等の建設について、『かさのはら』（九州農政局笠野原農業水利事業所編S44）及びその事業パンフレットから追ってみたい。笠野原台地の開発については前述したが、年表で次のようにまとめてみた。

▼ 笠野原台地開発経過（昭和24〜44年）

24年 4月　九大野口、吉山両教授人工地震による地盤調査

　　　 8月　高隈ダム水没地区にダム対策委員会設置さる

26年 4月　農林省（現・農林水産省）において笠野原畑地灌漑事業として高隈
　　　　　ダム調査開始

28年 6月　串良地区において畑かん反対委員会結成、下小原公民館で大会を
　　　　　開催

　　 10月　高隈ダム対策委員会トラック宣伝車で村外に乗り出しダム反対表明

29年　　　農林省が笠野原農業水利事業計画書を作成し提出

　　　 9月　笠野原土地改良区設立連合準備委員会発足

30年 1月　高隈村鹿屋市に合併承認
　　　　　国営第一号として畑地灌漑事業採択

31年　　　農林省調査事務所を鹿屋市に設置

　　　 7月　寺園知事、鹿屋市長、水没地区との第一回の懇談会開催
　　　　　ダム反対を叫んでデモ行進

　　 10月　串良地区反対者300名畑かん反対デモ

32年 1月　知事、市長、水没者説得工作続く
　　　　　ダム反対をデモでもって迎える

　　　 4月　水没地区総会において測量承諾決議

　　　 6月　県主催、畑かん先進地視察報告会を串三良小学校で開催、むしろ

旗林立

9月　串良町の畑かん反対農民大会は、町長のリコール運動に発展

鹿屋市畑かん反対同盟結成（上祓川、東原）

33年　　鹿屋市競馬場にて1,000名反対派参集し銀輪デモ

鹿屋市農林事務所に来た知事と反対同盟の対決は、800名のデモ
に包囲され、署長以下全員警戒にあたる

5月　県、笠野原畑かん推進事務局設置

34年 2月　笠野原事業所開設

7月　大隅開発促進大会に出席の知事を反対派農民が包囲して投石、武
装警官出動

35年11月　笠野原土地改良区を設立

36年 4月　水没地区民総会において満場一致で測量受諾

9月　補償交渉開始

37年 8月　高隈ダム水没地区補償基準協定調印式

11月　河野建設、重政農林両大臣列席のもとに起工式

38年 3月　水没地区解散式

40年 2月　高隈ダム定礎式

42年 3月　高隈ダム通水式

43年11月　県営畑かん工事着工

44年 3月　笠野原農業水利事業完工

　このように、昭和44年に約4,800haにはじめて本格的な営農が始まるが、
笠野原農業水利事業の完工まで、たび重なるデモなどによる事業反対運動激
しさがうかがえる。それを乗り越えての竣工であった。

5 ├──高隈ダムの諸元

　この事業は、肝属川水系串良川支川の高隈川の上流、鹿屋市高隈町下古園
地点に、高隈ダム（大隅湖）を築造して1,393万㎥を貯水し、これにより笠野原
台地に導水して約4,800haの畑地灌漑を実施するとともに、集中豪雨から農地
を守るために農地保全事業と、農道整備事業を総合的に施行し、最も近代的
に土地を整備し、生産性を高め、経済性の高い作目を計画的に導入して、台

地農業の飛躍的発展を目的としたものである。高隈ダムの諸元は、次の通りである。

　型式は直線重力式コンクリートダム、堤高47m、堤長136m、堤体積6万7,000㎥、堤頂標高160m、堤敷標高113m、流域面積38㎢、満水面積104ha、満水位標高158m、利用水深15m、総貯水容量1,393万㎥、有効貯水容量1,163万㎥、計画取水量3.95㎥/s、最大取水量3.32㎥/sとなっている。起業者は農林省、施工者は三幸建設工業（株）、総事業費は46億3,600万円を要した。なお、用地補償は、土地取得93.0ha、水没家屋204戸となっている。

6 ├── 笠野原農業水利事業の完工によせて

　笠野原農業水利事業は昭和26年から紆余曲折を経て昭和44年に完成し、笠野原台地を近代的な畑地灌漑農業へと大きく変化させた。当時の関係者の声を前掲書『かさのはら』から辿ってみたい。

①木戸四夫・九州農政局長

【 当地域に、農業用ダムは皆無に等しく、地質的にシラス地帯のダムは不可能とされ、豊富な天与の降水量はすべて利用できなかったところに、当地方の農業振興を阻害する大きな要因があったものと思われます。本事業は昭和26年農林省が調査に着手して以来18年の歳月を要し、完成したものでありますが、工事はすべてシラスとの闘いであったと云えましょう。最近の技術の進歩に加え、土・水・人の和は、この事業に従事した多くの人たちの心の糧となり、よく難工事を征服し、台地に通水することができました。特に昭和42年西日本の旱魃に際しては、畑かんの効果をいかんなく発揮し、漸く農家の人々の注目をあびることになったのは、今後の南

耕地は縦断の道路で3haに区画されている。（はるか遠方は霧島連山）

笠野原台地の耕地（出典：鹿児島県笠野原土地改良区「笠野原農業振興事業概要書」）

九州畑作地帯開発に大きな夢と希望を与えたものと云えます。】

②樋口守・初代笠野原事業所長

【事業実施時点における関係地域農家の賛成反対の対立は激しく、土地改良法に基づく諸手続き完了の可能性の見通しがつきかねる状況にあった。加えて、高隈ダム水没地の関係者は一致団結して、ダム設置反対を唱えており、私共の近づくすべもなかった。一方笠野原農業の現状は自然的、社会経済的立地条件の劣悪さから、かんしょ、なたねという単純な作付形態であり、したがって農家の経済は貧困をきわめているにもかかわらず、積極的に営農改善に取り組む意欲を失い、いわばあきらめの農業であった。このような状況のもと、なお畑かん後の営農計画、配水方式、農産物市場の問題など未解決の事柄ばかりであったが、なんとしても笠野原台地に高隈川の水をあげることがさしあたっての問題であり、これが実現に情熱を傾けたのであります。】

③塩田兼雄・鹿屋市長

【昭和31年10月、私は時の市長永田良吉氏にこわれて鹿屋市助役に就任した。私が助役に就任して初めて与えられた仕事は、この畑かんの推進、なかんずく高隈ダム建設に伴う水没地区民の説得と補償問題であった。私は市長の補佐役として水没地区へしげしげと足を運ぶことになった。ある日、寺園知事、永田市長、北田串良町長が同道で、乗り込み、地区民との話し合いの場がもたれた。ところが総出で、ムシロ旗を押し立てて柏木小学校に集まりデモをはじめた。中には焼酎をひっかけているものもあるので気勢は上がる。その勢いで会場に乗り込んできたのでたまらない。会場は知事、市長、町長にだけ椅子が用意され、あとは板の間に座るようになっていたが、それぞれが席に着くとすぐ「俺達は土下座し、貴様らだけ椅子にかけるとは何事だ」と罵声が飛んだ。こうした中で、野頭委員長が開会を宣し、永田市長が挨拶に立ったが、灰皿をなげるやら、悪口雑言を飛ばすやら、市長の話も聞き取れないぐらい騒然となった。それでも寺園知事の挨拶半ばごろには、疲れがみえたのか会場は静まり、どうやらこの会は進めることができた。

一方、受益地区である笠野原台地では、一部農家によって強力な畑かん反対運動が展開されており、ムシロ旗を押し立てて市役所や農林省笠野原調査事務所に押し掛けたり、連日反対大会が開かれるという情勢のさ中であった。

土地改良区の成立後、私は引き続き水没地区におもむき、反対委員会の小・中委員会にのぞみ折衝を試みた。昭和36年7月、ひとつの大きな転換期を迎えた。柏木小学校で開かれた総会で補償交渉にはいるという決定がなされたのである。】

④西村順・笠野原農業水利事業所長

　【　今静かに目を閉じるとき走馬灯のように数々の出来事が思い出されます。赴任途中西鹿児島駅前におりたって桜島を背景に亜熱帯植物をみて、さすがに南国に来たという感激も、船に乗って垂水に上陸。今でこそ完全舗装された国道202号線も当初は激しい凸凹と急カーブ、そして晴天には特有の真っ黒な火山灰の土煙、ひとたび雨が降るとスリップして車は立ち往生。調査当時は衣食住ともに不自由な時期であっただけに合宿生活や交通機関は大変だっただろうと想像され、若い世代の人々には到底理解できないことだと思います。

　そして、台地を二分して賛成反対と底なしの激しい闘争の渦の中で計画を説明し、ダムの補償に日夜身の危険を冒して、東奔西走された方々の苦労は、今なお語り伝えられているとともに当時の緊迫した情勢が痛切に感じられます。】

7├──黎明之碑の建立

　高隈ダム完成後、ダムサイト右岸側の公園に、笠野原台地の農業がこの導水によって、これから繁栄されていくであろう姿を象徴するかのように「黎明之碑」が建っていた。

【　黎明之碑

　　　　　　　　　　　　　昭和42年3月建立　揮毫　鹿児島県知事寺園勝志

　上高隈町井手、上古園、下古園の三部落は笠野原畑地かんがいの用水源となる高隈ダム建設工事に伴い湖底に没した。水没地区の人たちの墳墓に対する愛着は強く用地買収に2年有余の歳月を費やしたが、関係者の誠意と理解のうえに交渉妥結し、昭和37年8月20日鹿児島県知事寺園勝志の立ち合いのもとに、熊本農政局長奥野健三郎と高隈ダム補償交渉委員長塩田兼雄が契約書に調印した。

この尊い犠牲で笠野原畑地かんがい事業は大きく前進した。この日こそ6,000haに及ぶ大地農業の黎明の日といえよう。

鹿屋市長　塩田兼雄】

　関係者の尽力によって、この補償妥結調印した昭和37年8月20日こそ、笠野原畑地灌漑事業における補償の精神が実った日と言えるであろう。激しい反対デモや罵声を浴びながらも、灌漑事業は笠野原の荒地に、新しい農業を産み出すという、信念が実を結んだ。笠野原台地は母なる大隅湖の恵みによって、甦る台地となった。

8 ├── 荒地から肥沃な台地へ

　高隈ダムの完成後、さらに調整池（ファームボンド）が4か所設置され、導水路からの水を一時貯めておき、送水時間に余裕を持たせている。1号調整池は導水路より約26m高いため、揚水機場からポンプであげる。地区外導水路は約8.5kmあり、サイフォンを含むトンネル部分が5.5km、開渠部分が3kmで、開渠部分では土砂や木の葉や枝などが入るので定期的に用水路の清掃を行っている。管水路は国営54km、県営70km、団体営556kmで、総延長は680kmもあり、また、排水路は大小11本、総延長は81kmであり、これらの管理に気を配っている。

　かんしょ、なたねしか取れなかったような荒地であった笠野原台地は、高隈ダムで貯水した水が配水されるようになり甦った。春夏作物として稲、露地野菜、施設野菜、花き類、たばこ、飼料作物、秋冬作物として、麦、蕎麦、露地野菜、施設野菜、さらに永年作物として、茶、桑、果樹、花木、芝が収穫できるようになった。

　昭和42年、先人たちの苦労の末にできあがった高隈ダムが通水を開始した。この時もまた、笠野原台地農業発展の黎明の日であったと言えるだろう。寺園知事の揮毫による「黎明之碑」が静かに建っている。

用地ジャーナル2013年（平成25年）2月号

［参考文献］
『川の百科事典』（高橋裕編 H21）丸善
『かさのはら』（九州農政局笠野原農業水利事業所編 S44）九州農政局笠野原農業水利事業所

沖縄県

39

<ruby>福地<rt>ふくじ</rt></ruby>ダム

（沖縄県）

向こう数年間も
沖縄県民のために汗をかこう

1 ├── 沖縄県の状況

　沖縄県は、九州の南から台湾の間に連なる南西諸島の南半分を占める琉球諸島に属する大小160島から成り立っている。これらの島々は、およそ北緯24〜28度、東経122〜131度に位置し、距離にして東西約1,000km、南北約400kmに及ぶ広大な海域に点在している。琉球諸島は、沖縄諸島、先島諸島、尖閣諸島、及び大東諸島から構成され、面積が大きい順に沖縄本島、西表島、石垣島、宮古島となっている。この4島で県土面積2,269㎢の8割を占めている。

　沖縄の気候は、亜熱帯海洋性気候に属し、琉球諸島の西側海域を北流する黒潮の影響を受けて四季を通じて温暖多湿で、気温は年平均気温22.4°Cである。沖縄本島の年間降水量は平均2,037mmで、全国平均1,714mmと比較して多いが、人口1人当たりの年平均降水量は2,133㎥／人・年と全国平均の5,105㎥／人・年の半分にも満たない。

　沖縄は、熱帯低気圧（台風）の進路にあたり、台風の被害を受けやすい地理的環境にある。夏から秋にかけて毎年数回にわたって猛烈な台風に襲われる。1955（昭和30）〜2000（平成12）年の45年間に発生した1,251個の台風のうち約4分の1の336個を沖縄で記録している。これらの台風は、沖縄近海でその進路を西よりから北よりに変えて進むことが多く、またこのような転向時には台風の勢力も最盛期の場合が多いため、しばしば大災害をもたらす。一方

1974（昭和49）年に完成した沖縄県最大の水がめ福地ダム（出典：内閣府沖縄総合事務所北部ダム統合管理事務所「やんばるのダム 事業概要」H20.7）

では、豊かな水をもたらす。しかしながら、渇水もまたしばしば起きる。沖縄本島は、北東から南西方向に延びる細長い島であり、その地形は、残波岬―嘉手納―知花―天願を結ぶ線によって起伏の大きい山岳地帯からなる北部と、主に台地や低平な丘陵地からなる中南部とに分けられる。北部は、本島の延びと平行して標高300〜500mの山稜が連なる山岳地帯が多く、この山稜が北部を東西に分ける分水嶺となっている。一方、中南部は、主にサンゴ礁で形成された石灰岩層が地殻変動で隆起したものであり、ゆるやかな丘陵地となっている。

　沖縄県の人口をみてみると、1939（昭和14）年の55万8,000人が1946（昭和21）年には51万人と沖縄戦で減少したものの、戦後の経済成長を背景に、1972（昭和47）年の日本復帰時点では96万人、1975（昭和50）年104万2,000人、2000（平成12）年では131万8,000人、2013（平成25）年1月現在で141万3,000人と増大している。なお、人口は沖縄本島に県総人口の約9割が住んでおり、なかでも沖縄本島中南部（那覇市32万人など）に本島内の約9割（県総人口の約8割、112万人）の人々が集中している。さらに、観光客数は復帰前で約20万人、復帰の年の1972年で約44万人、沖縄国際海洋博覧会開催時の1975年で156万人と大幅に増加し、1988（平成10）年には400万人を突破し、2012（平成24）

年には583万人と増大した。沖縄には人口の4倍以上の人々が観光に訪れる。この間、道路、港湾、水資源開発などのインフラの整備が進んだ。水不足に対応するため、沖縄最大のダムである福地ダム、新川ダム、大保ダム、辺野喜ダムなどの、多目的ダム建設による水資源開発がなされた。

2 ├── 沖縄県の河川

沖縄県には大小300余りの河川があり、そのうち51水系75河川（うち、沖縄本島では38水系58河川）を沖縄県が二級河川に指定して管理している。沖縄県には一級河川の指定河川はない。沖縄本島北部の河川は中央部の山稜で二分され、北西または南東方向に流れているため流路延長が短い。また、河床勾配が急で流域面積も平均12km程度しかない。これが沖縄の河川の特徴である。したがって、降雨時には急激に増水し、沿川に洪水被害をもたらす。逆に、少雨傾向が続くと、流量が著しく減少して浸水被害をもたらしてきた。

沖縄本島中南部では丘陵地の表面を覆っている琉球石灰岩が水を浸透させやすいため、地下水は豊富であるが、北部に比べて河川の少ない丘陵地となっている。沖縄の河川の延長と流域面積をいくつか挙げてみたい。沖縄で一番大きな河川は西表島の浦内川の延長19.4km、流域面積69.4km²であり、沖縄本島では、比謝川の延長13.4km、流域面積50.2km²、福地川の延長12.3km、流域面積36.0km²となっている。

3 ├── 沖縄県の水事情

沖縄の村落には、「村ガー」と呼ばれる湧水や井戸があり、人々はこの水を利用してきた。水を売る商売も盛んだった。那覇市は1933（昭和8）年に水道事業を始めるが、沖縄戦で壊滅的な打撃を受けた那覇市ではささやかな井戸水、湧水に頼るしかなかった。1950年、米軍は「琉球列島米国民政府」を設立し、沖縄の恒久基地化に向けて施設整備を行った。水道については「琉球全島統合上水道」を設立し、沖縄本島のみならず、離島についてもすべて米軍管理化において水道の整備を進めていった。

1958（昭和33）年9月、琉球列島米国民政府は、広域的な水道組織として、「琉球水道公社」を設立し、住民の生活と産業等に必要な水の獲得、処

沖縄のダム（出典：沖縄県 HP「沖縄県ダム一覧」をもとに作図）

理、送水、配水及び販売にあたる施設を取得、維持及び運営することとなった。これにより、水源の開発、改修及び浄水の生産は、実質的には米国陸軍が行い、その飲料水を琉球水道公社が買い受け、これを各市町村へ卸価格で販売するシステムが完成した。米軍は、1959（昭和34）年12月〜 61（昭和36）年2月にかけて瑞慶山ダム、1959年7月〜 61年10月にかけてハンセン（金武）ダム、1964（昭和39）年7月〜 67（昭和42）年5月にかけて天願ダムを完成させた。

　しかしながら、人口の増加と生活環境の近代化に伴って水問題は依然好転しなかった。1958年の長期旱ばつ、1963（昭和38）年の大旱ばつの時には水道の長期断水が行われ、鹿児島や神戸・大阪などからの船便で水が運ばれた。

その後も続き、1981（昭和56）年7月10日〜82（昭和57）年6月6日まで326日間の最大長期給水制限がなされた。

4 ├── 福地ダムの建設に向けて

こうした深刻な水問題に対応するために、琉球水道公社は、1970（昭和45）年に福地ダムの建設に乗り出した。一方、日米両国間で交渉が続いていた「沖縄返還」は、1959年11月の佐藤首相とニクソン大統領の会談に基づき1971（昭和46）年6月、日米間で「沖縄返還協定」が締結され、1972年5月15日をもって沖縄の本土復帰が実現した。これに伴い琉球水道公社の業務は沖縄県へ、建設途中の福地ダムは日本政府に引き継がれることになった。

1972年5月15日、沖縄の本土復帰と同時に沖縄開発庁は沖縄総合事務局北部ダム事務所を開設し、沖縄本島に安定した水資源を確保することを最大の目的として、福地ダムを含む沖縄本島北部の多目的ダム建設を国直轄事業として促進することとなった。復帰直後の混乱した時代にもかかわらず、建設途上の福地ダムの承継に関する日米交渉やダム設計施工に関する日米の技術的相違への対応など多くの難問を解決して、1973（昭和48）年12月から取水を開始し、1974（昭和49）年にダムを完成させた。以上の記述については、『沖縄における多目的ダム建設』（沖縄建設弘済会編H15）に拠った。

5 ├── 福地ダムの建設過程

福地ダムは沖縄の北部、山原山岳における国頭郡東村字川田に位置し、沖縄北部河川総合開発事業の一環として、洪水調節、流水の正常な機能の維持、水道用水及び工業用水の供給を目的として、福地川（流路延長12.3km、流域面積36.0㎢）の河口から約2km上流地点に建設された。その諸元は、高さ91.5m（再開発で91.7m）、堤頂長260.0m、堤体積162万2,000㎥（再開発で162万2,400㎥）、頂標高EL.90.3m（再開発で90.5m）、総貯水容量5,500万㎥、有効貯水容量5,200万㎥、型式は中央コア型ロックフィルダムである。

福地ダム建設工事は、米国陸軍工兵隊により、1969（昭和44）年の7月に着手され、ほぼ50％進捗したところで、前述のように1972年5月の本土復帰とともに、日本政府に承継され、1972年12月に堤体盛り立てを完了した。1973

（昭和48）年6月、国頭漁協と漁業補償締結、事業用地約143.6haは借地契約で行われ、その後の再開発事業時に用地取得がなされている。基礎岩盤の改良、洪水吐の増設等の追加工事を施工し、1974年12月に完成した。さらに、1978（昭和53）年度より上下流洪水吐の改造、取水設備の改造など再開発事業に着手し1991（平成3）年10月に完了した。

6 ├── 福地ダムの承継

　福地ダムの承継については、『山原（やんばる）の大地に刻まれた決意──米国から託された福地ダム建設・もうひとつの「沖縄返還」』（高崎H12）があり、この書に承継時点からダム完成までのドラマが描かれている。

　この福地ダムの承継とその後のダム施工にあたったのは、当時建設省四国地方建設局河川計画課長の山住有巧（やまずみありよし）37歳であった。内閣府沖縄総合事務局北部ダム事務所長として赴任するが、返還前の沖縄のダムを子細に調査し、ことにあたった。山住所長は、沖縄戦で自決した大田実司令官の最期の言葉「県民ニ対シ後世特別ノゴ高配ヲ賜ランコトラ」を心の支えにしたという。そして「むこう数年間も沖縄県民のために汗をかこう」「ダム技術者は政治・経済や社会事象などに絶対に振り回されてはいけない」「安全なダムをつくることに邁進する」という決意を新たにした。

　福地ダムは、本土復帰1972年5月15日の前日までに、絶対に引き継ぎを受けなければならない。あと1か月半あまりしか時間はなかった。もう少し、この書から追ってみる。

　工事は、ダム下流の洪水吐が完成しかかったところだったが、ダム本体の建設工事は全体の半分程度しか進んでいなかった。現場に立った山住は、山肌の赤土がただれたように剥き出しになった荒涼とした現場を見て度肝を抜かれた。標高300フィートのダム地点にしては河谷が大きく開け、道幅の一定しない工事用道路が縦横に走っていた。

『山原（やんばる）の大地に刻まれた決意』
（高崎哲郎 H12）ダイヤモンド社〈絶版〉

建設中のダム堤体の上と工事用道路には、多数のダンプトラック、ブルドーザー、振動ローラー、それに日本では見慣れない重機械も数多く稼働していた。「大振りで大胆な米国流の機械化施工であり、効率を追求する軍隊流の手法だ」。「技術資料の所在を知り、技術的問題点を把握せねばならない。それには米国陸軍工兵隊をはじめ米国側機構の理解と施工者の実態を知ることが不可欠だ。またカウンターパート（交渉相手）を把握して正規の外交ルートを築きダム引き取り交渉の手順を決めることだ」。「ダムは大地に刻み込んだ偉大な構造物である。国籍が何であれ技術者は絶対に安全なダムを可能な限り早く完成させなければならない」。

　残工事費の確認とこの費用を5月14日までに受領するのが福地ダム承継の最大の課題であった。山住の琉球水道公社との交渉により、11日に琉球水道公社から琉球銀行諸味支店に福地ダム残工事経費284万5,077ドル87セントが入金された。14日は日曜日だったが、返還を翌日に控えて、琉球水道公社と日本政府の間で福地ダム引き継ぎの正式文書が交換された。

7 ├── 福地ダム承継後の工事

　ダム建設を外国から承継するには、完成している部分の安定性を確認することが不可欠である。たとえば、基礎地盤の改良の程度は一定の注入方式によるセメント乳液注入量が確認できること、基礎地盤の地質状況は地質図を掘削や地盤改良の施工記録等の間接的資料で確認しなければならない。

　山住所長は、堤体の完成部分のコアボーリングを行い、確信できる資料を収集した。ダム貯水池の上流側に洪水吐を設置するのも山住所長の判断で施工された。洪水吐が下流側と上流側に2つ設置されているのは、日本のダムでは福地ダムだけである。また、福地ダム本体の基礎処理として実施された米軍のグラウチングは、不十分なため透水係数が大きく、日本の基準に合格しない。これはダム本体の安全に直接かかわる重要な問題であり、このため大きなトンネルを掘り、グラウチング作業を地中から行っている。この工法も国内では初めてであった。その他に、減勢工の改造で、米軍の設計では落下する激流を跳ね上げる跳水型であったものを副ダム式減勢工に変更した。

　米軍の設計では、河川へ一定量の水を常に流し込む維持用水の考えはな

かった。ダム下流には民家があり、小規模な田畑があり、河川をダムで遮断することは流域の植物や魚介類に与える影響が大きい。その河川維持用水確保のためのバルブを新設、さらに放流警報装置の新設を行った。河川維持用水と放流警報設備は、米軍には基準がなく、日米の発想の相違が見えてくる。日米間のダム造りの相違をみながら、福地ダムは完成した。

8 ├── 福地ダム日米承継20周年

　福地ダムは、1972年5月15日の沖縄の日本復帰に伴い、日本政府に承継された。1992（平成4）年11月25日、福地ダム日米承継20周年記念行事の式典が、秀麗な琉球石灰岩で施工されたロックフィルダムサイトで行われた。この日「福地ダム日米承継記念碑」が建立されている。碑文は日米の2つの言葉で刻まれた。

　【 福地ダム日米承継記念碑

　福地ダムは　琉球列島米国民政府の付属機関である琉球水道公社が計画し東村の協力を得て昭和四十四年に　米国陸軍工兵隊によって着工された　昭和四十七年五月十五日沖縄の祖国復帰に伴い　工事途中で日本政府へ承継され　沖縄総合事務局が工事を継続し　昭和四十九年十二月に完成した　復帰二十周年にあたり　福地ダム建設に尽力された　日米双方の関係者の労苦をねぎらうとともに　本ダムが沖縄本島の水資源開発の要として　沖縄県の今後の発展に寄与することを祈念し　この碑を建立する。

平成四年十一月十五日　　】

　この式典には、山住有巧初代北部ダム所長ももちろん出席し、記念講演を行った。「福地ダムの継承問題のいわゆる焦点というのは、工事の引き継ぎの中味というよりも、米国民政府の、つまり米国陸軍工兵隊（DE）のダム建設事業の実施制度とその運用方法を承継する、そういうことが後ろに隠されていたことが問題であります」と述べた。山住所長はその隠れた問題に着実に対処した。なお、『福地ダム日米承継20周年記念写真集』（沖縄建設弘済会編H5）が刊行された。

9 ├── 沖縄独自の美しさ

　2013年2月11日から16日まで、私は沖縄を訪れていた。首里城、中城城跡、浦添城址、今帰仁城跡、沖縄美ら海水族館を見て回った。沖縄独特の光景に出合った。それは角々に魔よけの石カントウ、屋根にシーサー、亀甲墓、拝所があり、屋根には水タンクが設置されていた。14日に倉敷ダム、漢那ダム、山城ダム、億首ダム、羽地ダム、真喜屋ダム、そして翌日15日は、大保ダム、福地ダム、新川ダム、安波ダム、普久川ダム、辺野喜ダムの12基のダムを北部ダム事務所の方に案内していただいた。倉敷ダムと漢那ダムは脇ダムが大きく、最初見た時は、こちらがダムサイトかと見間違えてしまった。脇ダムは琉球石灰岩で施工されており、秀麗である。首里城や今帰仁城跡を彷彿させてくれる。羽地ダム、真喜屋ダム、福地ダムも同様なロックフィルダムで美しい。ずっとダムサイトに立ち続けていたいと思った。

　漢那ダムは重力式コンクリートダムであるが、沖縄の城（グスク）をイメージした石積み模様を施し、直下流のバルブ室にはシーサーが設置されていた。これらのダムはすべてゲートレス自然越流方式であった。沖縄のほとんどの河川は延長が10kmほどであり、これらの河川にダムを造り、貯水し、トンネルと導水管によって、北部から人口密集地の那覇市などへ送水する。このことを「北水南送」と言い、小河川の水をぎりぎりまで使う「限界水開発」だとの説明を受けた。平成6年以降、沖縄本島では断水が起きていない。

　山住有巧所長らが尽力して完成した福地ダムの水も、沖縄県民の命の水としての役割を充分に果たしている。ここに山住所長の自らの決意「沖縄県民のために汗をかこう」の補償の精神が実を結んでいる。

用地ジャーナル2013年（平成25年）4月号

［参考文献］
『沖縄における多目的ダム建設』（沖縄建設弘済会編 H15）沖縄総合事務局北部ダム事務所
『山原の大地に刻まれた決意──米国から託された福地ダム建設・もうひとつの「沖縄返還」』（高崎哲郎 H12）ダイヤモンド社〈絶版〉
『福地ダム日米承継20周年記念写真集』（沖縄建設弘済会編 H5）北部ダム統合管理事務所

あとがき

　最近ダムを見学する時、ダム管理所にて、ダムカードをもらうことがある。そのカードにはダム名とダムサイトからの放流する写真が表示され、ダムの型式、重力式ダムであればG、ロックフィルダムであればRが表示されている。また、ダムの目的としてF（洪水調節）、A（農業用水）、W（水道用水）、I（工業用水）、P（発電用水）が記載されている。

　その裏面には、所在地、河川名、型式、ゲート、堤高、堤頂長、総貯水容量、管理者、本体着工年、完成年が記され、ランダム情報、こだわり技術も載っている。この1枚のカードからそのダムの概要を知ることができるが、残念ながら、水没面積、水没者世帯数は記載されていない。

　しかしながら、ダム周辺を歩くと、ダム水没者名が刻まれている碑に遭遇することがある。また、ダム建設に従事した起業者の名の碑を見かけることがある。この碑を仰ぎながら、ご苦労様でした、ありがとうございましたと、つぶやいてしまう。

　ふと、用地業務に携わったことが、走馬灯のように蘇ってきた。用地担当者の先輩からまず教わったことは、交渉に当たっては、「蠟燭と線香をあげて、水没者のご仏壇にお参りしなさい。先祖の大切な財産をダム建設によって、お願いするのだからと」。このことは、今でも忘れることができない。

　全国のダムの建設は、戦後の日本の復興に大いに寄与し、今日の日本の発展の礎になったことは確かだ。ダムサイトに立つたびに、このことを思ってやまない。

　この書を全国のダム建設施工中に殉職された方々をはじめ、水没者とその関係者、用地担当者に捧げます。さらに、この書を水資源開発公団在職中に、用地業務において大変お世話になった今は亡き、手柴正氏・長谷川德之輔氏・飯塚三郎氏・草場不礎夫氏・斎藤秀一氏・賀来三俊氏・松本一雄氏のご霊前に捧げます。最後に、愚痴の一言も言わずに、私を支えてくれた亡き妻ななに捧げる。

〈散る紅葉 残る紅葉も 散る紅葉〉（良寛）

古賀 邦雄

ダム写真提供者一覧

土木写真部出水享様ほか、画像を提供してくださった皆様に感謝申し上げます。一部カバーにも使用させていただきました。重ねて御礼申し上げます。（以下、敬称略）

● 土木写真部（出水 享）

早瀬野ダム（2点）	角田 睦子
御所ダム（2点）	角田 睦子
七ヶ宿ダム	角田 睦子
寒河江ダム	角田 睦子
只見ダム	依田 正広
田子倉ダム	角田 睦子
大川ダム	角田 睦子
蘭原ダム	依田 正広
滝沢ダム	亀園 隆
相模ダム	依田 正広
城山ダム	亀園 隆
大河津分水	鵜木 和博
黒四ダム	山本 正和
佐久間ダム（2点）	山本 正和
志津見ダム	鵜木 和博
斐伊川放水路	鵜木 和博
温井ダム	鵜木 和博
寺内ダム	鵜木 和博
北山ダム	鵜木 和博
下筌ダム	沼口 一朗
川原ダム	沼口 一朗

● ダム便覧経由

小河内ダム	廣池 透
笹生川ダム	山内 正則
雲川ダム	Dam master
味噌川ダム	Dam master
御母衣ダム（p.173）	Dam master
大野ダム	山内 正則
苫田ダム	山内 正則
土師ダム	山内 正則
柳瀬ダム	山内 正則

● photolibrary

二風谷ダム
奥只見ダム
有間ダム
荒川ダム
徳山ダム
御母衣ダム（p.179）
牧尾ダム
琵琶湖
高隈ダム

古賀 邦雄（こが・くにお）

1944年福岡県大牟田市生まれ。西南学院大学卒業後、水資源開発公団（現・水資源機構）入社。徳山ダム、大山ダム、福岡導水などの建設に関わり、用地補償業務に従事。33年間にわたり水・河川・湖沼に関する文献を収集。2001年退官。2008年収集した河川書で久留米市に古賀河川図書館を開設。日本ダム協会、日本河川協会、ミツカン水の文化センター、筑後川・矢部川・嘉瀬川流域史研究会、ふくおかの川と水の会に所属。2020年河川書1万2,000冊を久留米大学御井図書館へ寄贈、同大では「古賀邦雄河川文庫」を開設した。

ダム建設と地域住民補償
── 文献にみる水没者との交渉誌

発行日	2021 年 6 月 28 日　初版第一刷発行

著　者	古賀 邦雄
発行人	仙道 弘生
発行所	株式会社 水曜社
	〒160-0022 東京都新宿区新宿 1-14-12
	TEL.03-3351-8768　FAX.03-5362-7279
	URL suiyosha.hondana.jp
装幀・DTP	小田 純子
印　刷	日本ハイコム株式会社

地域社会の明日を描く──

全国の書店でお買い求めください。価格はすべて税込（10%）。